高等职业教育建设工程管理类专业系列教材

GAODENG ZHIYE JIAOYU JIANSHE GONGCHENG GUANLILEI ZHUANYE XILIE JIAOCAI

JIANSHE GONGCHENG ZHAOTOUBIAO YU HETONG GUANLI

建设工程招投标与合同管理

（第2版）

主　编／余春宜　何　浪

副主编／韩玉麒　杨茂华

主　审／杨　旗

U0190662

重庆大学出版社

内容提要

本书共8章,前7章主要介绍招标与投标的相关规定及实际应用、合同管理的基础知识及实务,第8章根据岗位技能要求附有相应的能力实训。

本书突出职业教育特点,采用工程招投标与合同管理方面的最新法律法规、标准规范,将相应案例编入本书,体例新颖、案例丰富,各章均附有教学目标、教学要求、知识链接、特别提示、习题等,从而达到教、学、练同步的目的。同时,本书用案例讲解知识点的应用,内容精练、重点突出、通俗易懂。

本书可作为高职高专建筑工程技术、工程造价、工程监理、工程管理等专业的教材,也可作为招标代理员岗位培训教材和注册招标师等相关技术人员的自学参考书。

图书在版编目(CIP)数据

建设工程招投标与合同管理 / 余春宜,何浪主编
. -- 2 版. -- 重庆 : 重庆大学出版社,2022.12
高等职业教育建设工程管理类专业系列教材
ISBN 978-7-5689-0013-3

Ⅰ.①建… Ⅱ.①余… ②何… Ⅲ.①建筑工程—招标—高等职业教育—教材②建筑工程—投标—高等职业教育—教材③建筑工程—经济合同—管理—高等职业教育—教材 Ⅳ.①TU723

中国版本图书馆 CIP 数据核字(2020)第 130078 号

高等职业教育建设工程管理类专业系列教材
建设工程招投标与合同管理
(第2版)

主 编 余春宜 何 浪
副主编 韩玉麒 杨茂华
主 审 杨 旗
责任编辑:刘颖果 版式设计:刘颖果
责任校对:万清菊 责任印制:赵 晟

*

重庆大学出版社出版发行
出版人:饶帮华
社址:重庆市沙坪坝区大学城西路 21 号
邮编:401331
电话:(023) 88617190 88617185(中小学)
传真:(023) 88617186 88617166
网址:http://www.cqup.com.cn
邮箱:fxk@ cqup.com.cn(营销中心)
全国新华书店经销
重庆紫石东南印务有限公司印刷

*

开本:787mm×1092mm 1/16 印张:15.75 字数:395千
2016 年 8 月第 1 版 2022 年 12 月第 2 版 2022 年 12 月第 4 次印刷
印数:5 501—8 000
ISBN 978-7-5689-0013-3 定价:48.00元

前　言

招投标与合同管理工作在企业整个经营管理活动中具有十分重要的地位和作用。本书依据高等职业教育人才培养目标及与之相适应的知识、技能和素质结构编写而成。同时,为进一步增强学生的职业能力,培养高端技能型专业人才,本书贯彻理论与实务相结合的指导思想,坚持以任务为导向的编写方式,进一步增强了本书的可操作性和趣味性。

本书共 8 章,每一章节除学生必须掌握的基本理论知识外,根据岗位技能要求还在第 8 章附有相应的能力实训。本书的理论知识注重实用性,内容编排以必须和够用为原则,依据国家颁布实施的《中华人民共和国招标投标法》(以下简称《招标投标法》)、《中华人民共和国招标投标法实施条例》(以下简称《招标投标法实施条例》)、《中华人民共和国民法典》;各部委出台的配套标准施工招标文件;住房和城乡建设部、国家工商行政管理总局联合制定颁布的《建设工程施工合同(示范文本)》(GF-2017-0201)等规范标准进行编写,并与相应的职业资格标准相衔接,同时选编大量结合工程实例的例题。

另外,为使学生快速掌握工程招投标与合同管理的基础知识,方便教师讲解,我们以"互联网在线课程"的模式开发了与教材配套的在线课程。

本书由重庆建筑工程职业学院余春宜、何浪担任主编,重庆建筑工程职业学院韩玉麒、杨茂华担任副主编。本书由重庆建筑工程职业学院建设管理学院院长杨旗教授主审。全书由余春宜负责统稿及定稿。

在本书编写过程中,参考了许多工程项目招投标和合同管理方面的著作、论文和资料,并得到了许多单位和读者的支持与帮助,在此表示衷心的感谢!

由于工程项目招投标与合同管理的内容随着工程实践发展而不断丰富,加之编者水平有限,书中疏漏之处在所难免,敬请各位读者、同行提出批评和改进建议,以臻完善。

编　者
2022 年 6 月

目　录

1

第 1 章　工程招投标与合同管理法律基础

【教学目标】

通过本章的学习,了解法与法律的基本关系、合同法律基础,掌握招投标法律基础以及招投标法的适用范围,从而培养学生观察建筑市场形势和把握建筑市场动态的能力。

【教学要求】

能力目标	知识要点	权　重
了解法与法律的基本关系	法律的概念 法律部门概述 法律关系的概念	30%
了解合同法律基础	合同的概念与特征 合同的订立、履行与变更 合同效力	25%
熟悉招投标法律基础	招投标活动的基本原则 招投标活动中的主体与基本程序 招投标活动中的时限	45%

1.1　法与法律关系

1.1.1　法律的概念、渊源与实施

1)法律的概念

法律是国家的产物,是指统治阶级为了实现统治并管理国家的目的,经过一定立法程序,所颁布的基本法律和普通法律。法律是全体国民意志的体现、国家的统治工具,由享有立法权的立法机关,依照法定程序制定、修改并颁布(在我国是由全国人民代表大会和全国人民代表

1

大会常务委员会行使国家立法权),并由国家强制力保证实施的基本法律和普通法律的总称。

法可划分为宪法、法律、行政法规、地方性法规、自治条例和单行条例。

宪法是高于其他法(法律、行政法规、地方性法规、自治条例和单行条例)的国家根本大法,它规定国家制度和社会制度最基本的原则、公民基本权利和义务、国家机构的组织及其活动的原则等。法律是从属于宪法的强制性规范,是宪法的具体化。宪法是国家法的基础与核心;法律则是国家法的重要组成部分。

法律可划分为基本法律(如刑法、民法典、民事诉讼法、行政诉讼法、刑事诉讼法、行政法、商法、国际法等)和普通法律(如商标法、文物保护法等)。

行政法规是国家行政机关(国务院)根据宪法和法律制定的行政规范的总称。

地方性法规是由省、自治区、直辖市和设区的市人民代表大会及其常务委员会,根据本行政区域的具体情况和实际需要,在不与宪法、法律、行政法规相抵触的前提下制定,由大会主席团或者常务委员会用公告公布施行的文件。地方性法规在本行政区域内有效,其效力低于宪法、法律和行政法规。

自治条例和单行条例是民族自治地方反映本地政治、经济、文化和其他方面的特殊情况,行使自治权发展民族自治地方各相关事业,从本地特殊情况出发实施宪法、法律的首要的、尤其重要的法的形式。自治条例和单行条例可以作为民族自治地方的司法依据。

2) 法律渊源

法律渊源(法律形式)是指那些来源不同(制定法与非制定法、立法机关制定与政府制定等)因而具有法的不同效力意义和作用的法的外在表现形式。

作为一个法学术语,主要在以下 3 种语义上使用:

①历史渊源。历史渊源即指引起特定法律规范产生的过去的行为、事件和法律。换句话说,法律的历史渊源是指特定法律规范与历史上出现过的行为、事件有什么联系,或从历史上某种法律中汲取了什么内容或受到了什么样的影响。

②理论渊源。理论渊源即指特定法律规范(包括法律原则)的理论源泉。这些理论提出并论证了某种社会行为或法律原则的合理性,并得到了掌握政权的阶级的普遍认同,成为特定法律规范(包括法律原则)的理论基础。

③本质渊源。本质渊源即从本质上说法律来源于什么。

当代中国法律渊源是以宪法为核心的制定法形式,我国社会主义法律渊源可分为以下几类:

①宪法:是由全国人民代表大会依特别程序制定的具有最高效力的根本法。宪法是集中反映统治阶级的意志和利益,规定国家制度、社会制度的基本原则,具有最高法律效力,其主要功能是制约和平衡国家权力,保障公民权利。宪法是我国的根本大法,在我国法律体系中具有最高的法律地位和法律效力,是我国最高的法律渊源。宪法主要由两个方面的基本规范组成,一是《中华人民共和国宪法》;二是其他附属的宪法性文件,主要包括:主要国家机关组织法、选举法、民族区域自治法、特别行政区基本法、国籍法、国旗法、国徽法、保护公民权利法及其他宪法性法律文件。

②法律:是指由全国人民代表大会和全国人民代表大会常务委员会制定颁布的规范性法律文件,即狭义的法律,其法律效力仅次于宪法。法律分为基本法律和一般法律(非基本法律、专门法)两类。基本法律是由全国人民代表大会制定的调整国家和社会生活中带有普遍性的社会关系的规范性法律文件的统称,如刑法、诉讼法以及有关国家机构的组织法等法律。一般法律是由全国人民代表大会常务委员会制定的调整国家和社会生活中某种具体社会关系或其中某一方面内容的规范性文件的统称。其调整范围较基本法律小,内容较具体,如商标法、文物保护法等。

③行政法规:是国家最高行政机关——国务院根据宪法和法律就有关执行法律和履行行政管理职权的问题,以及依据全国人大特别授权所制定的规范性文件的总称。其法律地位和法律效力仅次于宪法和法律,高于地方性法规和法规性文件。

④地方性法规:是指依法由有地方立法权的地方人民代表大会及其常务委员会就地方性事务以及根据本地区实际情况执行法律、行政法规的需要所制定的规范性文件。有权制定地方性法规的地方人大及其常务委员会,包括省、自治区、直辖市人大及其常务委员会,较大的市的人大及其常务委员会。较大的市是指省、自治区人民政府所在地的市,经济特区所在地的市和经国务院批准的较大市。地方性法规只在本辖区内有效。

⑤规章:国务院各部、委员会、中国人民银行、审计署和具有行政管理职能的直属机构,以及省、自治区、直辖市人民政府和较大的市的人民政府所制定的规范性文件称为规章。其内容限于执行法律、行政法规、地方法规的规定,以及相关的具体行政管理事项。

⑥自治法规:根据《中华人民共和国宪法》和《中华人民共和国民族区域自治法》的规定,民族自治地方的人民代表大会有权依照当地民族的政治、经济和文化特点,制定自治条例和单行条例。其适用范围是该民族自治地方。

⑦经济特区的经济法规:宪法规定"国家在必要时得设立特别行政区"。特别行政区根据宪法和法律的规定享有行政管理权、立法权、独立的司法权和终审权。特别行政区同中央的关系是地方与中央的关系。但特别行政区享有一般地方所没有的高度自治权,包括依据全国人民代表大会制定的特别行政区基本法所享有的立法权。特别行政区的各类法的形式,是我国法律的一部分,是我国法律的一种特殊形式。特别行政区立法会制定的法律也是我国法的渊源。

⑧国际条约与行政协定:国际条约是指我国与外国缔结、参加、签订、加入、承认的双边、多边的条约、协定和其他具有条约性质的文件(国际条约的名称,除条约外还有公约、协议、协定、议定书、宪章、盟约、换文和联合宣言等)。这些文件的内容除我国在缔结时宣布持保留意见不受其约束的以外,都与国内法具有一样的约束力,因此也是我国法的渊源。

行政协定是指两个或两个以上的政府相互之间签订的有关政治、经济、贸易、法律、文件和军事等方面的内容的协议。

国际条约和行政协定的区别在于:前者以国家名义签订,后者以政府名义签订。注:我们国家和政府一旦与外国或外国政府签订了条约或协定,所签订的条约和协定对国内的机关、组织和公民同样具有法律约束力。

⑨其他:中国不是普通法法系国家,也不存在判例法的形式,但中国最高司法机关选择、确

认和公布的典型判例,在法律实际生活中是起到法的渊源作用的。习惯是无论何种法律文化背景下都存在的一种法的渊源。法律规则中有不少规则来自习惯。立法机关可根据习惯形成制定法规则。司法机关往往从习惯中抽取某些规则,据以处理某些案件。道德规范和正义观念也是一种普遍认可的法的渊源。古今自然法学派者就特别强调这种法的渊源。在中国传统文化下,道德规范以及与其相关联的正义观念,成为中国自古以来的一种法的渊源。学说也是古今资源性法的渊源之一。历史上和现实中,有关学说甚至担当着法制和法治的指导思想的角色。

3）法律实施

法律实施也称为法的实施,是指法在社会生活中被人们实际施行,包括执法、司法、守法和法律监督。法是一种行为规范,法在被制定出来后付诸实施之前,只是一种书本上的法律,处在应然状态;法律的实施,就是使法律从书本上的法律变成行动中的法律,使它从抽象的行为模式变成人们的具体行为,从应然状态到实然状态。

法律实施是实现法的作用与目的的条件。法律实施与法的制定相对。法律本身反映了统治者或立法者通过法律调整社会关系的愿望与方法,反映了立法者的价值追求。法律实施是实现立法者目的、实现法律作用的前提,是实现法的价值的必由之路,正如有的学者指出的,法律的生命在于它的实行。

法律实施是指通过一定的方式使法律规范的要求和规定在社会生活中得以贯彻和实现的活动,包括法律适用和法律执行。

1.1.2 法律部门

1）法律部门概述

法律部门又称部门法。部门法所指的同类法律,不包括国际法,如国际公法、国际私法和国际经济法等,它仅指国内法,不包括已经失效的法;它仅指现行法,也不包括将要制定但尚未制定的法律,它仅指已经颁布生效的法律。我国法律体系大体上分为以下门类:宪法及宪法相关法、民商法、行政法、经济法、社会法、刑法、诉讼与非诉讼程序法。

部门法或法律部门具有自己的如下特征:

首先,一个法律体系的所有部门法是统一的,各个部门法之间是协调的。

其次,各个部门法又是相对独立的,因为它们各自所调整的社会关系不同,每一个法律部门都调整一定的社会现象所反映的社会关系,如民法调整的是平等主体之间的人身和财产关系;刑法调整的是国家社会的统治秩序和社会规范与犯罪行为之间的社会关系;商法调整的是市场经济下商主体和商行为之间的关系;民事诉讼法调整的是民事诉讼活动和民事诉讼关系。

再次,法律部门是基本确定的,又是不断变化的,在一法律部门确定后,会持续保持相对一段时间,同时随着社会的发展,法律部门间也可能出现融合或分立的现象。

最后,法律部门是主客观的统一,法律部门的划分是人根据一定的客观事实将法律以主观的形式加以区分的。

2) 法律部门划分的标准

（1）依照法律规范所调整的社会关系划分

法律是调整社会关系的行为准则，任何法律都有其调整的社会关系，否则，就不能称其为法律。

（2）依照法律规范的调整方法划分

法律规范所调整的社会关系虽是划分法律部门的基础或是最重要的标准，但是仅仅以此为标准还是不够的，因此，还需要将法律规范的调整方法作为划分标准。

3) 我国的法律部门划分

我国的法律部门主要包括以下几个方面：

（1）宪法

宪法是集中表现各种政治力量的对比关系，规定国家制度和社会制度的基本原则，保障公民基本权利和义务的国家根本大法。宪法是一个国家法律体系的基础和核心。

（2）行政法

行政法是指行政主体在行使行政职权和接受行政法制监督过程中，与行政相对人、行政法制监督主体之间发生的各种关系，以及行政主体内部发生的各种关系的法律规范的总称，包括国家安全法、城市居民委员会组织法、村民委员会组织法、监狱法、高等教育法、食品卫生法、药品管理法、海关法等。

（3）民商法

民商法是调整平等民事主体的自然人、法人及其他非法人组织之间人身关系和财产关系的法律规范的总称，包括物权、债权、知识产权、婚姻、家庭、收养和继承方面的法律法规，以及公司破产、证券、期货、保险、票据、海商等方面的法律法规。

（4）刑法

刑法是规定犯罪、刑事责任和刑罚的法律，是掌握政权的统治阶级为了维护本阶级政治上的统治和经济上的利益，根据自己的意志，规定哪些行为是犯罪并应当负何种刑事责任，给予犯罪人何种刑事处罚的法律规范的总称。

（5）经济法

经济法是关于国民经济和社会发展规划、计划和政策的法律，包括预算法、审计法、会计法、统计法、农业法、企业法、银行法、市场秩序法、税法、土地管理法等。

（6）程序法

程序法是正确实施实体法的保障。审判活动则是实体法和程序法的综合运用。作为实体法的对称，不能简单地把程序法与诉讼法或者审判法相等同，因为程序法是一个大概念，既包括行政程序法、立法程序法和选举规则、议事规则等非诉讼程序法，也包括行政诉讼法、刑事诉讼法、民事诉讼法等。

（7）社会法

社会法即保护弱势群体的法律规范，如未成年人保护法、老年人权益保障法等；维护社会稳定的法律规范，如劳动法与社会保险法；保护自然资源和生态环境的法律规范，如环境保护法、节约能源法、自然资源保护法等;促进社会公益的法律规范,如公益事业捐赠法、企业所得税法、红十字会法等;促进科教、文卫、体育事业发展的法律规范,如教师法、科学技术进步法、义务教育法、卫生法等。

(8)军事法

军事法即有关军事管理和国防建设的法律、法规,是调整国防建设和军事方面法律关系的法律规范的总和,包括兵役法、国防法、解放军军官军衔条例、军事设施保护法、解放军现役军官服役条例、解放军现役士兵服役条例、香港特别行政区驻军法、军人抚恤优待条例等。

1.1.3 法律关系

1)法律关系的概念

法律关系是指法律在调整人们行为的过程中形成的特殊的权利和义务关系。或者说,法律关系是指被法律规范所调整的权利与义务关系。法律关系是以法律为前提而产生的社会关系,没有法律的规定就不可能形成相应的法律关系。法律关系是以国家强制力作为保障的社会关系,当法律关系受到破坏时,国家会动用强制力进行矫正或恢复。

法律关系是根据法律规范建立的一种社会关系:第一,法律规范是法律关系产生的前提。如果没有相应的法律规范存在,就不可能产生法律关系。第二,法律关系不同于法律规范调整或保护的社会关系本身。社会关系是一个庞大的体系,其中有些领域是法律所调整的(如政治关系、经济关系、行政管理关系等),也有些是不属于法律调整或法律不宜调整的(如友谊关系、爱情关系、政党社团的内部关系),还有些是法律所保护的对象,这些被保护的社会关系不属于法律关系本身(如刑法所保护的关系不等于刑事法律关系)。即使那些受法律法规调整的社会关系,也并不能完全视为法律关系。例如,民事关系(财产关系和身份关系)也只有经过民法的调整(即立法、执法和守法的运行机制)之后才具有法律的性质,成为一类法律关系(民事法律关系)。第三,法律关系是法律规范的实现形式,是法律规范的内容(行为模式及其后果)在现实社会生活中得到的具体贯彻。换言之,人们按照法律规范的要求行使权利、履行义务并由此发生特定的法律上的联系,这既是一种法律关系,也是法律规范的实现状态。在此意义上,法律关系是人与人之间的合法(符合法律规范的)关系,这是它与其他社会关系的根本区别。

从实质上看,法律关系作为一定社会关系的特殊形式,正在于它能体现国家的意志。这是因为法律关系是根据法律规范有目的、有意识地建立的,法律关系像法律规范一样必然体现国家的意志。在这个意义上,破坏了法律关系,其实也违背了国家意志。

但法律关系又不同于法律规范,它是现实的、特定的法律主体所参与的具体社会关系。因此,特定法律主体的意志对于法律关系的建立与实现也有一定的作用。有些法律关系的产生,不仅要通过法律规范所体现的国家意志,而且要通过法律关系参加者的个人意志表示一致(如多数民事法律关系)。也有很多法律关系往往基于行政命令而产生。总之,每一个具体的法律关系的产生、变更和消灭是否要通过它的参加者的意志表示,呈现出复杂的情况,不可一概而论。法律关系是以法律上的权利、义务为纽带而形成的社会关系,它是法律规范(规则)

"指示"(行为模式、法律权利和义务)的规定在事实社会关系中的体现。没有特定法律关系主体的实际法律权利和法律义务,就不可能有法律关系的存在。在此,法律权利和义务的内容是法律关系区别于其他社会关系(社团组织内部的关系)的重要标志。

2)法律关系的构成

法律关系由三要素构成,即法律关系的主体、法律关系的客体和法律关系的内容。

（1）主体

法律关系的主体是法律关系的参加者,是指参加法律关系,依法享有权利和承担义务的当事人,即在法律关系中,一定权利的享有者和一定义务的承担者。在每一具体的法律关系中,主体涉及多少各不相同,在大体上都属于相对应的双方:一方是权利的享有者,称为权利人;另一方是义务的承担者,称为义务人。在我国,法律关系主体一般包括国家、机构和组织以及公民。

（2）客体

法律关系的客体是一定利益的法律形式。任何外在的客体,一旦它承载了某种利益价值,就可能成为法律关系客体。法律关系建立的目的是保护某种利益、获取某种利益或分配、转移某种利益。法律关系的客体一般包括物、行为、人身和非物质财富等。

（3）内容

法律关系的内容是指法律关系主体所享有的权利和承担的义务。权利义务是一对表征关系和状态的范畴,是法学范畴体系中最基本的范畴。从本质上看,权利是指法律保护的某种利益;从行为方式的角度看,其表现为要求权利相对人可以怎样行为、必须怎样行为或不得怎样行为。

1.2　合同法律基础

1.2.1　合同的概念与特征

1)合同的概念

合同是平等主体的自然人、法人、其他组织之间设立、变更、终止民事权利义务关系的协议。

（1）合同是一种协议

协议是双方(或多方)当事人因某一事务经过协商所达成的一致意见,在法律上能够产生权利、义务的效果和拘束力。在法律生活中,合同是社会成员之间进行交往,安排生产、交换和消费的基本法律工具,是法律上的主体相互联系的纽带。

（2）《中华人民共和国民法典》(以下简称《民法典》)合同编中的合同是民事合同中的财产合同

民事合同有广义和狭义之分。广义的民事合同既包括财产合同,也包括人身权合同,前者如买卖合同、租赁合同;后者又分为身份合同和身体合同。身份合同如收养协议、离婚协议等;身体合同如医疗合同中关于身体器官的切除、移植协议等。狭义的民事合同,仅指财产合同。

2)合同特征

合同具有下述法律特征:

(1)合同属于民事法律行为

民法上的行为有民事法律行为和事实行为的区分。合同是民事主体设立、变更和终止民事权利义务的行为,是依行为人双方一致意思表示的内容发生法律效果的行为,以行为人的意思表示为要素,因此属于民事法律行为。

(2)合同是双方或多方的民事法律行为

合同绝大多数是双方法律行为,双方当事人的意思表示达成一致,即形成合意,合同即成立;也有一些合同是多方法律行为,如三人或三人以上的合伙合同、有限责任公司发起人协议和公司章程等。

(3)合同的目的是设立、变更、终止特定民事权利义务关系

合同的目的在于设立、变更、终止特定民事权利义务关系。同时,合同当事人之所以实施合同行为,是为了其特定的权利义务。例如,买卖合同不同于租赁合同,也不同于赠与合同。即便是买卖,在具体合同中,买卖的标的物,价金,履行的时间、地点、方式等也不尽相同。

1.2.2 合同的订立、履行与变更

1)合同的订立

合同的订立是指各方当事人或者其代理人为实现一定的民事生活目的,就合同的各项主要条款,通过要约、承诺的方式进行意思表示,协商明确当事人之间民事权利义务关系的设立、变更、终止的过程。由此概念可知,合同的订立具有下述特征:

(1)合同订立的主体是各方当事人或者其代理人

当事人是指具有相应的民事权利能力和民事行为能力,为实现一定的民事生活目的而订立合同,并享受合同权利、承担合同义务的人。当事人可自己订立合同,也可委托代理人代订合同。代理人以被代理人,即当事人的名义,在代理权限范围内,为被代理人的利益独立进行意思表示,与对方协商,由此订立的合同产生的权利义务由被代理人,即合同当事人承受。

(2)合同订立的内容是合同的主要条款

合同的内容是明确当事人设立、变更、终止民事权利义务关系。合同条款是合同订立过程中当事人意思表示的内容。合同的订立过程就是对合同的各项主要条款达成一致的过程。只有对合同的各项主要条款达成合意,合同才能够依法成立。

(3)合同订立的方式是通过要约、承诺的方式进行意思表示

各方当事人意思表示的方式就是要约和承诺。要约是一方当事人希望他方当事人与自己订立合同的意思表示,要约方要向对方表达订立合同的意图,就合同主要条款有明确具体的内容,以便对方能够答复。承诺则是受要约一方当事人对要约内容完全同意的意思表示。要约

得到对方的承诺,合同就成立。如果受要约人不完全同意要约的内容,提出修改和补充的意见,就不是承诺,而是一个新的要约。这时,受到新要约的当事人,可以对新要约作出承诺或者再提出新要约。合同订立的过程就是由要约到承诺,或者由要约到新要约多次反复直至承诺的过程,是当事人各方不断进行意思表示的过程。其目标就是意思表示一致,即合同的成立。

（4）合同订立所追求的效果

合同订立所追求的效果就是合同的成立,即明确当事人设立、变更或者终止民事权利义务关系的协议的达成。合同的订立与合同的成立是密切联系而又各不相同的概念。合同的订立是当事人进行意思表示,实施合同法律行为的过程,这个过程追求的目标就是合同的成立。合同的成立则是合同法律行为的成立,是以当事人意思表示一致而终结合同订立的过程。合同订立表明合同处于产生的过程之中,还没有形成合同;合同成立则表明合同在客观事实上已经存在,即特定当事人之间已经存在设立、变更或者终止民事权利义务关系的协议。合同成立在本质上是各方当事人对合同的标的、数量等主要条款的意思表示一致,在形式上是承诺的生效。合同的成立作为一种法律事实的存在,具有重要的法律意义,会产生相应的民事法律效果,如果符合法律规定,即在当事人之间产生他们欲求的民事权利义务关系的设立、变更和终止;如违反了法律和行政法规的强制性规定,则会产生合同无效的法律后果。

2）合同的履行及其原则

合同的履行是指合同当事人按照合同约定或者法律规定履行合同义务,使债权人的权利得以实现的过程。

知识链接

《民法典》第五百零九条规定:"当事人应当按照约定全面履行自己的义务。当事人应当遵循诚信原则,根据合同的性质、目的和交易习惯履行通知、协助、保密等义务。当事人在履行合同过程中,应当避免浪费资源、污染环境和破坏生态。"

合同履行的原则包括:

（1）全面适当履行原则

全面适当履行是指合同当事人双方应当按照合同约定全面履行自己的义务,即按合同约定的标的、数量、质量、价款、地点、期限、方式等履行各自的义务。按照约定履行自己的义务,既包括全面履行义务,也包括正确适当履行义务。按照全面适当履行原则,当事人应对合同内容作出明确具体的约定。但是,如果合同生效后,双方当事人就质量、价款,或者报酬、履行地点等内容没有约定或约定不明确的,可以协议补充,不能达成补充协议,按照《民法典》第五百一十一条执行。

（2）诚实信用原则

诚实信用原则是指民事主体在从事民事活动时,应当本着诚实守信的理念,以善意的方式行使权利、履行义务。该原则要求民事主体从事民事活动,应诚实不欺、恪守承诺,并在获取利益的同时充分尊重他人和社会的利益。诚实信用原则是《民法典》的一项十分重要的原则,它贯穿于合同的订立、履行、变更、终止等过程。在合同履行过程中,当事人应当遵循诚实信用原则,根据合同的性质、目的和交易习惯履行通知、协助、保密义务,当事人双方应关心合同的履行情况,发现问题及时协商解决,并为对方履行创造条件。在合同履行过程中应信守商业道德,保守商业秘密。

抗辩权是指当事人双方在合同履行过程中都应履行自己的债务,一方当事人不履行或者有可能不履行时,另一方当事人可据此拒绝对方的履行要求。《民法典》合同编规定了同时履行抗辩权、先履行抗辩权和后履行抗辩权。

①同时履行抗辩权:是指当事人履行合同义务没有约定先后顺序,应当同时履行。当对方当事人未履行合同义务时,一方当事人可以拒绝履行合同义务的权利。同时履行抗辩权包括两种情形:一是一方在对方履行之前有权拒绝其履行要求;二是一方在对方履行债务不符合约定时,有权拒绝其相应的履行要求。同时履行抗辩权有阻止对方请求权的效力,没有消灭对方请求权的效力。

②先履行抗辩权:也称不安抗辩权,是指当事人双方在合同中约定了履行的先后顺序,合同成立后,先履行债务的当事人掌握了后履行债务的当事人丧失或者可能丧失履行债务能力的确切证据时,暂时停止履行其到期债务的权利。设立不安抗辩权的目的在于预防合同成立后,情况发生变化而损害合同另一方的利益。行使先履行抗辩权应当以先履行合同的一方有确切证据证明对方当事人有下列情形之一:经营状况严重恶化;转移财产、抽逃资金、逃避债务;丧失商业信誉;有丧失或者可能丧失履行能力的其他情形。

③后履行抗辩权:是指当事人双方在合同中约定了债务履行的先后顺序,当先履行的一方未按约定履行债务时,后履行的一方可拒绝履行其合同债务的权利。后履行抗辩权也包括两种情形:一是当事人互负债务,有先后履行顺序,先履行一方未履行的,后履行一方有权拒绝其履行要求;二是先履行一方履行债务不符合约定的,后履行一方有权拒绝其相应的履行要求。

3) 合同的变更

合同的变更是指对双方当事人已经发生法律效力,但尚未履行或者尚未完全履行的合同,依法经过协商进行修改或补充所达成的协议。合同的变更必须针对有效合同,协商一致是合同变更的必要条件,合同任何一方都不得擅自对合同进行变更。合同的变更一般不涉及已履行的合同内容,对于有些需要有关部门批准或者登记的合同变更,需要重新进行审批或者登记,有效的合同变更必须要有明确的合同内容的变更,如果当事人对合同变更约定不明确,视为没有变更。合同变更后,当事人应按变更后的合同履行,未变更部分继续原有的效力。合同变更的内容主要包括以下几个方面:

①标的物数量增减、品质的改变或规格的变更;

②履行期限、履行方式、履行地点的变更;

③结算方式的变更;

④合同担保的变更;

⑤附条件及附期限合同中条件及期限的变更等。

1.2.3　合同效力

合同效力是指法律赋予依法成立的合同具有拘束当事人各方的强制力。合同效力是法律效力的表现和结果。依法成立的合同,具有法律上的效力。合同一旦依法生效,法律即以其强制力迫使合同当事人必须按照相互之间的约定完成一定行为。

1）合同生效

合同生效是指合同产生法律上的约束力。合同产生法律上的约束力主要是针对合同双方当事人来讲的。合同一旦生效,合同当事人即享有合同中所约定的权利和承担合同中所约定的义务。

知识链接

《民法典》第五百零二条规定:"依法成立的合同,自成立时生效,但是法律另有规定或者当事人另有约定的除外。依照法律、行政法规的规定,合同应当办理批准等手续的,依照其规定。未办理批准等手续影响合同生效的,不影响合同中履行报批等义务条款以及相关条款的效力。应当办理申请批准等手续的当事人未履行义务的,对方可以请求其承担违反该义务的责任。依照法律、行政法规的规定,合同的变更、转让、解除等情形应当办理批准等手续的,适用前款规定。"

已经成立的合同,必须具备一定的生效要件,才能产生法律约束力。合同生效要件是判断合同是否具有法律效力的评价标准。合同生效要件包含下述几项内容:

知识链接

《民法典》第一百四十三条规定:"具备下列条件的民事法律行为有效:(一)行为人具有相应的民事行为能力;(二)意思表示真实;(三)不违反法律、行政法规的强制性规定,不违背公序良俗。"

（1）订立合同的当事人必须具有相应的民事权利能力和民事行为能力

主体不合格,所订立的合同不能发生法律效力。

具有民事权利能力是自然人获得参与民事活动的资格,但能不能运用这一资格,还受自然人的理智、认识能力等主观条件的制约。有民事权利能力者,不一定具有民事行为能力。

《民法典》第五百零五条规定:"当事人超越经营范围订立的合同的效力,应当依照本法第一编第六章第三节和本编的有关规定确定,不得仅以超越经营范围确认合同无效。"这是有关法人权利能力和行为能力的直接规定,即法人在不违反《民法典》相关规定时,即使超越经营范围签订合同也认定为有效。

关于法人之外其他组织权利能力和行为能力,在特定情况下,不具有法人资格的其他组织可以自己名义签订合同,如领取营业执照的法人分支机构具有订约资格。

(2)意思表示真实

所谓意思表示真实,是指表意人的表示行为真实反映其内心的效果意思,即表示行为应当与效果意思相一致。意思表示真实是合同生效的重要构成要件。在意思表示不真实的情况下,合同可能无效,如在被欺诈胁迫致使行为人表示于外的意思与其内心真实意思不符且涉及国家利益受损的情况;合同也可能被撤销或者变更,如在被欺诈胁迫致使行为人表示于外的意思与其内心真实意思不符,但未违反法律和行政法规强制性规定及社会公共利益的情况。

(3)不违反法律、行政法规的强制性规定,不违背公序良俗

这里的"法律"是狭义的法律,即全国人民代表大会及其常务委员会依法通过的规范性文件。这里的"行政法规"是国务院依法制定的规范性文件。所谓"强制性规定"是当事人必须遵守的,不得通过协议加以改变的规定。

(4)具备法律所要求的形式

这里的形式包括两层意思:订立合同的程序与合同的表现形式。这两个方面都必须符合法律规定,否则不能发生法律效力。例如,建设工程合同应采用书面形式,且不应违反建设工程的基本建设程序。

2)无效合同

无效合同是相对有效合同的效力而言的,是指当事人之间订立的合同具备合同成立的形式,但由于违反法律规定的事由而导致法律不予认可其效力。无效合同的确认权归人民法院或者仲裁机构,合同当事人或其他任何机构均无权认定合同无效。

知识链接

《民法典》第一百四十四条:"无民事行为能力人实施的民事法律行为无效。"

第一百四十六条:"行为人与相对人以虚假的意思表示实施的民事法律行为无效。以虚假的意思表示隐藏的民事法律行为的效力,依照有关法律规定处理。"

第一百五十三条:"违反法律、行政法规的强制性规定的民事法律行为无效。但是,该强制性规定不导致该民事法律行为无效的除外。违背公序良俗的民事法律行为无效。"

第一百五十四条:"行为人与相对人恶意串通,损害他人合法权益的民事法律行为无效。"

合同无效被认定后,因该合同取得的财产,应当予以返还;不能返还或者没有必要返还的,应当折价补偿。有过错的一方应当赔偿对方因此受到的损失,双方都有过错的,应当各自承担相应的责任。法律另有规定的,依照其规定。

1.3　招投标法律基础

1.3.1　招投标活动的基本原则

《招标投标法》第五条规定："招标投标活动应当遵循公开、公平、公正和诚实信用的原则。"

（1）公开原则

公开原则也称公开透明原则，是指招投标活动的法律、政策、程序和具体活动除特别规定外都要公开。只有充分公开，才能保护和促进招投标的充分竞争性，提高资金使用的经济性和合理性。公开程度高的招投标活动具有更高的可预测性，投标人才能充分预估和评价其参加招投标活动的成本和收益，从而才能提出最有竞争力的价格，避免合同签订后就未公开、未明确的事项产生争议。特别是在使用政府财政资金的招标活动中，由于财政资金的所有者是全体人民，人民理当有权了解和监督该资金的使用过程和效果。《招标公告和公示信息发布管理办法》第三条规定："依法必须招标项目的招标公告和公示信息，除依法需要保密或者涉及商业秘密的内容外，应当按照公益服务、公开透明、高效便捷、集中共享的原则，依法向社会公开。"目前，我国各地正在全面建立电子招标投标制度，这种方式将使潜在投标人获得相关招投标信息更加便捷和准确。

（2）公平原则

公平原则是招投标活动的重要原则。公平原则主要是指招投标活动参与各方主体地位一律平等，招标人对任何潜在投标人或投标人都不得采取歧视或差别待遇的方式。《招标投标法实施条例》第三十二条规定，招标人不得以不合理的条件限制、排斥潜在投标人或者投标人。招标人有下列行为之一的，属于以不合理条件限制、排斥潜在投标人或者投标人：就同一招标项目向潜在投标人或者投标人提供有差别的项目信息；设定的资格、技术、商务条件与招标项目的具体特点和实际需要不相适应或者与合同履行无关；依法必须进行招标的项目以特定行政区域或者特定行业的业绩、奖项作为加分条件或者中标条件；对潜在投标人或者投标人采取不同的资格审查或者评标标准；限定或者指定特定的专利、商标、品牌、原产地或者供应商；依法必须进行招标的项目非法限定潜在投标人或者投标人的所有制形式或者组织形式；以其他不合理条件限制、排斥潜在投标人或者投标人。

为确保招投标活动的公平性，在评标活动中，评标委员会成员与投标人有利害关系的，必须主动回避。这里的"利害关系"应理解为有可能影响评标结果公正性的各种关系。《评标委员会和评标方法暂行规定》第十二条对可能产生"利害关系"的情况作了列举，即在评标活动中，有下列情形之一的，评标委员会成员应当回避：投标人或者投标人主要负责人的近亲属；项目主管部门或者行政监督部门的人员；与投标人有经济利益关系，可能影响对投标公正评审的；曾因在招标、评标以及其他与招标投标有关活动中从事违法行为而受过行政处罚或刑事处罚的。

（3）公正原则

公正原则主要是针对招投标程序提出的要求。公正原则是指在具体的招投标过程中，拥有一定决定权的招标人、评标委员会以及有关招投标的监管部门，在进行招投标活动和处理招投标活动相关争议的过程中，必须秉持公正原则，杜绝出现徇私舞弊、假公济私、贪污受贿等行为，以保证招投标活动的公正。

（4）诚实信用原则

诚实信用原则是指在招投标活动的招标、投标、开标、评标及定标，乃至中标后的签约、履约等各个阶段，及至合同关系终止后，合同当事人行使权利、履行义务应当讲诚实，守信用，相互协作配合，不得违反信用和承诺，损害他人的合法利益和社会公共利益。诚实信用原则是合同法律关系中一项非常重要的原则。招投标的过程实质是签订合同的过程。订立合同历经要约邀请、要约、承诺等程序，因此诚实信用原则是招投标活动的重要原则。目前，有关部门正在建立统一的信用制度和市场参与主体的信用记录，以排除不良信用的投标人进入招投标市场。

1.3.2 招标方式

《招标投标法》规定我国的招标方式为公开招标和邀请招标两种方式。

（1）公开招标

公开招标是指招标人以招标公告的方式邀请不特定的法人或其他组织投标。公开招标被认为是最有效地促进投标人竞争、节约采购成本和高效率实现采购目标的方式，因而各国的政府采购法都将公开招标列为其首选的采购方法。在建设工程招投标中，公开招标也是主要的方式。

（2）邀请招标

邀请招标是指招标人以投标邀请书的方式邀请特定的法人或其他组织投标。采用邀请招标，邀请对象的数目以5~7家为宜，但不应少于3家。《招标投标法》第十一条规定："国务院发展计划部门确定的国家重点项目和省、自治区、直辖市人民政府确定的地方重点项目不适宜公开招标的，经国务院发展计划部门或者省、自治区、直辖市人民政府批准，可以进行邀请招标。"

知识链接

《招标投标法实施条例》第八条规定，国有资金占控股或者主导地位的依法必须进行招标的项目，应当公开招标；但有下列情形之一的，可以邀请招标：

（一）技术复杂、有特殊要求或者受自然环境限制，只有少量潜在投标人可供选择；

（二）采用公开招标方式的费用占项目合同金额的比例过大。

有前款第二项所列情形，属于本条例第七条规定的项目，由项目审批、核准部门在审批、核准项目时作出认定；其他项目由招标人申请有关行政监督部门作出认定。

1.3.3　招投标活动中的主体与条件

1）招投标活动中的主体

（1）招标人

招标人是指依照《招标投标法》规定的条件和程序，提出招标项目、进行招标的法人或者其他组织。法人分企业法人、事业法人与机关法人 3 种，除法人外，其他组织也可以成为招标人。但自然人是否可以选用招标程序，《招标投标法》并无强行禁止性规定。基于招投标制度的竞争择优机制设计，且自然人作为招标人无任何法律的强制性禁止规定，应予允许。

（2）投标人

投标人是指响应招标、参加投标竞争的法人或者其他组织。投标人资格应适用于招标文件和相关法律法规对有关投标人条件的规定。但是，为避免不适当的关系影响公平竞争，与招标人存在利害关系可能影响招标公正性的法人、其他组织或个人不得参加投标。投标人参加依法必须进行招标的项目的投标，不受地区或者部门的限制，任何单位和个人不得非法干涉。

根据《招标投标法》第三十一条规定，两个以上法人或者其他组织可以组成一个联合体，以一个投标人的身份共同投标。联合体中标的，联合体各方应当共同与招标人签订合同，就中标项目向招标人承担连带责任。但招标人不得强制投标人组成联合体共同投标，不得限制投标人之间的竞争。招标人应当在资格预审公告、招标公告或者投标邀请书中载明是否接受联合体投标。招标人接受联合体投标并进行资格预审的，联合体应当在提交资格预审申请文件前组成。没有在资格预审时提出联合体申请的投标人，不得在资格预审完成后组成联合体投标。联合体各方签订联合体协议后，不得在同一招标项目中以自己名义单独投标或者再参加其他联合体投标，否则该另投标作废标处理。资格预审后或者提交投标文件时间截止后，不得增减、替换联合体成员，否则招标人应当拒绝其投标文件或者作废标处理。

特别提示

依据《招标投标法》和《招标投标法实施条例》的规定，联合体各方均应具备承担招标项目的相应能力；国家有关规定或者招标文件对投标人资格条件有规定的，联合体各方均应当具备规定的相应资格条件。由同一专业的单位组成的联合体，按照资质等级较低的单位确定资质等级。联合体各方应当签订共同投标协议，明确约定各方拟承担的工作和责任，并将共同投标协议连同投标文件一并提交招标人。

在特殊情况下，投标人资格问题还会涉及投标人的变更。在提交投标文件的截止时间前，通过资格预审的投标人发生合并、分立等可能影响投标资格的重大变化的，应当及时将有关情况书面告知招标人，变化后不再满足资格预审文件规定的标准或者影响公平竞争的，招标人应当拒绝其投标文件。在提交投标文件的截止时间后，投标人发生合并、分立等可能影响投标资格的重大变化的,应当及时将有关情况书面告知招标人,变化后不再满足招标文件规定的资格标准或者影响公平竞争的作废标处理。

（3）招标代理机构

工程招标代理机构是指依法设立、从事招标代理业务并提供相关服务的社会中介组织。在性质上,招标代理机构是社会中介组织,招标代理机构与行政机关和其他国家机关不得存在隶属关系或者其他利益关系。根据《招标投标法》的相关规定,招标代理机构应当具备下列条件:

①有从事招标代理业务的营业场所和相应资金;

②有能够编制招标文件和组织评标的相应专业力量。

在招标代理机构的聘任上,《招标投标法》未强制要求招标人必须聘请招标代理机构,即便是强制招标项目也是如此。如果招标人具有编制招标文件和组织评标能力的,可以自行办理招标事宜,任何单位和个人不得强制其委托招标代理机构办理招标事宜。

招标代理机构应当遵守《招标投标法》关于招标代理人和招标人的规定。招标代理机构不得明知委托事项违法而进行代理,不得在所代理的招标项目中投标或者代理投标,也不得向该项目投标人提供咨询服务。招标代理机构应当在其资格范围内开展招标代理业务,并不得涂改、倒卖、出租、出借资格证书,或者以其他形式非法转让资格证书。从事中央投资项目招标代理业务的招标代理机构,应当获得中央投资项目招标代理资格。

（4）监管部门

我国的招投标制度是在计划经济向市场经济过渡时期推行开的,并逐步形成了以部门、行业为主导的招投标行政管理体制。

根据《关于国务院有关部门实施招标投标活动行政监督的职责分工的意见》(国办发〔2000〕34号)的规定,招标投标监督管理职责分属若干部门,国家发展计划委员会(现国家发展和改革委员会)指导和协调全国招投标工作,工业(含内贸)、水利、交通、铁道、民航、信息产业等行业和产业项目的招投标活动的监督执法,分别由经贸、水利、交通、铁道、民航、信息产业等行政主管部门负责;各类房屋建筑及其附属设施的建造和与其配套的线路、管道、设备的安装项目和市政工程项目的招投标活动的监督执法,由建设行政主管部门负责;进口机电设备采购项目的招投标活动的监督执法,由外经贸行政主管部门负责。

2）招投标活动的条件

开展招标活动前应当具备一定的条件,例如《招标投标法》第九条规定:"招标项目按照国家有关规定需要履行项目审批手续的,应当先履行审批手续,取得批准。招标人应当有进行招标项目的相应资金或者资金来源已经落实,并应当在招标文件中如实载明。"同时,依据《招标投标法实施条例》第七条的相关规定,按照国家有关规定需要履行项目审批、核准手续的依法必须进行招标的项目,其实施项目的招标范围、招标方式、招标组织形式也应当报项目审批、核准部门一并审批、核准。项目审批、核准部门应当及时将审批、核准确定的招标范围、招标方式、招标组织形式通报有关行政监督部门。

特别提示

> 招标范围是指项目的勘察、设计、施工、监理、重要设备、材料等内容,哪些部分进行招标,哪些部分不进行招标。其中,是否可以不进行招标,项目审批、核准部门应根据《招标投标法实施条例》第九条的规定判断。
>
> 招标方式是指采用公开招标还是邀请招标。根据《招标投标法》第十一条和《招标投标法实施条例》第八条规定,国家重点项目、省(自治区、直辖市)重点项目、国有资金占控股或者主导地位的项目应当公开招标。对于应当公开招标的依法必须招标项目,是否可以进行邀请招标,项目审批、核准部门应根据《招标投标法实施条例》第八条的规定判断。
>
> 招标组织形式是指采用委托招标还是自行招标。委托招标是指招标人委托招标代理机构办理招标事宜;自行招标是指招标人依法自行办理招标事宜。招标人是否可以自行招标,项目审批、核准部门应根据《招标投标法》第十二条第二款和《招标投标法实施条例》第十条规定,从招标人是否具有与招标项目规模和复杂程度相适应的技术、经济等方面的专业人员判断。

在工程招投标活动中,一般来说,工程项目的可行性研究报告批准后方可开展初步设计的招标工作,初步设计批准后方可开展施工图设计的招标工作(施工图设计与初步设计一并招标的除外);施工图经有关主管部门审查批准后方可实施施工和监理招标。根据《工程建设项目施工招标投标办法》(七部委30号令)第八条规定:"依法必须招标的工程建设项目,应当具备下列条件才能进行施工招标:招标人已经依法成立;初步设计及概算应当履行审批手续的,已经批准;有相应资金或资金来源已经落实;有招标所需的设计图纸及技术资料。"

1.3.4　招投标活动的基本程序

招标投标最显著特点就是招标投标活动具有严格规范的程序。按照《招标投标法》规定,一个完整的招标投标程序包括招标、投标、开标、评标、中标和签订合同六大环节。

(1)招标

招标是招标人按照国家有关规定履行项目审批手续、落实资金来源后,依法发布招标公告或投标邀请书,编制并发售招标文件等具体环节。根据项目特点和实际需要,有些招标项目还要委托招标代理机构,组织资格预审、组织现场踏勘、进行招标文件的澄清与修改等。

(2)投标

投标是投标人根据招标文件的要求,编制并提交投标文件,响应招标的活动。投标人参与竞争并进行投标报价是在投标环节完成的,在投标截止时间后,招标人不能接受新的投标,投标人也不得更改投标报价及其他实质性内容。因此,投标情况确定了竞争格局,是决定投标人能否中标、招标人能否取得预期效果的关键。

（3）开标

开标即招标人按照招标文件确定的时间和地点,邀请所有投标人到场,当众开启投标人提交的投标文件,宣布投标人的名称、投标报价及投标文件中的其他重要内容。开标的最基本要求和特点是公开,保障所有投标人的知情权,这也是维护各方合法权益的基本条件。

（4）评标

招标人依法组建评标委员会,依据招标文件的规定和要求,对投标文件进行审查、评审和比较,确定中标候选人。评标是审查确定中标人的必经程序。由于依法必须招标项目的中标人,必须按照评标委员会的推荐名单和顺序确定,因此评标是否合法、规范、公平、公正,对于招标结果具有决定性作用。

（5）中标

中标也称为定标,即招标人从评标委员会推荐的中标候选人中确定中标人,并向中标人发出中标通知书,并同时将中标结果通知所有未中标的投标人。按照法律规定,招标项目在确定中标候选人和中标人之后还应当依法进行公示。中标既是竞争结果的确定环节,也是发生异议、投诉、举报的环节,有关方面应当依法进行处理。

（6）签订书面合同

中标通知书发出后,招标人和中标人应当按照招标文件和中标人的投标文件在规定的时间内订立书面合同,中标人按合同约定履行义务,完成中标项目。依法必须进行招标的项目,招标人应当从确定中标人之日起15日内,向有关行政监督部门提交招标投标情况的书面报告。

1.3.5 招投标活动中的时限

（1）资格预审公告、招标公告

招标人应当按照资格预审公告、招标公告或者投标邀请书规定的时间、地点发售资格预审文件或者招标文件。资格预审文件或者招标文件的发售期不得少于5日。

（2）提交资格预审申请文件

招标人应当合理确定提交资格预审申请文件的时间。依法必须进行招标的项目提交资格预审申请文件的时间,自资格预审文件停止发售之日起不得少于5日。

（3）对已发出的资格预审文件或者招标文件进行修改

招标人可对已发出的资格预审文件或者招标文件进行必要的澄清或修改。澄清或修改的内容可能影响资格预审申请文件或者投标文件编制的,招标人应当在提交资格预审申请文件截止时间至少3日前,或者投标截止时间至少15日前,以书面形式通知所有获取资格预审文件或者招标文件的潜在投标人;不足3日或者15日的,招标人应当顺延提交资格预审申请文件或者投标文件的截止时间。

（4）对资格预审文件或者招标文件有异议

潜在投标人或者其他利害关系人对资格预审文件有异议的,应当在提交资格预审申请文件截止时间2日前提出;对招标文件有异议的,应在投标截止时间10日前提出。招标人应当自收到异议之日起3日内作出答复;作出答复前,应暂停招标投标活动。

（5）撤回已提交的投标文件

投标人撤回已提交的投标文件,应当在投标截止时间前书面通知招标人。招标人已收取投标保证金的,应当自收到投标人书面撤回通知之日起5日内退还。

（6）编制投标文件

招标人应当确定投标人编制投标文件所需要的合理时间。但是,依法必须进行招标的项目,自招标文件开始发出之日起至投标人提交投标文件截止之日止,最短不得少于20日。

（7）中标候选人公示与异议

依法必须进行招标的项目,招标人应当自收到评标报告之日起3日内公示中标候选人,公示期不得少于3日。投标人或者其他利害关系人对依法必须进行招标的项目的评标结果有异议的,应当在中标候选人公示期间提出。招标人应当自收到异议之日起3日内作出答复;作出答复前,应当暂停招标投标活动。

（8）利害关系人投诉

投标人或者其他利害关系人认为招标投标活动不符合法律、行政法规规定的,可以自知道或者应当知道之日起10日内向有关行政监督部门投诉。投诉应当有明确的请求和必要的证明材料。

（9）签订合同

招标人和中标人应当自中标通知书发出之日起30日内,按照招标文件和中标人的投标文件订立书面合同。招标人和中标人不得再行订立背离合同实质性内容的其他协议。

本章小结

本章对法与法律关系、合同的法律基础,以及招投标活动的基本原则、主体与基本程序等内容作了详细阐述。

任何招标投标行为和合同都在一定的法律条件下起作用,受到法律的保护与制约。在我国,所有的工程招投标行为以及签订的合同都必须以我国的法律作为基础。完整的法律体系,不仅包括法律法规,还包括不同领域的部门法律等。

习 题

一、选择题

1.关于法的形式,下列表述错误的是(　　　)。

　　A.行政法规的效力高于地方性法规

　　B.部门规章的效力低于法律和行政法规

　　C.地方政府规章的效力低于上级地方性法规

　　D.地方政府规章与同级地方性法规具有同等效力

2.在同一个法律体系中,按照一定的标准和原则所制定的同类法律规范总称为(　　　)。

A.法律形式　　　　B.法律体系　　　　C.法律规范　　　　D.法律部门

3.(　　)不具备法人资格,而是施工企业根据建设工程施工项目组建的非常设的下属机构。

A.施工单位　　　　B.勘察设计单位　　　C.项目经理部　　　　D.监理单位

4.下列选项中,不属于法律关系要素的是(　　)。

A.主体　　　　　B.标的　　　　　C.客体　　　　　D.内容

5.按照合同约定或者法律规定,在当事人之间产生特定权利和义务关系的是(　　)。

A.债　　　　　B.所有权　　　　C.知识产权　　　　D.担保物权

6.以下法律关系的内容中,不属于法律义务的是(　　)。

A.在买卖关系中,卖方在收取价款后交付标的物

B.行人遵守交通规则

C.公民缴纳个人所得税

D.达到法定婚龄的公民结婚

7.下列关于投标保证金的表述中,正确的是(　　)。

A.投标保证金一般不得低于投标报价的2%

B.招标人在投标有效期内可挪用投标保证金

C.投标保证金的有效期与投标有效期相同

D.实行两阶段招标的,投标保证金应在第一阶段提供

8.某涉及国家安全的投资项目,施工单项合同估算价为8 000万元人民币,该项目(　　)。

A.必须公开招标

B.必须邀请招标

C.可直接委托发包

D.必须聘请招标代理机构委托发包

9.根据《招标投标法》,招标人与中标人订立书面合同的法定时间是(　　)。

A.自中标通知书发出之日起30日内

B.自中标通知书发出之日起15日内

C.自中标通知书到达中标人之日起30日内

D.自中标通知书到达中标人之日起28日内

二、简答题

1.什么是法律以及法律的效力层级?

2.我国的法律部门有哪些?它们分别调整什么样的社会关系?

3.请解释说明什么是法律关系及其法律关系构成。

4.合同法律关系的基本特征是什么?

5.什么是合同履行的抗辩权?

6.合同的成立与生效条件分别是什么?

7.招投标活动应遵循的基本法律原则有哪些?

第 2 章　工程建设项目招标

【教学目标】

本章介绍了建筑市场及建设工程施工招标的具体业务。通过本章的学习，了解施工招标的主要工作程序和步骤，熟悉施工招标过程中的主要工作内容，掌握招标文件的内容，并熟悉相关文件及其法律法规的内容，能据此分析具体案例。

【教学要求】

能力目标	知识要点	权　重
了解发承包和建筑市场	发承包内容、建筑市场的主体和客体、资质管理	20%
懂招标的范围、方式和程序	强制招标的范围、招标方式、招标流程	25%
会进行招标文件的编制	招标文件的编制及应注意的问题	35%
了解招标人的工作程序	招标人的工作及实施过程	20%

2.1　建设工程发承包

2.1.1　工程发承包的概念

发承包是发包方和承包方之间的一种商业行为。发包是订货，即订购商品；承包是接受订货生产，按规定供货。工程施工发承包是指根据协议，作为交易一方的建筑施工企业，负责为交易另一方的建设单位完成某一项工程的全部或部分工作，并按一定的价格取得相应的报酬。委托任务并负责支付报酬的一方称为发包人；接受任务并负责按时、保质、保量完成而取得报酬的一方称为承包人。发承包双方之间存在经济上的权利与义务关系，但这是双方通过签订合同或协议予以明确的且具有法律效力。

招标和投标是实现工程发承包关系的主要途径。

2.1.2　建设工程发承包制的由来与实质

建设工程发承包制是在发承包制的基础上发展起来的。发承包制度是商品经营的一种方式,其基本特征是销售活动先于生产活动。商品销售先于生产,其实并不是建筑施工特有的。凡是价值十分昂贵或是具有单件性的商品,常常采取先预售后生产的方式。价值昂贵,对于生产者要求筹集一笔巨大的垫支资金,如果收不回资金就会造成重大亏损。当然,经营风险大,如果收益率很大,也值得去冒这个风险。有些商品虽然价值不一定十分昂贵,但它具有单件性的特点,不能批量生产。由于现代金融信贷业的发展,假定有销售的可靠市场,投资者还是愿意筹集资金的。这就是为什么采取开发性经营、生产标准化厂房和公寓,然后出售、出租的原因。但工业标准化厂房也好,住宅也好,在全部土木工程中毕竟只占较小比重,其他工程,如水利枢纽工程、石油钻井、铁路、港口等,几乎没有建后出售的可能。因此,大量建筑工程产品自然地形成预先销售然后生产的经营方式。

先有买主然后再进行加工或生产,并不一定和发承包相联系。建筑工程采取雇工营建方式的历史持续很久。欧美国家在 18 世纪以前大体还是采用雇工营建,建筑产品价格以实际造价结算为主要方式。发承包方式只是在 19 世纪初才逐步兴起的,原因在于雇工方式加大了工程雇主的管理难度。建筑工程产品的需要者不可能全都自己组织兴建。买方的外行,生产者的内行,必然导致买方控制工期、质量、造价的问题。发承包制度在建筑管理上具有突破性的作用,有助于解决买方控制的问题。

发承包制度只能解决按一定目标,双方商定保证目标的实现问题,却不能解决目标的优化。当承包者处于绝对垄断地位时,投资者事先拟定的目标虽然确保了,但价格是不是合理,工期是不是可以再短一些,工程质量是否还能提高等,都没有把握。招投标制也是历史上应用很多、很古老的经营方式,因此,发承包制度很自然地与招投标制相结合,产生了工程招标承包方式。

为了解决工程投资者购买目标的优化问题,工程招标承包制应运而生。这种优化是通过市场招标选择来实现的。招标的目的和实质是通过施工企业之间的竞争择优选择承包者。投标则是建筑业竞争的特有形式。

其他行业的企业间的竞争体现在商品生产上,消费者在市场上通过"货比三家"来实现自己的购买意图。建筑业则不同,任何投资者都很难在市场上找到现成的商品。因此,建筑业的竞争是企业与企业、投标者与投标者的公开、直接竞争。投资者作为买方,是竞争的裁判者。投资者直接选择的不是产品,而是企业。

竞争迫使施工企业把信誉摆在第一位。建筑业的竞争不仅是生产管理、技术、效率和质量的竞争,还是经营艺术的竞争。建筑业的竞争是有很大风险的,加工业的产品推销不掉,还可以更新换代,生产新的产品,而施工企业一旦信誉扫地,要想东山再起,就困难得多。

2.1.3　建设工程发承包的内容

根据建设项目的基本程序和基本内容,建设工程发承包的内容可分为以下 7 类。

1) 项目建议书

项目建议书是由项目投资方向国家有关主管部门提出要求建设某一项目的建议性文件。其主要内容是项目的性质、用途、基本内容、建设规模及项目的必要性和可行性分析等。从宏观上论述项目投资的必要性和可行性,供项目审批机关作出初步的决策,为下一步的可行性研究打下基础。项目建议书可由建设单位自行编制,也可委托工程咨询单位代为编制。

2) 可行性研究

项目建议书经批准后,应进行项目的可行性研究。其主要内容是对拟建项目的一些重大问题,如市场需求、资源条件、原料、燃料、厂址选择等,从技术和经济两个方面进行详尽地调查研究、分析计算和方案比较,并对这个项目建成后可能取得的技术效果和经济效益进行预测,从而提出该项工程是否值得投资建设和怎样建设的意见,为投资决策提供可靠的依据。

3) 勘察设计

勘察与设计两者之间既有密切联系,又有显著区别。

（1）工程勘察

工程勘察的主要内容包括工程测量、水文地质勘察和工程地质勘察。其主要任务是查明工程项目建设地点的地形地貌、地层土壤岩性、地质构造、水文条件等自然地质条件,作出鉴定和综合评价,为建设项目的选址、工程设计和施工提供科学的依据。

（2）工程设计

工程设计是工程建设的重要环节,是从技术和经济上对拟建工程进行全面规划的工作。大中型项目一般采用两阶段设计,即初步设计和施工图设计。重大型项目和特殊项目,采用三阶段设计,即初步设计、技术设计和施工图设计。对一些大型联合企业、矿区和水利水电枢纽工程,为解决总体部署和开发问题,还需进行总体规划设计和总体设计。

勘察设计阶段可通过方案竞选、招标投标等方式选定勘察设计单位。

4) 材料和设备的采购供应

建设项目所需的材料和设备涉及面广、品种多、数量大。材料和设备采购供应是工程建设过程中的重要环节。建筑材料的采购供应方式有公开招标、询价报价、直接采购等。设备采购供应方式有委托承包、设备包干、招标投标等。

5) 建筑安装工程施工

建筑安装工程施工是工程建设过程中的一个重要环节,是把图纸付诸实施的决定性阶段。其任务是把设计图纸变成物质产品,如工厂、矿井、电站、桥梁、住宅、学校等,使预期的生产能力或使用功能得以实现。建筑安装工程施工内容包括施工现场的准备工作,永久性工程的建筑施工、设备安装及工业管道安装等。此阶段采用招标投标的方式进行工程承发包。

6) 生产职工培训

基本建设的最终目的就是形成新的生产能力。为了使新建项目建成后投入生产、交付使用,在建设期间就需要准备合格的生产技术工人和配套的管理人员。因此,需要组织生产职工培训。这项工作通常由建设单位委托设备生产厂家或同类企业进行,在实行总承包的情况下,则由总承包单位负责,委托适当的专业机构、学校、工厂完成。

7)建设工程监理

建设工程监理是指监理单位受项目业主的委托,依据国家批准的工程项目建设文件、有关工程建设的法律法规和工程建设监理合同及其他工程建设合同,对工程建设实施的监督和管理。专门从事工程监理的机构,其服务对象是建设单位,接受建设主管部门委托或建设单位委托对建设项目的可行性研究、勘察设计、设备及材料采购供应、工程施工、生产准备直至竣工投产,实行总承包或分阶段承包。

2.1.4 工程发承包的要素

在工程发包前,建设单位应根据工程特点全面考虑以下4个方面的问题。

1)如何组织

建设单位要根据管理能力以及法律的有关规定,确定合适的采购方式,若采用招标方式需确定自行招标还是招标代理。按照国家规定,当建设单位不具备招标发包能力时,应当委托有资质的招标代理机构。例如,工程量清单、招标控制价编制工作一般都是委托招标代理机构或工程造价咨询单位完成的。

除了发包阶段的工作,在履行施工合同过程中,建设单位还需要按照国家规定委托监理。比较理想的情况是,这个监理单位同时具备招标代理资质,可协助建设单位进行招标发包,这对工程的实施是极为有利的。

2)如何发包

建设单位应根据自身管理能力、项目建设规划、项目管理组织模式、项目合同策划方案、建设总进度计划要求、项目标段划分情况、项目拟达到的质量目标等,确定项目的发承包模式,工程、货物或服务采购方式和采购时点,以及各项采购活动的主要内容范围、主要合同条款及相关技术标准和要求。

3)如何分标

《招标投标法》第十九条规定,招标项目需要划分标段、确定工期的,招标人应当合理划分标段、确定工期,并在招标文件中载明。同时,实行工程量清单计价的,要求在清单总说明中说明工程分标情况,供施工单位考虑对总承包服务费进行报价。

一般来说,当建设工程技术复杂、规模较大、造价较高,一个施工单位难以完成时,为了加快工程进度,发挥各施工单位的优势,降低工程造价,对一个工程项目进行合理分标是非常必要的。

4)如何计价

建设单位在发包之前,要根据发包项目准备工作的实际情况、设计工作的深度、工程项目的复杂程度,确定合同价的形式,明确合同价款如何确定。

合同价款的确定涉及两个基本内容:

①计价方法,即采用定额计价法(工料单价法)还是工程量清单计价法(综合单价法)。

②签订合同价的方式,即合同类型,要明确规定是固定价合同或可调价合同,是总价合同还是单价合同。

合同的计价方式不同,施工单位所承担的风险也不同,一般来说,固定总价合同对施工单位的风险最大。

合同的计价方式与招标工程设计所达到的深度有关。建设单位应在招标文件中明确规定计价方式,投标单位无选择的余地。工程投标时所能做的工作,一是根据规定的合同计价方式考虑合理的风险费;二是作为备选方案,提出改变合同计价方式后的不同报价(如将固定总价合同改为调值总价合同,报价降低 5%),这涉及报价策略与技巧的使用。

2.2　建 筑 市 场

2.2.1　建筑市场的概念

市场的原始定义是指商品交换的场所,但随着商品交换的发展,市场突破了村镇、城市、国家的界限,最终实现了世界贸易乃至网上交易,因而市场的广义定义是商品交换关系的总和。

按照这个定义,建筑市场也分为狭义的市场和广义的市场。狭义的建筑市场一般指有形市场,有固定的交易场所。广义的建筑市场包括有形市场和无形市场,包括与工程建设有关的技术、租赁、劳务等各种要素市场;为工程建设提供专业服务的中介组织;通过广告、通信、中介机构及经纪人等媒介沟通买卖双方或招投标等多种方式成交的各种交易活动;建筑商品生产过程及流通过程中的经济联系和经济关系。可以说,广义的建筑市场是指建筑产品及其有关服务的交易关系的总和。

建筑市场经过近几年的快速发展,已形成由发包人、承包人和为双方服务的中介咨询人组成的市场主体,以建筑产品和建筑生产过程为对象的市场客体,以招投标为主要交易方式的市场竞争机制,以资质管理为主要内容的市场监督体系以及我国特有的有形建筑市场等,共同构成了我国完整的建筑市场体系。

2.2.2　建筑市场的主体和客体

市场主体是指在市场中从事交易活动的各方当事人,按照参与交易活动的目的不同,可分为买方、卖方和中介三类。市场客体是指一定量的可供交换的商品或服务,即主体权利义务所指向的对象,它可以是行为或财务。

1)建筑市场的主体

建筑市场的主体是指参与建筑市场交易活动的主要各方,即发包人、承包人、中介机构(包括工程咨询服务机构及物资供应机构等)。

（1）发包人

发包人是指拥有相应的建设资金,办妥项目建设的各种准建手续,以建成该项目达到其经营使用目的的政府部门、事业单位、企业单位和个人。不过,上述各类型的发包人,只有在其从事工程项目的建设全过程中才能成为建筑市场的主体。在我国,发包人又称为业主或建设单位;项目法人责任制又称为业主负责制,即由发包人对其项目建设的全过程负责。

（2）承包人

承包人是指具有一定生产能力、技术装备、流动资金和承包工程建设任务的营业资格与资质,在建筑市场中能够按照发包人的要求,提供不同形态的建筑产品,并最终获得相应工程价款的建筑业企业。按其所从事的专业,承包人可分为土建、水电、道路、港湾、市政工程等专业公司。承包人是建筑市场主体中的主要组成部分,在其整个经营期间都是建筑市场的主体。国内外一般只对承包人进行从业资格管理。

特别提示

具备下述条件的承包人才能在政府许可的工程范围内承包工程:

①拥有政府规定的注册资本;

②拥有与其资质等级相适应且具有注册执业资格的专业技术和管理人员;

③拥有从事建筑施工活动的建筑机械装备;

④经有关政府部门的资质审查,已取得资质证书和营业执照。

（3）中介机构

中介机构是指具有一定注册资金和相应的专业服务能力,在建筑市场中受发包人或承包人的委托,对工程建设进行勘察设计、造价或管理咨询、建设监理及招标代理等高智能服务,并取得服务费用的咨询服务机构和其他建设专业的中介服务组织。国际上,工程中介机构一般称为咨询公司,在国内则包括勘察公司、设计院、工程监理公司、工程造价公司、招标代理机构和工程管理公司等。这些公司主要向建设项目发包人提供工程咨询和管理等智力型服务,以弥补发包人对工程建设业务不了解或不熟悉的不足。中介机构并不是工程承包的当事人,但受发包人聘用,与发包人订有协议或合同,从事工程咨询或监理等工作,因而在项目实施中承担着重要的责任。咨询任务可以贯穿从项目立项到竣工验收乃至使用阶段的整个项目建设过程,也可只限于其中某个阶段,如可行性研究咨询、施工图设计和施工监理等。

2）建筑市场的客体

建筑市场的客体是建筑市场的交易对象,即各种建筑产品,包括有形的建筑产品(如建筑物、构筑物)和无形的建筑产品(如咨询、监理等智力型服务)。在不同的生产交易阶段,建筑市场的客体,即建筑产品可以表现为不同的形态:可以是中介机构提供的咨询服务,可以是勘察单位提供的地质勘察报告、设计单位提供的设计图纸,可以是生产厂家提供的混凝土构件,也可以是施工企业提供的建筑物和构筑物。

2.2.3　建筑市场的资质管理

建筑活动的专业性及技术性都很强,而且建筑工程投资大、周期长,一旦发现问题,将给社会和人民的生命、财产安全造成极大损失,因此,为保证建筑工程的质量和安全等,对从事建筑活动的单位和专业技术人员必须实行从业资质管理。建筑市场的从业资质管理包括两个方面,即对从业企业的资质管理和对专业从业人员的执业资格管理。

从事建筑活动的从业企业的资质管理,是指建设行政主管部门对从事建筑活动的建筑业企业、勘察设计企业及工程咨询企业等,按照其拥有的注册资本、专业技术人员、技术装备和工程业绩等不同条件,划分为不同的资质等级,经资质审查合格,取得相应等级的资质证书后,方可在其资质等级许可的范围内从事建筑活动的一种管理制度。

从事建筑活动的专业从业人员的执业资格管理,是指建设行政主管部门对从事建筑活动的专业技术人员进行考试、注册,并颁发执业资格证书作为市场准入控制的一种管理制度。建筑工程执业人员主要有注册建筑师、注册结构工程师、注册监理工程师、注册造价工程师、注册建造师以及法律、法规规定的其他从业人员。

1) 建筑业企业

《建筑业企业资质管理规定》[2018 年 12 月 22 日依据《住房城乡建设部关于修改〈建筑业企业资质管理规定〉等部门规章的决定》(中华人民共和国住房和城乡建设部令第 45 号)修改]第二条规定:"在中华人民共和国境内申请建筑业企业资质,实施对建筑业企业资质监督管理均适用此规定。本规定所称建筑业企业,是指从事土木工程、建筑工程、线路管道设备安装工程的新建、扩建、改建等施工活动的企业。"

建筑业企业应当按照其拥有的资产、主要人员、已完成的工程业绩和技术装备等条件申请建筑业企业资质,经审查合格,取得建筑业企业资质证书后,方可在资质许可的范围内从事建筑施工活动。

建筑业企业资质分为施工总承包资质、专业承包资质和施工劳务资质 3 个序列。

取得施工总承包资质的企业,可以承接施工总承包工程。施工总承包企业可以对所承接的施工总承包工程内各专业工程全部进行自行施工,也可以将专业工程或劳务作业依法分包给具有相应资质的专业承包企业或施工劳务企业。

取得专业承包资质的企业,可以承接施工总承包企业分包的专业工程和建设单位依法发包的专业工程。专业承包企业可以对所承接的专业工程全部自行施工,也可以将劳务作业依法分包给具有相应资质的施工劳务企业。

取得施工劳务资质的企业,可以承接施工总承包企业或专业承包企业分包的劳务作业。

施工总承包资质、专业承包资质按照工程性质和技术特点分别划分为若干资质类别,各资质类别按照规定的条件划分为若干资质等级。如房屋建筑工程施工总承包资质划分为特级、一级、二级和三级;专业承包资质划分为一级、二级和三级;施工劳务资质不分类别与等级。

特别提示

> 《住房城乡建设部关于建筑业企业资质管理有关问题的通知》(建市[2015]154号)规定:取消《建筑业企业资质标准》(建市[2014]159号)中建筑工程施工总承包一级资质企业可承担单项合同额3 000万元以上建筑工程的限制;取消《建筑业企业资质管理规定和资质标准实施意见》(建市[2015]20号)特级资质企业限承担施工单项合同额6 000万元以上建筑工程的限制以及《施工总承包企业特级资质标准》(建市[2007]72号)特级资质企业限承担施工单项合同额3 000万元以上房屋建筑工程的限制。

2) 勘察企业和设计企业

《建设工程勘察设计资质管理规定》[2018年12月22日依据《住房城乡建设部关于修改〈建筑业企业资质管理规定〉等部门规章的决定》(中华人民共和国住房和城乡建设部令第45号)修改]对工程勘察和设计企业的资质等级与标准、申请与审批、业务范围等作了明确规定。

从事建设工程勘察、工程设计活动的企业,应当按照其拥有的注册资本、专业技术人员、技术装备和勘察设计业绩等条件申请资质,经审查合格,取得建设工程勘察、工程设计资质证书后,方可在资质许可的范围内从事建设工程勘察、工程设计活动。

工程勘察资质分为工程勘察综合资质、工程勘察专业资质和工程勘察劳务资质。其中,工程勘察综合资质只设甲级;工程勘察专业资质设甲级、乙级,根据工程性质和技术特点,部分专业可以设丙级;工程勘察劳务资质不分等级。

取得工程勘察综合资质的企业,可以承接各专业(海洋工程勘察除外)、各等级工程勘察业务;取得工程勘察专业资质的企业,可以承接相应等级相应专业的工程勘察业务;取得工程勘察劳务资质的企业,可以承接岩土工程治理、工程钻探、凿井等工程勘察劳务业务。

工程设计资质分为工程设计综合资质、工程设计行业资质、工程设计专业资质和工程设计专项资质。其中,工程设计综合资质只设甲级;工程设计行业资质、工程设计专业资质、工程设计专项资质设甲级、乙级。根据工程性质和技术特点,个别行业、专业、专项资质可以设丙级,建筑工程专业资质可以设丁级。

取得工程设计综合资质的企业,可以承接各行业、各等级的建设工程设计业务;取得工程设计行业资质的企业,可以承接相应行业相应等级的工程设计业务及本行业范围内同级别的相应专业、专项(设计施工一体化资质除外)工程设计业务;取得工程设计专业资质的企业,可以承接本专业相应等级的专业工程设计业务及同级别的相应专项工程设计业务(设计施工一体化资质除外);取得工程设计专项资质的企业,可以承接本专项相应等级的专项工程设计业务。

3) 工程监理企业

《工程监理企业资质管理规定》[2018年12月22日依据《住房城乡建设部关于修改〈建筑

业企业资质管理规定〉等部门规章的决定》(中华人民共和国住房和城乡建设部令第 45 号)修改]明确规定工程监理企业应当按照其拥有的注册资本、专业技术人员和工程监理业绩等资质条件申请资质,经审查合格,取得相应等级的资质证书后,方可在其资质等级许可的范围内从事工程监理活动。

工程监理企业资质分为综合资质、专业资质和事务所资质。其中,专业资质按照工程性质和技术特点划分为若干工程类别。综合资质、事务所资质不分级别。专业资质分为甲级、乙级。其中,房屋建筑、水利水电、公路和市政公用专业资质可设立丙级。

工程监理企业资质相应许可的业务范围如下所述:

(1)综合资质

综合资质可以承担所有专业工程类别建设工程项目的工程监理业务。

(2)专业资质

①专业甲级资质:可以承担相应专业工程类别建设工程项目的工程监理业务。

②专业乙级资质:可以承担相应专业工程类别二级以下(含二级)建设工程项目的工程监理业务。

③专业丙级资质:可以承担相应专业工程类别三级建设工程项目的工程监理业务。

(3)事务所资质

可以承担三级建设工程项目的工程监理业务,但是国家规定必须实行强制监理的工程除外。

工程监理企业可以开展相应类别建设工程的项目管理、技术咨询等业务。

4)工程造价咨询企业

《工程造价咨询企业管理办法》(2020 年 2 月 19 日住房和城乡建设部令第 50 号第三次修改)所称工程造价咨询企业是指接受委托,对建设项目投资、工程造价的确定与控制提供专业咨询服务的企业。

工程造价咨询企业从事工程造价咨询活动,应当遵循独立、客观、公正、诚实信用的原则,不得损害社会公共利益和他人的合法权益。任何单位和个人不得非法干预依法进行的工程造价咨询活动。

工程造价咨询企业资质等级分为甲级和乙级两类。工程造价咨询企业应当依法取得工程造价咨询企业资质,并在其资质等级许可的范围内从事工程造价咨询活动。工程造价咨询企业依法从事工程造价咨询活动,不受行政区域限制。其中,甲级工程造价咨询企业可以从事各类建设项目的工程造价咨询业务,乙级工程造价咨询企业可以从事工程造价 2 亿元人民币以下的各类建设项目的工程造价咨询业务。

5)工程建设项目招标代理

住房城乡建设部办公厅关于废止《建设部关于印发〈工程建设项目招标代理机构资格认定办法实施意见〉的通知》的通知(建办市〔2018〕15 号):依据《全国人民代表大会常务委员会

关于修改〈中华人民共和国招标投标法〉、〈中华人民共和国计量法〉的决定》、《住房城乡建设部关于废止〈工程建设项目招标代理机构资格认定办法〉的决定》,我部决定废止《建设部关于印发〈工程建设项目招标代理机构资格认定办法实施意见〉的通知》(建市〔2007〕230号)。自2017年12月28日起,各级住房城乡建设部门不再受理招标代理机构资格认定申请,停止招标代理机构资格审批。招标代理机构可按照自愿原则向工商注册所在地省级建筑市场监管一体化工作平台报送基本信息,信息内容包括:营业执照相关信息、注册执业人员、具有工程建设类职称的专职人员、近3年代表性业绩、联系方式。

6) 建筑从业人员

建筑从业人员执业资格制度是指对具有一定专业学历、资历的从事建筑活动的专业技术人员,通过国家相关考试和注册确定其执业的技术资格,获得相应的建筑工程文件签字权的一种制度。从事建筑活动的专业技术人员,应当依法取得相应的执业资格证书,并在执业资格证书许可的范围内从事建筑活动。目前,我国建筑领域的专业技术人员执业资格制度主要有注册建筑师、注册监理工程师、注册结构工程师、注册城市规划师、注册造价工程师、注册咨询师、注册安全师、注册建造师和房地产估价师等类型。

2.2.4 有形建筑市场

20世纪90年代以来,按照原建设部和监察部的统一部署和要求,全国各地相继建立起各级有形建筑市场。有形建筑市场是我国所特有的一种管理形式,在世界上是独一无二的,是与我国的国情相适应的。经过多年的运行,有形建筑市场作为建筑市场管理和服务的一种新形式,在规范建筑市场交易行为、提高建设工程质量和方便市场主体等方面已取得了一定的积极成效。

1) 有形建筑市场的性质

有形建筑市场是服务性机构,不是政府管理部门,也不是政府授权的监督机构,本身并不具备监督管理职能。但有形建筑市场又不是一般意义上的服务机构,其设立需要得到政府或政府授权主管部门的批准,并非任何单位和个人可以随意成立。它不以营利为目的,旨在为建立公开、公正、平等竞争的招投标制度服务,只可经批准收取一定的服务费,工程交易行为不能在场外发生。

2) 有形建筑市场的基本功能

(1)信息服务功能

信息服务包括收集、存储和发布各类工程信息、法律法规、造价信息、建材价格、承包人信息、咨询单位和专业人士信息等。在设施上配备有大型电子墙、计算机网络工作站,为发承包交易提供广泛的信息服务。有形建筑市场一般要定期公布工程造价指数和建筑材料价格、人工费、机械租赁费、工程咨询费以及各类工程指导价等,指导业主、承包人和咨询单位进行投资控制和投标报价。在市场经济条件下,有形建筑市场公布的价格指数仅是一种参考,投标最终报价需要承包人根据本企业的经验或企业定额、企业机械装备和生产效率、管理能力和市场竞争需要来确定。

（2）场所服务功能

对于政府部门、国有企业、事业单位的投资项目,我国明确规定,一般情况下都必须进行公开招标,只有特殊情况下才允许采用邀请招标。所有建设项目进行招投标必须在有形建筑市场内进行,必须由有关管理部门进行监督。按照这个要求,有形建筑市场必须为工程发承包交易双方提供包括建设工程的招标、评标、定标、合同谈判等的设施和场所服务。有形建筑市场应具备信息发布大厅、洽谈室、开标室、会议室及相关设施,以满足业主和承包人、分包人、设备材料供应商之间的交易需要。同时,要有政府有关管理部门进驻集中办公,办理有关手续和依法监督招投标活动。

（3）集中办公功能

由于众多建设项目要进入有形建筑市场进行报建、招投标交易和办理有关批准手续,这就要求政府主管部门进驻有形建筑市场集中办理有关审批手续和进行管理,建设行政主管部门的各职能机构进驻有形建筑市场。受理申报的内容一般包括工程报建、招标登记、承包人资质审查、合同登记、质量报监、施工许可证发放等。进驻有形建筑市场的相关管理部门集中办公,公布各自的办事制度和程序,既能按照各自的职责依法对建设工程交易活动实施有力监督,也方便当事人办事,有利于提高办公效率。一般要求实行"窗口化"服务,对办事人而言,达到"进一个门,办全部手续"的目的。这种集中办公方式决定了有形建筑市场只能集中设立,不可能像其他商品市场那样随意设立。按照我国的有关法规规定,每个城市原则上只能设立一个有形建筑市场,特大城市可增设若干个分中心,但分中心的三项基本功能必须健全,如图2.1所示。

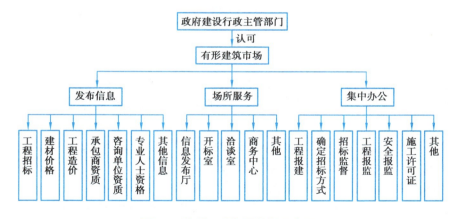

图 2.1　建设工程交易功能示意图

3）有形建筑市场运行的一般程序

按照有关规定,建设项目进入有形建筑市场后,其一般运行程序如图2.2所示。

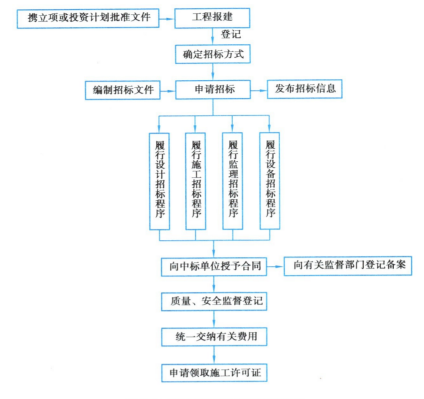

图 2.2　有形建筑市场运行程序图

2.3　建设工程施工招标的程序及内容

2.3.1　招标范围

对工程建设项目招标的范围,《招标投标法》第三条规定,在中华人民共和国境内进行下列工程建设项目包括项目的勘察、设计、施工、监理及与工程建设有关的重要设备、材料等的采购,必须进行招标:

①大型基础设施、公用事业等关系社会公共利益、公众安全的项目;

②全部或者部分使用国有资金投资或者国家融资的项目;

③使用国际组织或者外国政府贷款、援助资金的项目。

依据《必须招标的工程项目规定》(中华人民共和国国家发展和改革委员会令第16号)规定,要求在招标范围内的工程,其勘察、设计、施工、监理以及与工程建设有关的重要设备、材料等的采购达到下列标准之一的,必须招标:

①施工单项合同估算价在 400 万元人民币以上;

②重要设备、材料等货物的采购,单项合同估算价在 200 万元人民币以上;

③勘察、设计、监理等服务的采购，单项合同估算价在 100 万元人民币以上。

同一项目中可以合并进行的勘察、设计、施工、监理以及与工程建设有关的重要设备、材料等的采购，合同估算价合计达到前款规定标准的，必须招标。

特别提示

依据《招标投标法》和《招标投标法实施条例》的规定，有下列情形之一，不适宜进行招标的项目可以不进行招标：

①涉及国家安全、国家秘密的工程；

②抢险救灾工程；

③属于利用扶贫资金实行以工代赈、需要使用农民工等特殊情况；

④需要采用不可替代的专利或者专有技术；

⑤采购人依法能够自行建设、生产或者提供；

⑥已通过招标方式选定的特许经营项目，投资人依法能够自行建设、生产或者提供；

⑦需要向原中标人采购工程、货物或者服务，否则将影响施工或者功能配套要求；

⑧国家规定的其他特殊情形。

2.3.2　招标方式

工程项目招标就是在发包建筑工程项目之前，以公告或邀请书的方式提出工程项目的条件和要求，愿意参加竞争的有相应资质的建筑业企业可以按照招标文件的要求进行投标，招标人从中择优选择承包人的过程。

《招标投标法》规定我国的招标方式为公开招标和邀请招标两种方式。

1) 公开招标

公开招标也称为无限竞争性招标，是指招标人以招标公告的方式邀请不特定的法人或其他组织投标。招标人通过国家指定的报刊、信息网络或其他媒介等新闻媒体发布招标公告，吸引具备相应资质、符合招标条件的法人或其他组织不受地域和行业限制参加竞争，招标人从中选择中标人的招标方式。公开招标的优点：招标人可以在较广的范围内选择中标人，投标竞争激烈，有利于将工程项目的建设交予可靠的中标人实施并取得有竞争性的报价。公开招标的缺点：申请投标人较多，一般要设置资格预审程序；评标的工作量较大，招标所需时间长、费用高。

2) 邀请招标

邀请招标也称为有限竞争性招标，是指招标人以投标邀请书的方式邀请特定的法人或其他组织投标。招标人向预先选择的若干家具备承担招标项目能力、资信良好的特定法人或其他组织发出投标邀请函，将招标工程的概况、工作范围和实施条件等作出简要说明，邀请其参加投标竞争。邀请对象的数目以 5~7 家为宜，但不应少于 3 家。被邀请人同意参加投标后，从招标人处获取招标文件，按规定要求进行投标报价。邀请招标的优点：不需要发布招标公告和设置资格预审程序,节约招标费用和节省时间;由于对投标人以往的业绩和履约能力比较了解,减小了合同履行过程中承包方违约的风险。为了体现公平竞争和便于招标人选择综合能力最强的投标人中标,仍要求在投标书内报送表明投标人资质能力的有关证明材料,作为评标时的评审内容之一(通常称为资格后审)。邀请招标的缺点:邀请范围较小、选择面窄,可能失去某些在技术或报价上有竞争实力的潜在投标人,因此投标竞争的激烈程度相对较差。

虽然公开招标和邀请招标各有利弊,但通常将公开招标作为一种主要的采购方式。

特别提示

《招标投标法》和《招标投标法实施条例》规定:国务院发展计划部门确定的国家重点建设项目和各省、自治区、直辖市人民政府确定的地方重点建设项目,以及国有资金占控股或者主导地位的依法必须进行招标的项目,应当公开招标。但有下列情形之一的,经批准可以进行邀请招标:

①技术复杂、有特殊要求或者受自然环境限制,只有少量潜在投标人可供选择;

②采用公开招标方式的费用占项目合同全额的比例过大。

知识链接

查阅中国招标投标网,了解招标的范围和招标方式。

2.3.3　工程招标程序

为了实现招标的目标,保证招标、投标程序科学、合理、合法,在现代工程中,已形成十分完备的招投标程序和标准化的文件。我国颁布了《招标投标法》,住房和城乡建设部以及许多地方的建设管理部门也都颁发了工程招标投标管理和合同管理法规,还颁布了招标文件以及各种合同文件示范文本。为合理地安排各项工作的时间,保证各方面有充裕的时间完成相关工作,招投标工作在时间和空间上要遵循一定的顺序。通常工程招标投标的工作程序如图2.3所示。

2.3.4　招标组织

《招标投标法》规定,招标人具有编制招标文件和组织评标能力的,可自行办理招标事宜,向有关行政监督部门进行备案即可,任何单位和个人不得强制其委托招标代理机构办理招标事宜。不具备自行招标能力的有权自行选择招标代理机构,委托其办理招标事宜。

1)招标人自行组织招标

招标人自行办理招标事宜,应当具有编制招标文件和组织评标的能力,具体包括以下

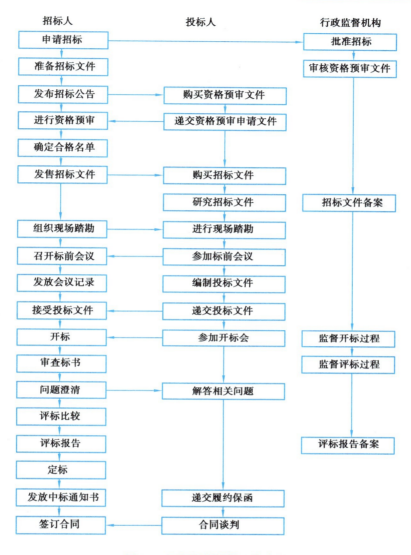

图 2.3　工程招标投标工作流程

几点：

①具有项目法人资格（或者法人资格）；

②具有与招标项目规模和复杂程度相适应的工程技术、概预算、财务和工程管理等方面的专业技术力量；

③有从事同类工程建设项目招标的经验；

④设有专门的招标机构或者拥有 3 名以上专职招标业务人员；

⑤熟悉和掌握《招标投标法》及有关法规规章。

不具备上述②—⑤条件的,须委托具有相应资质的招标代理机构代理招标。如建设单位具备自行招标的条件,也可委托招标代理机构代理招标。

2）委托招标代理机构组织招标

①招标代理机构是社会中介组织。招投标是一项具有高度组织性、规范性、制度性及专业性的活动。招标人需要有比较系统的信息专业化运作水平，也需要科学的决策和周到的服务。招标代理机构不是政府机构，不具备政府的行政职能，它是社会服务性组织，它以自己的专业能力和专业水平为社会提供服务。

②招标代理机构应具有独立进行意思表示的职能，这样才能使招标正常进行，因此它是以其专业知识和经验为被代理人提供高智能的服务。不具有独立意思表示的行为或不以他人名义进行的行为，如代人保管物品、举证、抵押权人依法处理抵押物等，都不是代理行为。

③招标人应当与被委托的招标代理机构签订书面委托合同。招标代理机构应当在招标人委托的范围内办理招标事宜，并遵守法律关于招标人的规定。这是因为招标代理在法律上属于委托代理，招标代理行为的法律后果应由被代理人承担。超出委托授权范围的代理行为属于无权代理，被代理人有拒绝权和追认权。如果被代理人知道代理机构以其名义作了无权代理行为而不作否认表示时，则视为被代理人同意。

特别提示

《招标投标法实施条例》第十二条明确规定："招标代理机构应当拥有一定数量的具备编制招标文件、组织评标等相应能力的专业人员。"

2.3.5 招标工作实施

1）招标的准备工作

①建立招标组织机构。可自行招标，也可委托招标代理机构进行招标。

②完成工程的各种审批手续（如规划、用地许可、项目的审批等），并完成招标所需设计图纸及相关的技术资料，使招标的工程项目具备进行施工招标的条件。

知识链接

《工程建设项目施工招标投标办法》第八条规定，依法必须招标的工程建设项目，应当具备下列条件才能进行施工招标：

①招标人已经依法成立；

②初步设计及概算应当履行审批手续的，已经批准；

③有相应资金或资金来源已经落实；

④有招标所需的设计图纸及技术资料。

应用案例

某房地产公司计划在某地开发 60 000 m² 的住宅项目,可行性研究报告已经通过国家发改委批准,资金为自筹方式,资金尚未完全到位,仅有初步设计图纸,因急于开工,组织销售,在此情况下决定采用邀请招标的方式,随后向 7 家施工单位发出了投标邀请书。你认为本项目在上述条件下是否可以进行工程施工招标?

【案例评析】

依据工程施工招标应该具备的条件,本工程由于只有初步设计图纸,而没有满足施工招标需要的设计文件及其他技术资料,显然是不完全具备招标条件的,因此不应进行施工招标。

③选择招标方式。

④向政府的招标投标管理机构提出招标申请,取得相应的招标许可。

⑤编制资格预审文件、招标文件和招标控制价。

采用资格预审的,招标人应提前编制资格预审文件。资格预审文件包括资格预审公告、申请人须知、资格审查办法、资格预审申请文件格式、建设项目概况及招标人对资格预审文件的澄清和修改。

建设工程招标文件是建设工程招标单位单方面阐述自己招标条件和具体要求的意思表示,是招标单位确定、修改和解释有关招标事项的书面表达形式的统称。从合同的订立过程来分析,工程招标文件属于一种要约邀请,其目的在于引起投标人的注意,希望投标人能按照招标人的要求向招标人发出要约。

招标控制价是招标人根据国家或省级、行业建设主管部门颁发的有关计价依据和办法,以及拟订的招标文件和招标工程量清单,编制的招标工程的最高限价。投标人的投标报价高于招标控制价的,其投标应予以拒绝。国有资金投资的工程建设项目应实行工程量清单招标,并应由具有编制能力的招标人或受其委托具有相应资质的工程造价咨询人编制招标控制价。招标控制价超过批准的概算时,应报原概算审批部门审核。招标控制价应在招标时公布,不应上调或下浮,招标人应将招标控制价及有关资料报送工程所在地工程造价管理机构备查。

知识链接

标底是招标人发包工程的期望价格。设有标底的做法是针对中国目前建设市场发育状况和国情而采取的一种措施,是具有中国特色的招投标制度的一个具体体现。招标项目设有标底的,招标人应当编制标底并在开标时公布,开标前标底必须保密,一个工程只能编制一个标底。标底只能作为评标的参考,不得以投标报价是否接近标底作为中标条件,也不得以投标报价超过标底上下浮动范围作为否决投标的条件。

特别提示

> 编制依法必须进行招标的项目的资格预审文件和招标文件,应当使用国务院发展改革部门会同有关行政监督部门制定的标准文本。

2) 发布招标公告或发出投标邀请

招标公告主要介绍招标工程的基本情况、资金来源、工程范围、招标投标工作的总体安排等。依法必须招标项目的资格预审公告和招标公告,应当载明以下内容:

①招标项目名称、内容、范围、规模、资金来源;

②投标资格能力要求,以及是否接受联合体投标;

③获取资格预审文件或招标文件的时间、方式;

④递交资格预审文件或投标文件的截止时间、方式;

⑤招标人及其招标代理机构的名称、地址、联系人及联系方式;

⑥采用电子招标投标方式的,潜在投标人访问电子招标投标交易平台的网址和方法;

⑦其他依法应当载明的内容。

依据《招标公告和公示信息发布管理办法》(国家发展改革委员会令第 10 号),依法必须招标项目的招标公告和公示信息应当在"中国招标投标公共服务平台"或者项目所在地省级电子招标投标公共服务平台(以下统一简称"发布媒介")发布。省级电子招标投标公共服务平台应当与"中国招标投标公共服务平台"对接,按规定同步交互招标公告和公示信息。对依法必须招标项目的招标公告和公示信息,发布媒介应当与相应的公共资源交易平台实现信息共享。

如果采用邀请招标方式,则要在广泛调查的基础上确定拟邀请的单位。招标人必须对相关工程领域的潜在承包商的基本情况有比较多的了解,在确定邀请对象时应该有较多的选择,防止有一些投标人中途退出,导致最终投标人数量达不到法律规定的要求。

特别提示

> 无论是公开招标还是邀请招标,投标人都不得少于 3 家。

3) 资格审查

资格审查分资格预审和资格后审。资格预审是在投标前对申请人的资格进行审查,审查通过才能获取招标文件。资格后审是开标后、评标前对投标人资格进行审查,审查通过才能进行投标文件的评审。

招标人采用资格预审办法对潜在投标人进行资格审查的,应当发布资格预审公告、编制资格预审文件。招标人应按资格预审公告、招标公告或投标邀请书规定的时间、地点发售资格预审文件,且发售期不得少于 5 日。

招标人应当合理确定提交资格预审申请文件的时间。依法必须进行招标的项目提交资格预审申请文件的时间,自资格预审文件停止发售之日起不得少于 5 日。

为了保证公开、公平竞争,招标人在资格预审中不得以不合理条件限制或者排斥潜在投标人,不得对潜在投标人实行差别歧视待遇。

（1）资格预审的办法

资格预审应按照资格预审文件载明的标准和方法进行。国有资金占控股或者主导地位的依法必须进行招标的项目,招标人应当组建资格审查委员会审查资格预审申请文件。常见的资格预审方法有以下两种:

①合格制。就是凡符合初步评审标准和详细评审标准的申请人均通过资格预审。

②有限数量制。就是审查委员会依据规定的审查标准和程序,对通过初步审查和详细审查的资格预审申请文件进行量化打分,按得分由高到低的顺序确定通过资格预审的申请人。通过资格预审的申请人不得超过资格审查办法前附表规定的数量。

《中华人民共和国标准施工招标资格预审文件》(2007 年版)资格审查办法(有限数量制)前附表见表 2.1。

表 2.1　资格审查办法(有限数量制)前附表

条款号		条款名称	编列内容
1		通过资格预审的人数	
2		审查因素	审查标准
2.1	初步审查标准	申请人名称	与营业执照、资质证书、安全生产许可证一致
		申请函签字盖章	有法定代表人或其委托代理人签字或加盖单位章
		申请文件格式	符合第四章"资格预审申请文件格式"的要求
		联合体申请人	提交联合体协议书,并明确联合体牵头人(如有)
		……	……
2.2	详细审查标准	营业执照	具备有效的营业执照
		安全生产许可证	具备有效的安全生产许可证
		资质等级	符合第二章"申请人须知"第 1.4.1 项规定
		财务状况	符合第二章"申请人须知"第 1.4.1 项规定
		类似项目业绩	符合第二章"申请人须知"第 1.4.1 项规定
		信誉	符合第二章"申请人须知"第 1.4.1 项规定
		项目经理资格	符合第二章"申请人须知"第 1.4.1 项规定
		其他要求	符合第二章"申请人须知"第 1.4.1 项规定
		联合体申请人(如有)	符合第二章"申请人须知"第 1.4.2 项规定
		……	……

续表

条款号	条款名称	编列内容	
2.3	评分标准	评分因素	评分标准
		财务状况	……
		类似项目业绩	……
		信誉	……
		认证体系	……
		……	……

通过详细审查的申请人不少于 3 个且没有超过规定数量的,均通过资格预审,不再进行评分;通过详细审查的申请人数量超过规定数量的,审查委员会依据第 2.3 款评分标准进行评分,按得分由高到低的顺序进行排序。

（2）资格预审文件的澄清

招标人可以对已发出的资格预审文件或者招标文件进行必要的澄清或者修改。澄清或者修改的内容可能影响资格预审申请文件编制的,招标人应当在提交资格预审申请文件截止时间至少 3 日前,以书面形式通知所有获取资格预审文件的潜在投标人;不足 3 日的,招标人应当顺延提交资格预审申请文件的截止时间。

（3）审查结果

①审查委员会按照规定的评审程序对资格预审申请文件完成审查后,确定通过资格预审的申请人名单,并向招标人提交书面审查报告。全体评委应在评审报告上签字,如有不同意见可单独写出书面情况说明并签字。

②资格预审结束后,招标人应当及时向资格预审申请人发出资格预审结果通知书。未通过资格预审的申请人不具有投标资格。通过资格预审的申请人少于 3 个的,应当重新招标。

4) 发售招标文件

招标人应按照资格预审公告、招标公告或投标邀请书规定的时间、地点发售招标文件,发售期不得少于 5 日。另外,招标人还应当确定投标人编制投标文件所需要的合理时间,《招标投标法》第二十四条规定:依法必须进行招标的项目,自招标文件开始发出之日起至投标人提交投标文件截止之日止,最短不得少于 20 日。招标人发售招标文件收取的费用应当限于补偿印刷、邮寄的成本支出,不得以营利为目的。

5) 组织踏勘现场

招标人可根据项目具体需要组织踏勘现场,但不得组织单个或者部分潜在投标人踏勘项目现场。

招标文件规定组织踏勘现场的,招标人应按规定的时间、地点组织投标人踏勘项目现场。投标人自愿参加现场踏勘并且踏勘现场发生的费用自理。除招标人原因外,投标人自行负责在踏勘现场所发生的人员伤亡和财产损失。招标人在踏勘现场时介绍的工程场地和相关的周边环境情况,供投标人编制投标文件时参考,招标人不对投标人据此作出的判断和决策负责。

6)召开投标预备会

招标人可根据需要召开投标预备会,也可以不召开。招标文件规定召开投标预备会的,招标人应按规定的时间和地点召开投标预备会,澄清投标人提出的问题。投标人应在规定的时间前,以书面形式将提出的问题送达招标人,以便招标人在会议期间澄清。投标预备会后,招标人在规定的时间内对投标人所提问题进行澄清,并以书面方式通知所有购买招标文件的投标人。该澄清内容为招标文件的组成部分。

知识链接

> 招标人可以对已发出的招标文件进行必要的澄清或者修改。澄清或者修改的内容可能影响投标文件编制的,招标人应当在投标截止时间至少 15 日前,以书面形式通知所有获取招标文件的潜在投标人;不足 15 日的,招标人应当顺延提交投标文件的截止时间。该澄清或修改的内容为招标文件的组成部分。
>
> 《招标投标法实施条例》第二十二条规定:"潜在投标人或者其他利害关系人对资格预审文件有异议的,应当在提交资格预审申请文件截止时间 2 日前提出;对招标文件有异议的,应当在投标截止时间 10 日前提出。招标人应当自收到异议之日起 3 日内作出答复;作出答复前,应当暂停招标投标活动。"

2.4　建设工程施工招标文件的编制

在整个工程的招投标和施工过程中,招标文件是由招标人编制的能集中反映招标人意图的一份极其重要的文件。招标文件通常应包括招标公告(或投标邀请书)、投标人须知、评标办法、合同条款及格式、工程量清单、图纸、技术标准和要求、投标文件格式 8 项内容。

2.4.1　投标人须知

投标人须知是招标人提供的、指导投标人投标的重要文件。投标人须知要依据相关的法律法规,结合项目、业主的要求,对招标阶段的工作程序进行安排,对招标方和投标方的责任、工作规则等进行约定。投标人须知通常包括投标人须知前附表和正文部分。

1)投标人须知前附表

投标人须知前附表(见表2.2)是由招标人填写的专用表格,是投标人须知中重要内容的提示。投标人须知前附表必须与招标文件中的其他内容相衔接,并且不得与投标人须知正文内容相矛盾,否则抵触内容无效。

表 2.2　投标人须知前附表

条款号	条款名称	编列内容
1.1.2	招标人	名称：　　　　　　　　　　地址： 联系人：　　　　　　　　　电话：
1.1.3	招标代理机构	名称：　　　　　　　　　　地址： 联系人：　　　　　　　　　电话：
1.1.4	项目名称	
1.1.5	建设地点	
1.2.1	资金来源	
1.2.2	出资比例	
1.2.3	资金落实情况	
1.3.1	招标范围	
1.3.2	计划工期	计划工期：＿＿＿＿＿＿（日历天） 计划开工日期：　　　年　　　月　　　日 计划竣工日期：　　　年　　　月　　　日
1.3.3	质量要求	
1.4.1	投标人资质条件、能力和信誉	资质条件：　　　　　　　　财务要求： 业绩要求：　　　　　　　　信誉要求： 项目经理(建造师，下同)资格： 其他要求：
1.4.2	是否接受联合体投标	□不接受 □接受，应满足下列要求：
1.9.1	踏勘现场	□不组织 □组织，踏勘时间： 　　　　踏勘集中地点：
1.10.1	投标预备会	□不召开 □召开，召开时间： 　　　　召开地点：
1.10.2	投标人提出问题的截止时间	
1.10.3	招标人书面澄清的时间	
1.11	分包	□不允许 □允许，分包内容要求： 　　　　分包金额要求： 　　　　接受分包的第三人资格要求：
1.12	偏离	□不允许　　　　　　　　　□允许

续表

条款号	条款名称	编列内容
2.1	构成招标文件的其他材料	
2.2.1	投标人要求澄清招标文件的截止日期	
2.2.2	投标截止时间	_____年_____月_____日_____时_____分
2.2.3	投标人确认收到招标文件澄清的时间	
2.3.2	投标人确认收到招标文件修改的时间	
3.1.1	构成投标文件的其他材料	
3.3.1	投标有效期	
3.4.1	投标保证金	投标保证金的形式： 投标保证金的金额：
3.5.2	近年财务状况的年份要求	_____年
3.5.3	近年完成的类似项目的年份要求	_____年
3.5.5	近年发生的诉讼及仲裁情况的年份要求	_____年
3.6	是否允许递交备选投标方案	□不允许　　　　　　　　□允许
3.7.3	签字或盖章要求	
3.7.4	投标文件副本份数	_____份
3.7.5	装订要求	
4.1.2	封套上写明	招标人地址： 招标人名称： _____（项目名称）_____标段投标文件在_____年_____月_____日_____时_____分前不得开启
4.2.2	递交投标文件地点	
4.2.3	是否退还投标文件	□否　　　　　　　　　　□是
5.1	开标时间和地点	开标时间：同投标截止时间 开标地点：
5.2	开标程序	密封情况检查： 开标顺序：

续表

条款号	条款名称	编列内容
6.1.1	评标委员会的组建	评标委员会构成：_____人，其中招标人代表_____人，专家_____人； 评标专家确定方式：
7.1	是否授权评标委员会确定中标人	□是 □否，推荐的中标候选人数：
7.3.1	履约担保	履约担保的形式： 履约担保的金额：
10		需要补充的其他内容
……		……

特别提示

投标人须知前附表中关于招标的时间、流程等的约定，一定要符合《招标投标法》和《招标投标法实施条例》等的规定。关于地点的约定应是详细的地址，如×市××路×××大厦×××房间，不能简单地说××单位的办公楼等。

2）正文

（1）总则

总则要准确描述项目的概况、资金情况、招标范围、计划工期和项目的质量要求；对投标资格的要求以及是否接受联合体投标和对联合体投标的要求；是否组织踏勘现场和投标预备会，组织的时间和费用的承担等的说明；是否允许分包以及分包的范围；是否允许投标文件偏离招标文件的某些要求，允许偏离的范围等。

①对联合体投标的规定：联合体各方必须按招标文件提供的格式签订联合体协议书，明确联合体牵头人和各方的权利义务；由同一专业单位组成的联合体，按照资质等级较低的单位确定资质等级；联合体各方不得再以自己的名义单独或加入其他联合体在同一标段中投标。

②投标人不得存在下列情形之一，如果存在将不允许进行投标：

a.投标人不具有独立法人资格的附属机构（单位）；

b.为本标段前期准备提供设计或咨询服务的，但设计施工总承包的除外；

c.为本标段的监理人、代建人或提供招标代理服务的；

d.与本标段的监理人或代建人或招标代理机构同为一个法定代表人的；

e.与本标段的监理人或代建人或招标代理机构相互控股或参股的；

f.与本标段的监理人或代建人或招标代理机构相互任职或工作的；

g.被责令停业、被暂停或取消投标资格的或财产被接管或冻结的；

h.在最近 3 年内有骗取中标或严重违约或重大工程质量问题的。

（2）招标文件

该部分主要对招标文件的组成、澄清和修改进行约定。

①投标人应仔细阅读和检查招标文件的全部内容。如发现缺页或附件不全,应及时向招标人提出,以便补齐。如有疑问,应在投标人须知前附表规定的时间前以书面形式（包括信函、电报、传真等可以有形地表现所载内容的形式）要求招标人对招标文件予以澄清。招标文件的澄清将在投标人须知前附表规定的投标截止时间 15 日前以书面形式发给所有购买招标文件的投标人,但不指明澄清问题的来源。如果澄清发出的时间距投标截止时间不足 15 日,应相应延长投标截止时间。投标人在收到澄清后,应在投标人须知前附表规定的时间内以书面形式通知招标人,确认已收到该澄清。

②在投标截止时间 15 日前,招标人可以书面形式修改招标文件,并通知所有已购买招标文件的投标人。如果修改招标文件的时间距投标截止时间不足 15 日,应相应延长投标截止时间。投标人收到修改内容后,应在投标人须知前附表规定的时间内以书面形式通知招标人,确认已收到该修改。

特别提示

《中华人民共和国标准施工招标文件》（2007 年版）中招标文件的组成包括以下内容:

①招标公告（或投标邀请书）;

②投标人须知;

③评标办法;

④合同条款及格式;

⑤工程量清单;

⑥图纸;

⑦技术标准和要求;

⑧投标文件格式。

（3）其他内容

除上述内容外,投标人须知还应对投标文件（包括投标文件的组成、投标报价、投标有效期、投标保证金、资格审查资料、备选投标方案和投标文件的编制）、投标（包括投标文件的密封和标识、递交、修改与撤回）、开标（包括开标的时间和地点、开标程序、评标）、合同授予（包括定标方式、中标通知、履约担保、签订合同）、重新招标和不再招标,以及纪律和监督等进行约定,详细内容将在后面章节介绍。

2.4.2　合同条款及格式

施工合同文件是"施工招标文件"的重要组成部分,由通用合同条款、专用合同条款和协议书构成。招标人和招标代理机构要根据招标项目所在地和具体工程情况,采用各部委规定的标准合同条款作为招标项目的通用合同条款和专用合同条款,并依此作为投标人投标报价的商务条件。在合同实施阶段,它是合同双方的行为准则,监理人依此对合同进行管理以及支付合同价款;承包人依此承建工程项目,保证发包人在资金得到控制的条件下按期获得合格的工程,使承包人获得合理的报酬。

1)通用合同条款

通用合同条款根据国家有关法律、法规和部门规章,以及按合同管理的操作要求进行约定和设置;主要阐述了合同双方的权利、义务、责任和风险,以及监理人遇到合同问题时,处理合同问题的原则。通用合同条款一般采用标准合同文本,如《建设工程施工合同(示范文本)》(GF-2017-0201)的有关规定。

2)专用合同条款

专用合同条款和通用合同条款是整个施工合同中最重要的合同文件,它根据公平原则,约定了合同双方在履行合同全过程中的工作规则。其中,通用合同条款是要求各建设行业共同遵守的共性规则;专用合同条款则是由各行业根据其行业的特殊情况,自行约定的行业规则,但各行业自行约定的行业规则不能违背本通用合同条款已约定的通用规则。

专用合同条款是结合工程所在国、所在地、工程本身的特点和实际需要,对通用合同条款原则性约定的细化、完善、补充、修改或另行约定的条款。一般包括合同文件、双方的一般责任、施工组织设计和工期、质量与验收、合同价款与支付、材料和设备供应、设计变更、竣工结算、争议、违约和索赔等内容,但不得违反法律、行政法规的强制性规定及平等、自愿、公平和诚实信用原则。

3)合同格式

合同格式主要包括合同协议书格式、履约担保格式和预付款担保格式。

合同协议书

_____(发包人名称,以下简称"发包人")为实施_____(项目名称),已接受_____(承包人名称,以下简称"承包人")对该项目_____标段施工的投标。发包人和承包人共同达成如下协议。

1.本协议书与下列文件一起构成合同文件:

(1)中标通知书;

(2)投标函及投标函附录;

(3)专用合同条款;

(4)通用合同条款;

(5)技术标准和要求;

(6)图纸;

(7)已标价工程量清单;

(8)其他合同文件。

2.上述文件互相补充和解释,如有不明或不一致之处,以合同约定次序在先者为准。

3.签约合同价:人民币(大写)_____元(¥_____)。

4.承包人项目经理:_____。

5.工程质量符合＿＿＿＿＿＿标准。

6.承包人承诺按合同约定承担工程的实施、完成及缺陷修复。

7.发包人承诺按合同约定的条件、时间和方式向承包人支付合同价款。

8.承包人应该按照监理人指示开工,工期为＿＿＿＿＿＿(日历天)。

9.本协议书一式＿＿＿＿＿＿份,合同双方各执一份。

10.合同未尽事宜,双方另行签订补充协议。补充协议是合同的组成部分。

发包人:＿＿＿＿＿＿(盖章单位)　　　　承包人:＿＿＿＿＿＿(盖章单位)

法定代表人或其委托代理人:＿＿＿＿(签字)　法定代表人或其委托代理人＿＿＿＿(签字)

＿＿＿＿年＿＿＿月＿＿＿日　　　　＿＿＿＿年＿＿＿月＿＿＿日

履约担保

＿＿＿＿＿＿(发包人名称):

鉴于＿＿＿＿＿＿(发包人名称,以下简称"发包人")接受＿＿＿＿＿＿(承包人名称,以下简称"承包人")于＿＿＿年＿＿＿月＿＿＿日参加(项目名称)＿＿＿＿＿＿标段施工的投标。我方愿意无条件地、不可撤销地就承包人履行与你方订立合同,向你方提供担保。

1.担保金额人民币(大写)＿＿＿＿＿＿元(￥＿＿＿＿＿＿)。

2.担保有效期自发包人与承包人签订的合同生效之日起至发包人签发工程接受证书之日止。

3.在本担保有效期内,因承包人违反合同约定的义务给你方造成经济损失时,我方在收到你方以书面形式提出的在担保金额内的赔偿要求后,在 7 天内无条件支付。

4.发包人和承包人按《通用合同条款》第 15 条变更合同时,我方承担本担保规定的义务不变。

担保人:＿＿＿＿＿＿(盖单位章)

法定代表人或其委托代理人:＿＿＿＿＿＿(签字)

地址:＿＿＿＿＿＿

邮政编码:＿＿＿＿＿＿

电话:＿＿＿＿＿＿

传真:＿＿＿＿＿＿

＿＿＿年＿＿＿月＿＿＿日

预付款担保

＿＿＿＿＿＿(发包人名称):

根据＿＿＿＿＿＿(承包人名称,以下简称"承包人")与＿＿＿＿＿＿(发包人名称,以下简称"发包人")于＿＿＿年＿＿＿月＿＿＿日签订的(项目名称)＿＿＿＿＿＿标段施工承包合同,承包人按约定的金额向发包人提交一份预付款担保,即有权得到发包人支付相等金额的预付款。我方愿意就你方提供给承包人的预付款提供担保。

1.担保金额人民币(大写)＿＿＿＿＿＿＿＿＿＿元(￥＿＿＿＿＿)。

2.担保有效期自预付款支付给承包人起生效,至发包人签发的进度付款证书说明已完全扣清止。

3.在本保函有效期内,因承包人违反合同约定的义务而要求收回预付款时,我方在收到你方的书面通知后,在7天内无条件支付。但本保函的担保金额,在任何时候不应超过预付款金额减去发包人按合同约定在承包人签发的进度付款证书上扣除的金额。

4.发包人和承包人按《通用合同条款》第15条变更合同时,我方承担本保函规定的义务不变。

担保人:＿＿＿＿＿＿＿＿＿＿＿＿＿(盖单位章)

法定代表人或其委托代理人:＿＿＿＿＿(签字)

地址:＿＿＿＿＿＿＿＿＿＿＿＿＿＿＿＿

邮政编码:＿＿＿＿＿＿＿＿＿＿＿＿＿＿

电话:＿＿＿＿＿＿＿＿＿＿＿＿＿＿＿＿

传真:＿＿＿＿＿＿＿＿＿＿＿＿＿＿＿＿

＿＿＿＿年＿＿月＿＿日

2.4.3　工程量清单

工程量清单应依据我国现行的国家标准《建设工程工程量清单计价规范》(GB 50500—2013)进行编制。

1)工程量清单编制的一般规定

"工程量清单"是建设工程实行清单计价的专用名词,它表示的是实行工程量清单计价的建设工程的分部分项工程项目、措施项目、其他项目、规费项目和税金项目的名称和相应数量等的明细清单。

①工程量清单由具有编制能力的招标人或受其委托具有相应资质的工程造价咨询人编制。

②采用工程量清单方式招标,工程量清单必须作为招标文件的组成部分,其准确性和完整性由招标人负责。

③工程量清单是工程量清单计价的基础,应作为编制招标控制价、投标报价、计算工程量、支付工程款、调整合同价款、办理竣工结算以及工程索赔等的依据之一。

④工程量清单应由分部分项工程量清单、措施项目清单、其他项目清单、规费项目清单、税金项目清单组成。

2)编制工程量清单的依据

①现行的《建设工程工程量清单计价规范》;

②国家或省级、行业建设主管部门颁发的计价依据和办法;

③建设工程设计文件;

④与建设工程项目有关的标准、规范、技术资料;

⑤拟订的招标文件及其补充通知、答疑纪要；

⑥施工现场情况、工程特点及常规施工方案；

⑦其他相关资料。

3) 工程量清单说明

①工程量清单应与招标文件中的投标人须知、通用合同条款、专用合同条款、技术标准和要求及图纸等章节内容一起阅读和理解。

②招标文件中的工程量清单仅是投标报价的共同基础，竣工结算的工程量应按合同约定确定。合同价格的确定以及价款支付应遵循合同条款、技术标准和要求以及工程量清单的有关约定。

特别提示

　　工程量清单编制使用的表格的具体形式请查阅《建设工程工程量清单计价规范》（GB 50500—2013）。

2.4.4　技术标准和要求

招标文件的技术标准和要求一般包括一般要求，特殊技术标准和要求，适用的国家、行业以及地方规范、标准和规程等内容。

1) 一般要求

一般要求主要是对工程的说明、相关资料的提供、合同界面的管理以及整个交易过程涉及的问题的具体要求。

（1）工程说明

简要描述工程概况、工程现场条件和周围环境、地质及水文资料，以及资料和信息的使用。合同文件中载明的涉及本工程现场条件、周围环境、地质及水文等情况的资料和信息数据是发包人现有的和客观的，发包人保证有关资料和信息数据的真实和准确性，但承包人据此作出的推论、判断和决策，由承包人自行负责。

（2）发承包的范围、工期要求、质量要求及适用规范和标准

发承包的范围关键是对合同界面的具体界定，特别是暂列金额和甲供材要详细的界定责任和义务。如果承包人在投标函中承诺的工期和计划开、竣工日期发生矛盾或者不一致时，以承包人承诺的工期为准。实际开工日期以通用合同条款约定的监理人发出的开工通知中载明的开工日期为准。如果承包人在投标函附录中承诺的工期提前于发包人在工程招标文件中所要求的工期，承包人在施工组织设计中应当制订相应的工期保证措施，由此而增加的费用应当被认为已经包括在投标总报价中。除合同另有约定外，合同履行过程中发包人不会因此再向承包人支付任何性质的技术措施费用、赶工费用或其他任何性质的提前完工奖励等费用。工程要求的质量标准应符合现行国家有关工程施工验收规范和标准的要求（合格）。如果针对特定的项目、特定的业主，对项目有特殊质量要求的，应详细约定。

（3）安全防护和文明施工、安全防卫及环境保护

在工程施工、竣工、交付及修补任何缺陷的过程中，承包人应当始终遵守国家和地方有关安全生产的法律、法规、规范、标准和规程等，按照通用合同条款的约定履行其安全施工职责。现场应有安全警示标志，应配备专业的安全防卫人员并制定详细的巡查管理细则。在工程施工、竣工、交付及修补任何缺陷的过程中，承包人应当始终遵守国家和工程所在地有关环境保护、水土保护和污染防治的法律、法规、规范、标准和规程、规章等，按照通用合同条款的约定履行其环境与生态保护职责。

（4）有关材料、进度、进度款、竣工结算等的技术要求

用于工程的材料，应有生产（制造）许可证书、出厂合格证明或者证书、出厂检测报告、性能介绍、使用说明等相关资料，并注明材料和工程设备的供货人及品种、规格、数量和供货时间等，以供检验和审批。对进度报告和进度例会的参加人员、内容等要有详细规定和要求。对于预付款、进度款、竣工结算款的支付要有详细规定和要求。

2）特殊技术标准和要求

为了方便承包人直观和准确地把握工程所用部分材料和工程设备的技术标准，承包人自行施工范围内的部分材料和工程设备技术要求应具体描述和细化。如果有新技术、新工艺和新材料的使用，要有新技术、新工艺和新材料及相应使用的操作说明。

3）适用的国家、行业以及地方规范、标准和规程

需要列出规范、标准、规程等的名称、编号等内容。由招标人根据国家、行业和地方现行标准、规范和规程等，以及项目具体情况进行摘录。

知识链接

招标文件是法律、工程技术、商务几个方面的综合性文件。编制时应注意以下几个问题：

①招标文件必须按照合同总体策划的结果起草，应符合项目的总体战略、符合合同原则，有利于招投标活动的顺利进行，便于订立一份具有执行力的合同。

②应有条理性和系统性，清楚易懂，不应存在矛盾、错误、遗漏和二义性等问题。对承包商的工程范围、风险的分担、双方责任应明确、清晰。业主要使投标人能十分简单和方便地进行招标文件分析及合法性、完整性审查，能清楚地理解招标文件，明了工程范围、技术要求和合同责任，使投标人十分方便且精确地计划和报价，中标后能够正确地履行合同。

③按照诚实信用原则，业主应提出完备的招标文件，尽可能详细、如实、具体地说明拟建工程情况和合同条件；出具准确、全面的规范、图纸、工程地质和水文资料。通常业主应对招标文件的正确性承担责任，即如果其中出现错误、矛盾，应由业主负责。总之，招标人应遵守自己编写的施工招标文件的有关承诺，履行招标文件中规定的义务。

应用案例

某市越江隧道工程全部由政府投资。该项目为该市建设规划的重要项目之一,且已列入地方年度固定资产投资计划,概算已经主管部门批准,征地工作尚未全部完成,施工图及有关技术资料齐全。现决定对该项目进行施工招标。因估计除本市施工企业参加投标外,还可能有外省市施工企业参加投标,故招标人委托咨询单位编制了两个标底,准备分别用于对本市和外省市施工企业投标报价的评定。招标人对投标单位就招标文件所提出的所有问题统一作了书面答复,并以备忘录的形式分发给各投标单位,为简明起见,所采用表格形式见表2.3。

表 2.3　招标文件的书面答复

序　号	问　题	提问单位	提问时间	答　复
1				
2				
3				
⋮				
n				

在书面答复投标单位的提问后,招标人组织各投标单位进行了施工现场踏勘。在投标截止日期前10天,招标人书面通知各投标单位,由于某种原因,决定将收费站工程从原招标范围内删除。

问题:

(1)该项目的标底应采用什么方法编制? 简述其理由。

(2)招标人对投标单位进行资格预审应包括哪些内容?

(3)该项目施工招标在哪些方面存在问题或不当之处? 请逐一说明。

【案例评析】

本案例考核施工招标在开标之前的有关问题,主要涉及招标方式的选择、招标需具备的条件、招标程序、标底编制方法、投标单位资格预审等问题。要求根据《招标投标法》和其他有关法律法规的规定,正确分析本工程招投标过程中存在的问题。在答题时,要根据本案例背景给定的条件回答,不仅要指出错误之处,而且要说明原因。为使条理清晰,应按答题要求逐一说明,不要笼统作答。

2.5 建设工程施工招标文件实例

××公司职工宿舍楼建设项目

招 标 文 件
招标编号:××××

招　　　标　　人:××开发有限公司　（盖单位章）
招标代理机构:××招标代理有限公司　（盖单位章）

编制人：×××　　　证书编号:××××××
审核人：×××　　　证书编号:××××××

20×× 年4 月

目　录

第一章　招标公告

××公司职工宿舍楼建设项目招标公告

1.招标条件

本招标项目××公司职工宿舍楼建设项目已向×××发展和改革委员会备案,项目业主为××开发有限公司,建设资金来自业主自筹,项目出资比例为100%,招标人为××开发有限公司。项目已具备招标条件,现对该项目的施工进行公开招标。

2.项目概况与招标范围

项目名称:××公司职工宿舍楼建设项目。

建设地点:××市××××××。

建设规模:××市××公司职工宿舍建筑总面积为2 031.58 m²,楼层为五层(含负一层消防水池、配电房等辅助用房)。

计划工期:240日历天(合同生效之日起至全部工作竣工验收合格之日为止)。

招标范围:招标人提供的施工图及工程量清单范围内的全部工作内容(当工程量清单与施工图不一致时,以工程量清单为准)。

3.投标人资格要求

3.1　本次招标要求投标人须具备建设行政主管部门颁发的建筑工程施工总承包叁级及以上资质,并在人员、设备、资金等方面具有相应的施工能力。

3.2　本次招标不接受联合体投标。

4.招标文件的获取

4.1 本工程招标不需报名,开标时直接投标,凡有意参加投标者,请于2022年4月28日起,在××市公共资源交易网直接下载招标文件、答疑补遗等所有开标前发出的有关电子文件资料,不论投标人下载与否,招标人都视为投标人全部知晓有关招标过程和所有事宜。在招标公告发布至投标截止时间期间,各潜在投标人应随时关注××市公共资源交易网上招标人发布的与本项目招标有关的内容。

4.2　招标文件每套1 000元/份,售后不退。

5.投标文件的递交

5.1　投标文件递交的截止时间为2022年5月27日10时00分,地点××市××区×××,具体以××市公共资源交易网上公布的为准。

5.2　逾期送达的或者未送达指定地点的投标文件,招标人不予受理。

6.发布公告的媒介

本次招标公告同时在××市招标投标综合网、××市建设工程信息网、××市公共资源交易网、××公共资源网、××市××人民政府公众信息网上发布。

7.联系方式

招标人:××开发有限公司	招标代理:××代理有限公司
地　址:××市××区××路	地　　址:××市××区××路
联系人:王老师	联系人:黄老师
电　话:××××××××××	电　话:××××××××××
	传　　真:×××-××××××××

2022 年 4 月×日

8.监督部门

××发展和改革委员会	电　话:×××-××××××××
××住房和城乡建设委员会	电　话:×××-××××××××

第二章　投标人须知

投标人须知前附表

条款号	条款名称	编列内容
1.1.2	招标人	名　　称:××开发有限公司 地　　址:××市××区××路 联系人:王老师 电　　话:××××××××××
1.1.3	招标代理机构	名　　称:××代理有限公司 地　　址:××市××区××路 联系人:黄老师 电　　话:×××××××××× 传　　真:×××-××××××××
1.1.4	项目名称	××公司职工宿舍楼建设项目
1.1.5	建设地点	××市××××××
1.2.1	资金来源	业主自筹
1.3.1	招标范围	招标人提供的施工图及工程量清单范围内的全部工作内容(具体内容以施工图、工程量清单为准)
1.3.2	计划工期	计划工期:240 日历天(合同生效之日起至全部工作竣工验收合格之日为止)
1.3.3	质量要求	满足施工图技术要求,达到国家现行有关施工质量验收规范的要求,并达到合格标准

续表

条款号	条款名称	编列内容
1.4.1	投标人资质条件、能力和信誉	本工程施工招标实行资格后审,投标人应具备以下资格条件: 1.资质条件、营业执照及安全生产条件 (1)具备建设行政主管部门颁发的<u>建筑工程施工总承包叁级及以上资质</u>(须提供有效的资质证书副本复印件); (2)具备有效的营业执照(须提供有效的营业执照副本复印件); (3)具备有效的安全生产许可证。 2.信誉要求 (1)最近三年没有出现违法违规或失信行为; (2)最近三年没有拖欠劳务费的不良行为记录; (3)最近三年没有无故弃标的不良记录; (4)受到行政处罚或失信惩戒的不在其行政处罚期内和失信惩戒期内。 3.财务要求 经审计的财务报表反映企业20××年财务状况良好。 提供20××年度经会计师事务所或审计机构审计的财务会计报表复印件并加盖单位公章,包括资产负债表、现金流量表、利润表的复印件。 4.项目经理资格要求 (1)项目经理必须已在投标人单位注册并应具有<u>建筑工程专业贰级及以上注册建造师执业资格</u>,并且不能在在建工程任职。 注:在开标现场完成查询,若项目经理在在建工程任职或无相关信息,将按否决投标处理。查询情况打印后报评标委员会认定,中标后不得随意更换。 提供有效的建造师执业资格证和注册证、身份证、安全生产考核合格证书(B证)复印件及社会养老保险证明(至少提供2021年11月至2022年1月以投标单位名义缴纳的社会养老保险证明复印件或扫描件并加盖投标人鲜章)。 4.其他要求 (1)项目技术负责人: 应具有<u>建筑工程类中级职称及以上职称</u>,为投标人在职员工。 技术负责人提供职称证复印件、社会养老保险证明(至少提供2021年11月至2022年1月以投标单位名义缴纳的社会养老保险证明复印件或扫描件并加盖投标人鲜章)。 (2)主要管理人员: 持有有效证件的施工员不少于1人、质检(量)员不少于1人、安全员不少于1人、材料员不少于1人、造价员不少于1人。 主要管理人员(造价人员除外)应附执业证或上岗证书复印件、社会养老保险证明(至少提供2021年11月至2022年1月以投标单位名义缴纳的社会养老保险证明复印件或扫描件并加盖投标人鲜章);造价人员应附有效的预算员执业证(或上岗证书)或全国造价员证书或全国注册造价师证书复印件、社会养老保险证明(至少提供2021年11月至2022年1月以投标单位名义缴纳的社会养老保险证明复印件或扫描件并加盖投标人鲜章)。 7.投标人须随身携带以上所有复印件的原件(资质证书和身份证原件除外),评标委员会审查时对有关证明和证件的原件备查,若经审查复印件与原件不一致时,则投标文件作否决投标处理
1.4.2	是否接受联合体投标	不接受

续表

条款号	条款名称	编列内容
1.9.1	踏勘现场	招标人不组织,各投标人自行现场踏勘
1.10.1	投标预备会	不召开
1.10.2	投标人提出问题的截止时间	投标单位如有疑问,在 2022 年×月×日 14 时 00 分前在××市公共资源交易网提出质疑
1.10.3	招标人书面澄清的时间	招标人在 2022 年×月×日 17 时 00 分前对所有投标单位提出的问题进行回答,但不指明问题的来源,并上传至××市公共资源交易网文件补遗栏,各投标单位自行下载,招标人不再另行通知,投标单位在开标前因未随时关注××市公共资源交易网文件补遗栏发布的补遗通知而产生的一切后果由投标单位自负
1.11	分包	不允许
2.1	构成招标文件的其他材料	招标人发出的答疑及补遗书
2.2.1	投标人要求澄清招标文件的截止时间	投标单位在收到招标文件后,应仔细检查招标文件的所有内容,如有残缺或文字表述不清、图纸尺寸标注不明以及存在错、碰、漏、缺、概念模糊和有可能出现歧义或理解上的偏差的内容等,应在 2022 年×月×日 14 时00 分前在××市公共资源交易网提出
2.2.2	投标截止时间	2022 年 5 月 27 日 10 时 00 分(北京时间)
3.1.1	构成投标文件的其他材料	投标人的书面澄清、说明和补正(但不得改变投标文件的实质性内容)
3.2	投标报价	1.工程计价方式:采用固定综合单价,以最终实际完成的工程量进行结算。 2.投标报价范围:招标人提供的施工图及工程量清单范围内的全部工作内容。各投标人根据招标文件的规定,充分考虑本企业管理水平、自身实力以及建筑市场价格变化等因素实行自主报价,慎重做出切合实际、具有竞争力的最终报价。 3.报价原则: (1)投标人应根据招标文件、合同条款、工程量清单、施工图、补遗、相关的国家技术和规范,以及《房屋建筑与装饰工程工程量计算规范》(GB 50854—2013)《通用安装工程工程量计算规范》(GB 50856—2013)《建设工程工程量清单计价规范》(GB 50500—2013)《××市建设工程工程量计算规则》《××市建设工程工程量清单计价规则》《××市城乡建设委员会关于建筑业营业税改征增值税调整建设工程计价依据的通知》《××市房屋建筑与装饰工程计价定额》《××市通用安装工程计价定额》《××市建设工程费用定额》等相

条款号	条款名称	编列内容
3.2	投标报价	关配套文件为依据,结合招标人提供的工程量清单和有关要求、施工现场实际情况,结合自身实力、市场行情自主合理报价。投标报价应包括完成招标范围内工程项目的人工费、材料费、机械费、企业管理费、利润、风险费用、措施费(含安全文明施工费、交通组织协调费等)、设备安装及调试费、期间所产生的费用、规费、税金、政策性文件规定的所有费用。招标人除此以外不支付其他费用。 (2)投标人应认真填写分部分项工程项目清单计价表中所列的各工程清单项的单价和合价。每一个清单项只允许有一个报价,任何有选择的报价将不予接受。投标人在编制投标报价时不得改变工程量清单中的项目编码、项目名称、项目特征及工程内容、计量单位及工程量,投标人未按招标人发出的分部分项工程项目清单计价表的要求填报单价和合价的,招标人不予接受,并将视为重大偏差,按废标处理。报价空白或报价为零,则视为该清单项的价款已包括在工程量清单其他清单项的单价和合价中,中标后必须完成该清单项工作内容,招标人不对该清单项进行结算与支付。 4.招标人在招标文件、工程量清单及答疑补遗中所列的暂列金额、暂估价、安全文明施工费,投标人不得修改。否则,将被认定为废标。 5.措施费:措施项目清单包括施工组织措施项目清单和施工技术措施项目清单两部分。 (1)施工组织措施项目清单:投标人在投标报价时应按招标人给出的施工组织措施项目清单并结合本工程的实际情况和国家及××市相关管理规定自行报价,包干使用。投标人不得擅自变动招标人给出的施工组织措施项目清单,中标后施工组织措施项目费用(除安全文明施工费外)一概不作调整。 (2)施工技术措施项目清单:技术措施清单中以项计列的项目,由投标人根据现场踏勘情况及本工程的实际情况结合自身施工组织设计,以项为单位自行报价,包干使用,结算时不再调整。技术措施清单中以项目编码、项目名称、项目特征、工程内容、工程量及计量单位列项的项目,投标人必须按招标人给出的施工技术措施项目清单进行报价,不得擅自改变招标人提供的施工技术措施项目清单中的序号、项目编码、项目名称、项目特征、工程内容、工程量及计量单位,否则视为对招标文件不作实质性响应,其投标文件按废标处理。 6.安全文明施工费: (1)根据《关于印发××市建设工程安全文明施工费计取及使用管理规定》,安全文明施工费用由安全施工费、文明施工费、环境保护费及临时设施费组成。 (2)本工程安全文明施工费由招标人根据《建设工程工程量清单计价规范》(GB 50500—2013)、《××市建设工程工程量计算规则》、《××市建设工程工程量清单计价规则》、《关于印发××市建设工程安全文明施工费计取及使用管理规定》、《关于调整工程费用计算程序及工程计价表格的通知》、《××市城乡建设委员会关于建筑业营业税改征增值税调整建设工程计价依据的通知》的相关规定和费用标准单列计算,安全文明施工费为暂定金额,与本项目最高限价一同公布。投标函及工程量清单报价中的安全文明施工费必须按照招标人给出的暂定金额填报,否则视为对招标文件不作实质性响应,其投标文件按废标处理。投标人应遵循相关规定,承诺做到专款专用,否则按废标处理。

续表

条款号	条款名称	编列内容
3.2	投标报价	7.材料采购及报价： （1）本工程所需材料、设备由中标人自行采购（甲供材除外），但所采购的材料必须符合国家规范、标准及设计文件、招标文件的要求，并提供相应合格证明资料、质保书等。中标人采购材料、设备前应向招标人提交材料、设备采购计划表，并经招标人和监理工程师确认后方可采购。 （2）本工程所需的全部材料、设备（除暂定价材料外）由各投标人参照××市建设工程造价总站主办的《××工程造价信息》公布的信息价并结合市场行情以及投标人的自身实力自主测算，计入分部分项工程项目清单单价中。 （3）材料运输距离由投标人根据自身情况及踏勘现场情况自行确定，中标后不调整。 （4）在采购前14日内将所采购材料的厂家、技术参数、品牌、质量等级等指标以书面形式通知招标人（并提供样品），招标人收到中标人的书面报告后14日内予以确认，经招标人认质、封样（若需要）后，中标人方可采购进场。招标人认为中标人所使用的材料品质存在缺陷，或者偏离图纸及规范要求（以设计和监理书面意见为准），不能适用于本工程，招标人有权要求投标人按要求重新提供材料，招标人不因更换材料品牌而调整材料价格及相关费用。 注：本项目装修工程中所用材料须为国内知名品牌的产品（最终因材料品牌原因造成的价格风险，由中标人自行承担）。 （5）使用投标人自供缺陷材料引起的返工、报废、工期延误等损失，由投标人自行承担。 8.人工费：本工程人工费暂按2018系列定额人工价计算，由各投标人结合市场行情及自身实力自行纳入投标报价中，中标后不再调整。 9.规费：不可竞争费按照《××市建设工程费用定额》（××FYDE—2018）规定的费率，不得浮动，否则视为对招标文件不作实质性响应，其投标文件按废标处理。 10.税金：结算按《××市城乡建设委员会关于建筑业营业税改征增值税调整建设工程计价依据的通知》文件执行。 11.其他说明： （1）投标人的工程量清单总报价必须与投标函中填写的投标总报价一致，否则视为对招标文件不作响应，按废标处理。 （2）投标人应先到工地踏勘以充分了解工地位置、地质情况、进出场道路、拆迁干扰、储存空间、装卸限制、行车干扰及其他任何足以影响承包价格的情况，任何因忽视或误解工地情况而导致的索赔或工期延长申请将不获批准。由此产生的费用由投标人自行考虑计入本次投标报价中，中标后不得再向招标人收取。 （3）在该工程的实施过程中，招标人（设计单位）有权根据施工现场的实际情况对原有的施工设计图纸予以适时调整与修改，中标人应无条件予以接受并实施，否则将追究违约责任，直至取消其承包资格。 12.本工程设置投标总报价最高限价和分部分项工程项目清单综合单价报价最高限价。本工程投标总报价最高限价为¥××××元（大写人民币：××××），其中已含安全文明施工费：××××元。分部分项工程项目清单综合单价报价最高限价随招标文件一并发出，由投标人自行在××市公共资源交易网上下载。投标人的投标总报价和分部分项工程项目清单综合单价报价均不得高于相对应的最高限价，否则其投标文件作否决投标处理

条款号	条款名称	编列内容
3.3.1	投标有效期	90日历天(从提交投标文件截止日期计算)
3.4	投标保证金	1.投标保证金的缴纳 (1)投标保证金交款形式及要求:在投标截止时间前,投标人从企业的基本账户(开户行)通过转账支票直接划付或以电汇方式直接划付至下面指定的投标保证金账户,否则投标保证金无效。投标人自行考虑汇入时间风险,如同城汇入、异地汇入、跨行汇入的时间要求。 注:若投标截止时间延期,则投标保证金提交的截止时间和投标截止时间保持一致。 (2)投标保证金的金额:(人民币)×万元整(¥×××.××元)。 (3)投标保证金专用账户详见"××市公共资源交易网"首页→工程招投标→招标公告→招标公告信息末尾"投标保证金信息(任选其一)",由投标人自行选择将投标保证金打入其中任一账户中。 投标保证金的有效性以××市公共资源交易中心现场出具的保证金缴纳情况表显示的信息为准。 (4)投标人必须在付款凭证备注栏中注明是"项目名称"投标保证金(可简写)。 (5)投标保证金有效期与投标有效期一致。 (6)从2021年×月×日起,投标人(市场主体)应按要求在××市公共资源交易网办理完善市场主体信息登记手续(在此之前已向平台提交信息登记申请的市场主体,可不再持原件到平台现场进行核对)。未办理信息登记的,开标现场保证金展示信息上可能无法体现企业信息,后果自负。 登录××市公共资源交易网,进入"市场主体信息登记系统"或"主体信息—市场主体信息登记"专区,认真阅读登记流程,下载安装系统驱动,点击"市场主体登记"标签页,进入登记流程,按要求填写信息后妥善保存登录名及密码。未在规定时间将投标保证金打入指定账户,则当场退还其投标文件。 (7)投标保证金递交情况将在开标会上由××市公共资源交易中心投标保证金接收系统当众展示。若投标人未在规定时间将投标保证金打入指定账户,则招标人或招标代理机构应当场原封退还投标文件;投标保证金递交有瑕疵的情形,将提交评标委员会,对照招标文件初步审评相关要求做出裁决。 2.投标保证金的退还 招标人应当在法定时间内确定中标人,向中标人发出中标通知书,并抄送××市公共资源交易中心,同时书面通知××市公共资源交易中心向除中标候选人以外的其他投标人退还投标保证金。市交易中心应于5日内退还。 特别提示: (1)各投标人只能从上述投标保证金账户中任选一个缴纳投标保证金,否则投标无效。 (2)各投标人在转款时须充分考虑银行转款的时间误差风险,一切风险由投标人自己承担。开标时,各投标人的具体到账情况均以××市公共资源交易中心提供的保证金缴纳情况为准,否则投标无效。 (3)投标保证金专用账户由××市公共资源交易中心制定,关于保证金相关情况的问题请咨询××市公共资源交易中心,联系电话×××-××××××××
3.5	资格审查资料	本须知第1.4.1项和第3.5.2项、3.5.3项规定提供的资料均需提供原件备查

续表

条款号	条款名称	编列内容
3.5.2	近年财务状况的年份要求	20××年
3.5.3	信誉要求的年份	按前附表 1.4.1 中信誉要求执行
3.6	是否允许递交备选投标方案	☑不允许
3.7.3	签字盖章要求	按本章投标人须知 3.7.3 款执行
3.7.4	投标文件的份数	投标函部分:一式肆份,正本壹份、副本叁份; 商务部分:一式肆份,正本壹份、副本叁份; 资格审查资料:一式肆份,正本壹份、副本叁份; 电子资料:电子U盘贰个(U盘内容包括投标文件所有资料扫描件及提供Excel 的工程量清单,含工程量清单综合单价分析表)。 电子文档U盘格式要求:投标单位递交的电子文档U盘必须贴上标签,写明工程名称、投标单位名称并加盖投标单位公章装入商务部分袋中。 技术部分:一式贰份
3.7.5	装订要求	1.应将投标函部分、商务部分、资格审查资料、技术部分分别装订成册。 2.装订: (1)投标函部分的装订要求:应按照第八章规定格式装订成册,并应编制目录。 (2)商务部分的装订要求:应按照第八章规定格式装订成册,并应编制目录。 (3)资格审查资料的装订要求:应按照第八章规定格式装订成册,并应编制目录。 (4)技术部分采用暗标评审,格式要求如下:本工程技术部分"施工组织设计"采用暗标评审,"施工组织设计"页面使用 A4 厚型纸白色页面(以盖章折叠后不显示单位名称为合格),用初号仿宋字体标明"施工组织设计";在页面右下角加盖投标单位公章后折叠成腰为 8.5 cm 左右的等腰直角三角形密封,封底用 A4 白页;"施工组织设计"装订成册;不得使用塑料夹条、薄膜外皮等饰物或特别标(注)记;封面、封底不得明订明线;装订中不得有重页、漏页、倒页、残页、空白页(封底除外),章节不得有缺少或重复。违反上述任何一项,其技术部分得零分。 "施工组织设计"文字部分采用 A4 页面,四号仿宋字体;所有图表均采用 A4 或 A3 图幅;图表内的字号大小、字体不限;文字、图表不得使用彩色,并不得编制页码、页眉和页脚。违反上述任何一项,其技术部分得零分

续表

条款号	条款名称	编列内容
4.1.1	投标文件的密封	1.投标文件袋使用"投标函部分"袋、"商务部分"袋 、"资格审查资料"袋以及"投标文件"大袋。 2.投标函部分装入"投标函部分"袋中,密封并在密封处加盖投标人单位公章。 3.商务部分(含电子文档)装入"商务部分"袋中,密封并在密封处加盖投标人单位公章。 4.技术部分装入"技术部分"袋中,密封不加盖任何印章。 5."投标函部分""商务部分""技术部分"等小袋装入"投标文件"大袋中,密封并在大袋密封口处加盖投标人单位公章,同时"投标文件"大袋应按本表第4.1.2 项的规定写明相应内容。 6."资格审查资料"单独封装,密封并在封口处加盖投标人单位公章,同时应按本表第4.1.2 项的规定写明相应内容。 7.如果"投标文件"大袋和"资格审查资料"袋未按上述规定封装,招标人或招标代理机构应当拒绝接收。 如因投标资料较多,无法装入一袋的,可以装成两袋或更多,但必须满足招标文件规定的相应资料袋的要求
4.1.2	封套上写明	应在"投标文件"大袋和"资格审查资料"袋封套上写明如下内容: 招标人地址: 招标人名称: 投标人名称: ＿＿＿＿＿＿＿＿＿＿(项目名称)投标文件 在2022 年 5 月 27 日10 时00 分前不得开启;(同开标时间)
4.2.2	递交投标文件时间及地点	递交时间:2022 年 5 月 27 日 09 时 00 分到 10 时 00 分 递交地点:××市公共资源交易中心
4.2.3	是否退还投标文件	否
5.1	开标时间和地点	开标时间:2022 年 5 月 27 日 09 时 00 分到 10 时 00 分 开标地点:××市公共资源交易中心
5.2	开标程序	主持人按下列程序进行开标: 1.宣布开标纪律; 2.宣布开标人、唱标人、记录人、监标人等有关人员姓名; 3.公布在投标截止时间前递交投标文件的投标单位名称,并点名确认投标单位是否派人到场; 4.核验参加开标会议的投标单位的法定代表人或委托代理人本人身份证(原件)和投标保证金缴纳凭证及社保机构出具的×年×月至×年×月单位职工社会养老保险缴纳证明材料,核验被授权代理人的授权委托书(原件),以确认其身份合法有效。 5.密封情况检查:投标单位或其推选的投标单位代表检查投标文件的密封情况并签字确认,如发现投标文件没按本表4.1.1 的规定密封,其投标文件不予开启;

续表

条款号	条款名称	编列内容
5.2	开标程序	6.公布最高限价; 7.开启投标文件顺序:随机开启; 8.按照宣布的开标顺序当众开标,开启"资格审查资料"袋及"投标函部分"袋、"商务部分"袋,公布投标单位名称、项目名称、投标报价、质量目标、工期及其他内容并记录在案,由投标单位、招标人代表、监标人、记录人等有关人员在开标记录上签字确认; 9.查询项目经理在建项目情况和企业诚信综合评价分,并将投标文件及记录表送评标专家评审; 10.开标会结束
6.1.1	评标委员会的组建	按相关法律法规依法组建评标委员会 1.评标委员会组成:由 5 人组成,其中招标人代表 1 名。 2.评标专家(招标人代表除外)确定方式:在××市综合评标专家库中随机抽取 4 名
7.1	是否授权评标委员会确定中标人	否,推荐经评审得分由高到低排名前三名为中标候选人
7.3.1	履约担保	1.履约担保 形式:转账支票或电汇或银行保函; 担保金额:中标金额的 10%; 提交时间:中标人应在中标通知书发出后 7 日内向招标人提交履约担保,若未按时提交,则视为投标人自动放弃中标资格。 履约担保退付:工程竣工验收合格后无息退还。 2.民工工资保证金: 形式:银行转账或电汇; 担保金额:中标金额的 2%; 提交时间:中标人应在中标通知书发出后 7 日内向招标人提交民工工资保证金,若未按时提交,则视为投标人自动放弃中标资格。 民工工资保证金的退还:工程竣工验收合格后 15 日内无息退还
8.1	重新招标	(1)投标截止时间止,投标人少于 3 个的; (2)经评标委员会评审后否决所有投标的; (3)依法必须进行招标的项目的部分投标被否决,导致有效投标人不足 3 个的,评标委员会可以否决所有投标。但是有效投标人的经济、技术等指标仍然具有市场竞争力,能够满足招标文件要求的,评标委员会可以继续评标并确定中标候选人。 (4)法律法规规定的其他情形
8.2	二次招标和不再招标	重新招标后投标人仍少于 3 个,按法定程序开标和评标,确定中标人。经评审无合格投标人,属于必须审批或核准的工程建设项目,经原审批或核准部门批准后不再进行招标
10		需要补充的其他内容

续表

条款号	条款名称	编列内容
10.1	交易服务费	公示期满无异议,按照××市物价局×号文件规定,由中标单位向××联合产权交易所集团股份有限公司全额缴纳。各投标人在投标报价时应综合考虑此项费用并纳入投标总价中,但不单列
10.2	招标文件费	招标文件每份售价:1 000元/份,在递交投标文件时由招标代理机构收取,售后不退
10.3	工程款支付	月进度款实际支付金额为监理单位、工程造价监控单位(如有)、发包人审定当月完成的工程价款的80%(拨付工程进度款前,工程资料应与工程实际进度同步,工程资料报监理、业主审核合格后拨付进度款);竣工验收前支付至签约合同总价的80%;竣工验收合格并完成竣工结算(完成决算财政评审或竣工结算审计后)支付至签约合同总价的97%;办理完成竣工财务决算,工程缺陷责任期结束后,拨付余下3%的质量保证金
10.4	招标代理费	本次招标代理服务费以中标金额为计费基数,参照计价格〔2002〕1980号文"工程类"收费标准计取,本次招标代理费由中标人支付
10.5	工程结算	结算总价= 分部分项工程量清单结算价±暂定价材料价差调整金额±措施费±工程新增或变更等引起的增(减)项目结算价款+其他项目+规费+税金±合同约定其他费用 1.设计变更、漏项及新增项目综合单价计算办法: (1)变更工程与投标报价的工程量清单中有相同的子项或类似子项,则按投标时的相同子项或类似子项的综合单价报价执行; (2)变更工程与投标报价的工程量清单中无相同的子项或类似子项,按照《房屋建筑与装饰工程工程量计算规范》(GB 50854—2013)、《通用安装工程工程量计算规范》(GB 50856—2013)、《建设工程工程量清单计价规范》(GB 50500—2013)、《××市建设工程工程量计算规则》(××JLGZ—2013)、《××市建设工程工程量清单计价规则》(××QDGZ—2013)、《××市城乡建设委员会关于建筑业营业税改征增值税调整建设工程计价依据的通知》、《××市房屋建筑与装饰工程计价定额》、《××市通用安装工程计价定额》、《××市建设工程费用定额》定额解释及相关配套文件组价,组价原则为在投标清单报价中人工、材料、机械、设备单价的基础上编制计算,经监理、跟踪审计单位审核后报招标人按相关审批程序确定价格。当有材料缺项时,按照施工期间当月《××工程造价信息》公布的信息价执行;如造价信息中无该材料价格,由招标人会同相关单位按市场行情认质核价,核价价格不计算转运费、采购和仓储保管费、材料上下车费用。 (3)其他材料、设备价格按投标时清单中的报价执行,若清单中无相关报价,按照施工当月《××工程造价信息》公布的材料除税价格进行调整。以上信息均没有的材料价格,按市场行情一般材料除税价格并经招标人同意后进行调整。 (4)人工费按清单报价中所填人工费报价进行结算。 (5)技术措施项目费:无论因设计变更或施工工艺变化等任何因素引起的实际措施费的变化,均按投标时施工技术措施项目费的报价作为结算价,包干使用,不作任何调整。

续表

条款号	条款名称	编列内容
10.5	工程结算	(6)组织措施费:无论因设计变更或施工工艺变化等任何因素引起的实际措施费的变化,均按投标时施工组织措施项目费的报价作为结算价。 (7)本工程严禁出现连锁变更(即对已变更部分再次进行变更),必须一次变更到位;若因承包人提出的连锁变更,视为承包人对变更工程考虑存在偏差,其工期及费用责任由承包人承担。 注:中标人在施工过程中相关设计变更所产生的工程内容未经过招标人同意,擅自施工,其相关工程内容不纳入最终结算。 2.合同约定费用: (1)招标人要求中标人完成合同以外施工范围内或施工范围外但与本施工项目有密切关系的零星项目,中标人应接受招标人施工要求,并在施工前14天内就用工数量和单价、机械台班数量和单价、使用材料和金额等向招标人提出施工签证,招标人在7天内予以签证后施工。如招标人未签证,中标人自行施工后发生争议,由中标人负责。零星项目的人工工日单价按2018系列定额人工费计取。 (2)合同其他条款约定的费用。 3.施工方实际完成的工程量由招标人、监理方及施工方三方签证审定后进行结算
10.6	其他要求	1.投标单位应对其提供的投标资料的真实性负责,招标人有权对投标人投标文件中提供的材料进行核查。若在评标期间发现投标人提供了虚假资料,评标委员会有权对投标人的投标文件作废标处理,并不退还投标保证金;若在评标结果公示期间至合同签订前发现作为中标候选人的投标人提供了虚假资料,招标人有权按程序取消其中标资格并没收投标保证金,同时招标人将投标人上述弄虚作假行为上报有关建设行政主管部门。 2.本工程对承包人项目经理的建造师注册证书、技术负责人职称证书和项目管理机构中主要人员的资格证书(执业证或上岗证书等)实行"押证上岗",待工程建设完工且经竣工验收合格后随即退还(工程完工验收28天后,因发包人原因不能进行竣工验收的,退还相关证书)。 3.以上计价规定中,凡涉及营改增的,均按《××市城乡建设委员会关于建筑业营业税改征增值税调整建设工程计价依据的通知》规定进行调整

注:如投标人须知前附表与正文内容不一致的,以投标人须知前附表为准;若有补遗澄清说明的,以补遗澄清说明为准;
　　如没有澄清说明的,均以本前附表为准。

1　总则

1.1　项目概况

1.1.1　根据《中华人民共和国招标投标法》等有关法律、法规和规章的规定,本招标项目已具备招标条件,现对本标段施工进行招标。

1.1.2　本招标项目招标人:见投标人须知前附表。

1.1.3　本标段招标代理机构:见投标人须知前附表。

1.1.4　本招标项目名称:见投标人须知前附表。

1.1.5　本标段建设地点:见投标人须知前附表。

1.2　资金来源和落实情况

1.2.1　本招标项目的资金来源:见投标人须知前附表。

1.2.2　本招标项目的出资比例:见投标人须知前附表。

1.2.3　本招标项目的资金落实情况:见投标人须知前附表。

1.3　招标范围、计划工期和质量要求

1.3.1　本次招标范围:见投标人须知前附表。

1.3.2　本标段的计划工期:见投标人须知前附表。

1.3.3　本标段的质量要求:见投标人须知前附表。

1.4　投标人资格要求

1.4.1　投标人应具备承担本标段施工的资质条件、能力和信誉。

(1)资质条件、营业执照及安全生产条件:见投标人须知前附表;

(2)财务要求:见投标人须知前附表;

(3)信誉要求:见投标人须知前附表;

(4)项目经理资格:见投标人须知前附表;

(5)其他要求:见投标人须知前附表。

1.4.2　本工程招标人不接受联合体投标。

1.4.3　投标人不得存在下列情形之一:

(1)与招标人存在利害关系可能影响招标公正性的法人、其他组织或者个人;

(2)为本标段前期准备提供设计或咨询服务的,但设计施工总承包的除外;

(3)为本标段的监理人;

(4)为本标段的代建人;

(5)为本标段提供招标代理服务的;

(6)与本标段的监理人或代建人或招标代理机构同为一个法定代表人的;

(7)与本标段的监理人或代建人或招标代理机构相互控股或参股的;

(8)与本标段的监理人或代建人或招标代理机构相互任职或工作的;

(9)被责令停业的;

(10)被暂停或取消投标资格的;

(11)财产被接管或冻结的;

(12)单位负责人为同一人或者存在控股、管理关系的不同单位,不得在同一标段中同时投标。

(13)在国家企业信用信息公示系统中被列入严重违法失信企业名单;

(14)在"信用中国"网站中被列入失信被执行人名单。

1.5　费用承担

投标人准备和参加投标活动发生的费用自理。

1.6　保密

参与招标投标活动的各方应对招标文件和投标文件中的商业和技术等秘密保密,违者应对由此造成的后果承担法律责任。

1.7　语言文字

除专用术语外,与招标投标有关的语言均使用中文,必要时专用术语应附有中文注释。

1.8　计量单位

所有计量均采用中华人民共和国法定计量单位。

1.9　踏勘现场

招标人不组织踏勘现场,由投标人自行踏勘。

1.10　投标预备会

招标人不召开投标预备会。

1.11　分包

不允许分包。

1.12　偏离

不允许偏离。

2.招标文件

2.1　招标文件的组成

本招标文件包括:

(1)招标公告;

(2)投标人须知;

(3)评标办法;

(4)合同条款及格式;

(5)工程量清单;

(6)图纸;

(7)技术标准和要求;

(8)投标文件格式;

(9)投标人须知前附表规定的其他材料。

根据本章第 1.10 款、第 2.2 款和第 2.3 款对招标文件所作的澄清、修改,构成招标文件的组成部分。

2.2　招标文件的澄清

2.2.1　投标人在收到招标文件后,应仔细阅读和检查招标文件的所有内容,如发现有残缺或文字表述不清、图纸尺寸标注不明,以及存在错、漏、缺、概念模糊和有可能出现歧义或理解上的偏差的内容等,应按照本招标文件投标人须知前附表中关于提交质疑所规定的截止时间,及时在××市公共资源交易网上提出质疑,逾期恕不接受。不论是招标人根据需要主动对招标文件进行必要的澄清或是根据投标人的质疑对招标文件做出澄清,招标人都将按投标人须知前附表所明确的时间和方式予以答复。招标人有关澄清招标文件的任何形式的文件都将作为招标文件的合法组成部分,对投标人起约束作用。

2.2.2　无论投标人对招标文件是否认真阅读,招标人均认为投标人对所有招标文件已不存在疑义并已充分理解,其投标文件已充分考虑本招标工程所存在的各种风险。

2.3　招标文件的修改

2.3.1　招标文件发出后,在投标截止日期 15 日前,无论出于何种原因,招标人可主动地或在解答投标人提出的澄清问题时对招标文件进行修改。

2.3.2　招标文件的修改将在××市公共资源交易网上告知投标人,招标文件一经招标人修改,将以修改后的招标文件为准,对所有投标人均产生约束力。

2.3.3　招标文件澄清、修改的内容,均以××市公共资源交易网上明确的内容为准。

2.3.4　招标人保证招标文件澄清或修改在投标截止时间至少 15 日前在××市公共资源交易网上发给所有投标人。为了使投标人在编写投标文件时有充分的时间对招标文件的修改部分进行研究,招标人可以根据修改内容,并视其修改的工作量,酌情考虑是否延长递交投标文件的截止时间,并将修改后的递交投标文件截止时间在××市公共资源交易网上通知投标人,未予通知修改递交投标文件的截止时间的,以原招标文件确定的时间为准。

3.投标文件

3.1　投标文件的组成

3.1.1　投标文件应包括下列内容:

(1)投标函

①投标函;

②投标函附录;

③法人代表身份证明及授权委托书;

④投标保证。

(2)商务部分

已标价工程量清单。

(3)技术部分

(4)资格审查资料

①法定代表人身份证明及授权委托书;

②投标人基本情况表;

③项目管理机构;

④近年财务状况表;

⑤信誉声明;

⑥其他资料。

3.2　投标报价

3.2.1　投标人应按第五章"工程量清单"的要求进行投标报价。

3.2.2　投标人在投标截止时间前修改投标函中的投标总报价,应同时修改第五章"工程量清单"中的相应报价。此修改须符合本章第 4.3 款的有关要求。

3.3　投标有效期

3.3.1　在投标人须知前附表规定的投标有效期内,投标人不得要求撤销或修改其投标文件。

3.3.2　出现特殊情况需要延长投标有效期的,招标人以书面形式通知所有投标人延长投标有效期。投标人同意延长的,应相应延长其投标保证金的有效期,但不得要求或被允许修改或撤销其投标文件;投标人拒绝延长的,其投标失效,但投标人有权收回其投标保证金。

3.4　投标保证金

3.4.1　投标人应按投标人须知前附表规定递交投标保证金。

3.4.2　投标人不按本章第 3.4.1 项要求提交投标保证金的,其投标文件作废标处理。

3.4.3　保证金退还:详见投标人须知前附表。

3.4.4　有下列情形之一的,投标保证金将不予退还:

（1）投标人在规定的投标有效期内撤销或修改其投标文件；

（2）中标人在收到中标通知书后，无正当理由拒签合同协议书或未按招标文件规定提交履约担保；

（3）投标人不接受依据评标办法的规定对其投标文件中细微偏差进行澄清和补正；

（4）投标人经招标人及监督部门查实，提供虚假材料，招标人有权取消其投标资格及中标资格，其投标保证金不予退还；

（5）其他有关规定应当没收其投标保证金的；

（6）投标人投标活动中串标投标、弄虚作假的。

3.5 资格审查资料

投标人随身携带投标人须知第1.4.1项所有复印件的原件备查，评标委员会审查时核验有关证明和证件的原件（身份证、资质证书除外）。

3.6 备选投标方案

投标人不得递交备选投标方案。

3.7 投标文件的编制

3.7.1 投标文件应按第八章"投标文件格式"进行编写，如有必要，可以增加附页，作为投标文件的组成部分。其中，投标函附录在满足招标文件实质性要求的基础上，可以提出比招标文件要求更有利于招标人的承诺。

3.7.2 投标文件应对招标文件有关工期、投标有效期、质量要求、技术标准和要求、招标范围等实质性内容作出响应。

3.7.3 投标文件应用不褪色的材料书写或打印，并由投标人的法定代表人或其委托代理人签字、盖单位公章。委托代理人签字的，投标文件应附法定代表人签署的授权委托书。投标文件应尽量避免涂改、行间插字或删除。如果出现上述情况，改动之处应加盖单位公章或由投标人的法定代表人或其授权的代理人签字确认，签字或盖章的具体要求见投标人须知前附表。

3.7.4 投标文件正本一份，副本份数见投标人须知前附表。正本和副本的封面上应清楚地标记"正本"或"副本"字样。正本和副本封面均须加盖单位公章（鲜章）。当副本和正本不一致时，以正本为准。

3.7.5 投标文件的正本与副本应分别装订成册，并编制目录，具体装订要求见投标人须知前附表规定。

4.投标

4.1 投标文件的密封和标记

4.1.1 投标文件的正本与副本密封见投标人须知前附表。

4.1.2 投标文件的封套上应写明的内容见投标人须知前附表。

4.1.3 未按本章第4.1.1项或第4.1.2项要求密封和加写标记的投标文件，招标人不予受理。

4.2 投标文件的递交

4.2.1 投标人应在投标人须知前附表第2.2.2项规定的投标截止时间前递交投标文件。

4.2.2 投标人递交投标文件的地点：见投标人须知前附表。

4.2.3 除投标人须知前附表另有规定外，投标人所递交的投标文件不予退还。

4.2.4 逾期送达的或者未送达指定地点的投标文件，招标人不予受理。

4.3 投标文件的修改与撤回

4.3.1 在投标人须知前附表第2.2.2项规定的投标截止时间前,投标人可以修改或撤回已递交的投标文件,但应以书面形式通知招标人。

4.3.2 投标人修改或撤回已递交投标文件的书面通知应按照本章第3.7.3项的要求签字或盖章。招标人收到书面通知后,向投标人出具签收凭证。

4.3.3 修改的内容为投标文件的组成部分。修改的投标文件应按照本章第3条、第4条规定进行编制、密封、标记和递交,并标明"修改"字样。

5.开标

5.1 时间和地点

招标人在投标人须知前附表第2.2.2项规定的投标截止时间(开标时间)和投标人须知前附表规定的地点公开开标,并邀请所有投标人的法定代表人或其委托代理人准时参加。

5.2 开标程序

按投标人须知前附表执行。

6.评标

6.1 评标委员会

6.1.1 评标由在××市综合评标专家库中随机抽取的评标委员会负责,评标委员会由有关技术、经济方面的专家组成。

6.1.2 评标委员会成员有下列情形之一的,应当回避:

(1)招标人或投标人的主要负责人的近亲属;

(2)项目主管部门或者行政监督部门的人员;

(3)与投标人有经济利益关系,可能影响对投标公正评审的;

(4)曾因在招标、评标以及其他与招标投标有关活动中从事违法行为而受过行政处罚或刑事处罚的。

6.2 评标原则

评标活动遵循公平、公正、科学和择优的原则。

6.3 评标

评标委员会按照第三章"评标办法"规定的方法、评审因素、标准和程序对投标文件进行评审。第三章"评标办法"没有规定的方法、评审因素和标准,不作为评标依据。

7.合同授予

7.1 定标方式

7.1.2 定标方法:招标人依据评标委员会推荐的中标候选人确定中标人,评标委员会推荐中标候选人的人数见投标人须知前附表。

(1)招标人应当确定评标委员会在评标报告中推荐排名第一的中标候选人为中标人,名次并列时由招标人选择投标报价较低的为中标人。

(2)如果排名第一的中标候选人放弃中标、因不可抗力提出不能履行合同,或者招标文件规定应当提交履约保证担保而在规定的期限内未能提交的,招标人可以确定排名第二的中标候选人为中标人。排名第二的中标候选人因上述同样原因不能签订合同的,招标人可以确定排名第三的中标候选人为中标人。排名第三的中标候选人因上述同样原因不能签订合同的,招标人应当依法重新组织招标。

7.2　中标通知

在本章第 3.3 款规定的投标有效期内,招标人以书面形式向中标人发出中标通知书,同时将中标结果通知未中标的投标人。

7.3　履约担保

7.3.1　接到中标通知书后,在签订施工合同前,中标人应按投标人须知前附表规定的金额向招标人提交履约担保。

7.3.2　中标人不能按本章第 7.3.1 项要求提交履约担保的,视为放弃中标,其投标保证金不予退还,给招标人造成的损失超过投标保证金数额的,中标人还应当对超过部分予以赔偿。

7.4　签订合同

7.4.1　招标人和中标人应当自中标通知书发出之日起 10 日内,根据招标文件和中标人的投标文件订立书面合同。中标人无正当理由拒签合同的,招标人取消其中标资格,其投标保证金不予退还;给招标人造成的损失超过投标保证金数额的,中标人还应当对超过部分予以赔偿。

7.4.2　发出中标通知书后,招标人无正当理由拒签合同的,招标人向中标人退还投标保证金;给中标人造成损失的,还应当赔偿损失。因不可抗力或政府决议导致不能签订合同的,则免除招标人赔偿责任。

8.重新招标和不再招标

8.1　重新招标

有下列情形之一的,招标人将重新招标:

(1)投标截止时间止,投标人少于 3 个的;

(2)经评标委员会评审后否决所有投标的;

(3)依法必须进行招标的项目的部分投标被否决,导致有效投标人不足 3 个的,评标委员会可以否决所有投标。但是有效投标人的经济、技术等指标仍然具有市场竞争力,能够满足招标文件要求的,评标委员会可以继续评标并确定中标候选人。

(4)法律法规规定的其他情形。

8.2　不再招标

重新招标后投标人仍少于 3 个或者所有投标被否决的,属于必须审批或核准的工程建设项目,经原审批或核准部门批准后不再进行招标。

9.纪律和监督

9.1　对招标人的纪律要求

招标人不得泄露招标投标活动中应当保密的情况和资料,不得与投标人串通损害国家利益、公共利益或者他人合法权益,禁止招标人与投标人串通投标。

有下列情形之一的,属于招标人与投标人串通投标:

(1)招标人在开标前开启投标文件并将有关信息泄露给其他投标人;

(2)招标人直接或者间接向投标人泄露标底、评标委员会成员等信息;

(3)招标人明示或者暗示投标人压低或者抬高投标报价;

(4)招标人授意投标人撤换、修改投标文件;

(5)招标人明示或者暗示投标人为特定投标人中标提供方便;

(6)招标人与投标人为谋求特定投标人中标而采取的其他串通行为。

9.2　对投标人的纪律要求

投标人不得相互串通投标或者与招标人串通投标,不得向招标人或者评标委员会成员行贿谋取中标,不得以他人名义投标或者以其他方式弄虚作假骗取中标;投标人不得以任何方式干扰、影响评标工作。

有下列情形之一的,属于投标人相互串通投标:

(1)投标人之间协商投标报价等投标文件的实质性内容;

(2)投标人之间约定中标人;

(3)投标人之间约定部分投标人放弃投标或者中标;

(4)属于同一集团、协会、商会等组织成员的投标人按照该组织要求协同投标;

(5)投标人之间为谋取中标或者排斥特定投标人而采取的其他联合行动。

有下列情形之一的,视为投标人相互串通投标:

(1)不同投标人的投标文件由同一单位或者个人编制;

(2)不同投标人委托同一单位或者个人办理投标事宜;

(3)不同投标人的投标文件载明的项目管理成员为同一人;

(4)不同投标人的投标文件异常一致或者投标报价呈规律性差异;

(5)不同投标人的投标文件相互混装;

(6)不同投标人的投标保证金从同一单位或者个人的账户转出。

使用通过受让或者租借等方式获取的资格、资质证书投标的,属于以他人名义投标。

投标人有下列情形之一的,属于以其他方式弄虚作假的行为:

(1)使用伪造、变造的许可证件;

(2)提供虚假的财务状况;

(3)提供虚假的项目负责人或者主要技术人员简历、劳动关系证明;

(4)提供虚假的信用状况;

(5)其他弄虚作假的行为。

9.3　对评标委员会成员的纪律要求

评标委员会成员不得收受他人的财物或者其他好处,不得向他人透露对投标文件的评审和比较情况、中标候选人的推荐情况以及与评标有关的其他情况。在评标活动中,评标委员会成员不得擅离职守,影响评标程序的正常进行,不得使用第三章"评标办法"没有规定的评审因素和标准进行评标。

9.4　对与评标活动有关的工作人员的纪律要求

与评标活动有关的工作人员不得收受他人财物或者其他好处,不得向他人透漏对投标文件的评审和比较情况、中标候选人的推荐情况以及与评标有关的其他情况。在评标活动中,与评标活动有关的工作人员不得擅离职守,影响评标程序的正常进行。

9.5　投诉

投标人和其他利害关系人认为本次招标活动违反法律、法规和规章规定的,有权向有关行政监督部门投诉。

10.需要补充的其他内容

需要补充的其他内容:见投标人须知前附表。

第三章 评标办法（综合评估法）

评标办法前附表

条款号		条款内容	评审标准
2.1.1	形式评审标准	投标人名称	与资质证书、营业执照、安全生产许可证的表述一致
		投标函签字盖章	有法定代表人或其委托代理人签字、加盖单位公章
		投标文件格式	符合第八章"投标文件格式"的要求。 1.投标函附录的所有数据均符合招标文件的规定； 2.投标文件附表齐全完整，内容均按规定填写； 3.按规定提供了拟投入的主要人员的证件复印件，复印件清晰可辨、有效； 4.投标文件的编制符合第二章3.7款的规定
		报价唯一	只能有一个有效报价，在招标文件没有规定的情况下，不得提交选择性报价
		投标文件的签署	投标文件上法定代表人或其委托代理人的签字齐全，符合招标文件规定
		委托代理人（如有）	投标人法定代表人的委托代理人有法定代表人签署的授权委托书，且授权委托书符合招标文件规定的格式
2.1.2	资格评审标准	营业执照	具备有效的营业执照
		资质等级	符合第二章"投标人须知"第1.4.1项规定
		安全生产许可证	符合第二章"投标人须知"第1.4.1项规定
		信誉要求	符合第二章"投标人须知"第1.4.1项规定
		财务要求	符合第二章"投标人须知"第1.4.1项规定
		项目经理	符合第二章"投标人须知"第1.4.1项规定
		其他要求	符合第二章"投标人须知"第1.4.1项规定
2.1.3	响应性评审标准	招标范围	符合第二章"投标人须知前附表"第1.3.1项规定
		计划工期	符合第二章"投标人须知前附表"第1.3.2项规定
		质量要求	符合第二章"投标人须知前附表"第1.3.3项规定
		投标有效期	符合第二章"投标人须知前附表"第3.3.1项规定
		投标保证金	符合第二章"投标人须知前附表"第3.4项规定，并符合下列要求： 1.投标保证金为无条件担保； 2.投标保证金的受益人名称与招标人规定的受益人一致； 3.投标保证金的金额符合招标文件规定的金额； 4.投标保证金有效期与投标有效期一致

条款号		条款内容	评审标准
2.1.3	响应性评审标准	权利义务	符合第四章"合同条款及格式"规定
		已标价工程量清单	符合第五章"工程量清单"给出的范围及数量,且投标报价不得高于招标人公布的最高限价,但也不得低于投标人的企业成本
		技术标准和要求	符合第七章"技术标准和要求"规定,且投标文件中载明的主要施工技术和方法及质量检验标准符合国家规范、规程和强制性标准
		实质性要求	符合招标文件中规定的其他实质性要求

条款号		条款内容	编列内容
2.2.1		分值构成 (总分 100 分)	1.投标总报价 60 分; 2.商务得分 5 分; 3.施工组织设计 25 分; 4.综合诚信评价 10 分
2.2.2		评标基准价计算方法	投标总报价超过招标人公布最高限价处理方式:按废标处理。 所有通过初步评审合格的投标人(招标人设有最高限价的,则投标总报价高于最高限价的除外)的投标总报价中去掉 1/6(不能整除的按小数点前整数取整,不足 6 家报价则不去掉)的最低价和相同家数的最高价后取算术平均值作为投标总报价的评标基准价。 以上计算结果取小数点后两位,第三位四舍五入
2.2.3		投标总报价的偏差率计算公式	偏差率 = 100%×(投标人的投标总报价−评标基准价)/评标基准价 偏差率计算保留小数点后两位,小数点后第三位四舍五入
2.2.4(1)	投标报价评分标准	投标总报价	60 分
2.2.4(2)	商务得分评分标准 (5 分)		投标人对本项目施工现场进行现场踏勘,并提供招标人公司大门照片得 5 分
2.2.4(3)	施工组织设计评分标准 (25 分)	内容完整性和编制水平	3 分
		施工方案与技术措施	4 分
		质量管理体系与措施	4 分
		安全管理体系与措施	4 分
		环境保护管理体系措施	4 分
		工程进度计划与措施	3 分
		资源配备计划与先进性	3 分

续表

条款号	条款内容		评审标准
2.2.4（4）	企业诚信综合评价评分标准		10 分
3	评标程序		1.按本章评标办法第 2.1 款进行初步评审，并按照本章 2.2.2 项计算方法计算评标基准价。 2.对通过初步评审合格的投标人按本章评标办法第 3.2 款规定的程序进行评审，确定得分最高的前三名投标人（按得分高低排序）为中标候选人
3.2.1（1）	投标报价得分（A）	投标总报价	有效投标总报价先得基本分 60 分。在此基础上，投标总报价与评标准基价相比，每增加 1% 扣 0.3 分，每减少 1% 扣 0.6 分，扣完为止。 按插入法计算得分。 未参与评标基准价计算的投标报价，仍应参加计算相应分值。 以上计算取小数点后两位，第三位四舍五入
3.2.1（2）	商务得分（B）		投标人对本项目施工现场进行现场踏勘，并提供招标人公司大门照片
3.2.1（3）	施工组织设计（C）	内容完整性和编制水平	按 2.2.4(3) 各评审因素设定的分值评分。 投标人施工组织设计得分的计算方法：各评标专家施工组织设计的评分总分值中去掉一个最高分和一个最低分后的算术平均值即为该投标人施工组织设计的得分，结果保留两位小数，小数点后第三位四舍五入
		施工方案与技术措施	
		质量管理体系与措施	
		安全管理体系与措施	
		环境保护管理体系措施	
		工程进度计划与措施	
		资源配备计划与先进性	
3.2.1（4）	企业诚信综合评价	评价得分（D）	计算公式：某一投标人的企业诚信综合评价得分/参加此项目投标的投标人中企业诚信综合评价分最高值×（10）×100% 以上计算取小数点后两位，第三位四舍五入。企业诚信综合评价分以投标截止时间市工程建设招投标交易中心网站上公布的分值为准，具体分值在开标时查询并按上述计算方法直接计算出企业诚信综合评价得分交评标委员会
3.2.3	投标人得分		投标人得分 = A+B+C+D

1.评标方法

本次评标采用综合评估法。评标委员会对满足招标文件实质性要求的投标文件,按照本章第 2.2 款规定的评分标准进行打分,并按得分由高到低的顺序推荐中标候选人,但投标报价低于其成本的除外。综合评分相等时,以投标总报价低的优先,投标总报价也相等的,采取抽签方式确定投标人的排名,方式为两次抽签,第一次抽出正式抽签的顺序,第二次抽签为排名的先后顺序。

2.评审标准

2.1　初步评审标准

2.1.1　形式评审标准:见评标办法前附表。

2.1.2　资格评审标准:见评标办法前附表。

2.1.3　响应性评审标准:见评标办法前附表。

2.2　分值构成与评分标准

2.2.1　分值构成

(1)投标总报价:见评标办法前附表。

(2)商务得分:见评标办法前附表。

(3)施工组织设计评分:见评标办法前附表。

(4)诚信综合评分:见评标办法前附表。

2.2.2　评标基准价计算

投标总报价:见评标办法前附表。

2.2.3　评分标准

(1)投标总报价:见评标办法前附表。

(2)商务得分:见评标办法前附表。

(3)施工组织设计评分:见评标办法前附表。

(4)诚信综合评价评分标准:见评标办法前附表。

3.评标程序

3.1　初步评审

3.1.1　评标委员会要求投标人必须提交第二章"投标人须知"第 1.4.1 项和第 3.5 项规定的有关证明和证件的原件,以便核验。评标委员会依据本章第 2.1 款规定的标准对投标文件进行初步评审,有一项不符合评审标准的,作废标处理(适用于已进行资格预审的)。

3.1.2　投标人有以下情形之一的,其投标作废标处理:

(1)第二章"投标人须知"第 1.4.3 项规定的任何一种情形的;

(2)串通投标或弄虚作假或有其他违法行为的;

(3)不按评标委员会要求澄清、说明或补正的;

(4)本标书约定的其他情形。

3.1.3　投标报价有算术错误的,评标委员会按以下原则对投标报价进行修正,修正的价格经投标人书面确认后具有约束力。投标人不接受修正价格的,其投标作废标处理。

(1)投标文件中的大写金额与小写金额不一致的,以大写金额为准;

（2）总价金额与依据单价计算出的结果不一致的，以单价金额为准修正总价，但单价金额小数点有明显错误的除外。

3.2 详细评审

3.2.1 评标委员会按本章第2.2款规定的量化因素和分值进行打分，并计算出综合评估得分。

（1）按本章第2.2.3（1）项规定的评审因素和分值对投标总报价、评分的10项清单项目计算出得分A；

（2）按本章第2.2.3（2）项规定的评审因素和分值对商务计算出得分B；

（3）按本章第2.2.3（3）项规定的评审因素和分值对施工组织设计计算出得分C；

（4）按本章第2.2.3（4）项规定的评审因素和分值对诚信综合评价计算出得分D。

3.2.2 评分分值计算保留小数点后两位，小数点后第三位四舍五入。

3.2.3 投标人得分＝A＋B＋C＋D。

3.2.4 评标委员会发现投标人的报价明显低于其他投标报价，或者在设有标底时明显低于标底，使得其投标报价可能低于其个别成本的，应当要求该投标人做出书面说明并提供相应的证明材料。投标人不能合理说明或者不能提供相应证明材料的，由评标委员会认定该投标人以低于成本报价竞标，其投标作无效投标处理。

3.3 投标文件的澄清和补正

3.3.1 在评标过程中，评标委员会可以书面形式要求投标人对所提交投标文件中不明确的内容进行书面澄清或说明，或者对细微偏差进行补正。评标委员会不接受投标人主动提出的澄清、说明或补正。

3.3.2 澄清、说明和补正不得改变投标文件的实质性内容（算术性错误修正的除外）。投标人的书面澄清、说明和补正属于投标文件的组成部分。

3.3.3 评标委员会对投标人提交的澄清、说明或补正有疑问的，可以要求投标人进一步澄清、说明或补正，直至满足评标委员会的要求。

3.4 评标结果

3.4.1 除第二章"投标人须知"前附表授权直接确定中标人外，评标委员会按照得分由高到低的顺序推荐中标候选人。

3.4.2 评标委员会完成评标后，应当向招标人提交书面评标报告。

第四章 合同条款及格式

第一部分 合同协议书

发包人（全称）：××开发有限公司）

承包人（全称）：＿＿＿＿＿＿＿

根据《中华人民共和国合同法》《中华人民共和国建筑法》及有关法律规定，遵循平等、自愿、公平和诚实信用的原则，双方就××开发有限公司职工宿舍楼建设项目工程施工及有关事项协商一致，共同达成如下协议：

一、工程概况

1.工程名称:××公司职工宿舍楼建设项目。

2.工程地点:××市××号。

3.工程立项批准文号:/。

4.资金来源:业主自筹资金。

5.工程内容:＿＿＿＿＿＿＿＿＿＿＿＿＿＿＿＿＿＿＿＿＿＿。

6.工程承包范围:＿＿＿＿＿＿＿＿＿＿＿＿＿＿＿＿＿＿。

二、合同工期

计划开工日期:(以实际开工时间为准)

计划竣工日期:(以实际竣工验收合格的时间为准)

工期总日历天数:＿＿＿＿＿＿日历天。工期总日历天数与根据前述计划开竣工日期计算的工期天数不一致的,以工期总日历天数为准。

三、质量标准

工程质量符合国家有关施工质量验收规范和本工程设计文件的要求,并一次性验收合格。

四、签约合同价与合同价格形式

1.签约合同价为:

人民币(大写)＿＿＿＿＿＿＿＿＿＿＿＿(¥＿＿＿＿＿＿＿＿元);

其中:(1)安全文明施工费:

人民币(大写)＿＿＿＿＿＿＿＿＿＿＿＿(¥＿＿＿＿＿＿＿元);

(2)材料和工程设备暂估价金额:

人民币(大写)＿＿＿＿＿＿＿＿(¥＿＿＿＿元);

(3)专业工程暂估价金额:

人民币(大写)＿＿＿＿＿＿＿＿(¥＿＿＿＿元);

(4)暂列金额:

人民币(大写)＿＿＿＿＿＿＿＿(¥＿＿＿＿元)。

2.合同价格形式:固定综合单价。

五、项目经理

承包人项目经理:＿＿＿＿＿＿＿＿＿＿＿＿＿＿＿。

六、合同文件构成

本协议书与下列文件一起构成合同文件:

(1)中标通知书(如果有);

(2)投标函及其投标函附录(如果有);

(3)专用合同条款及其附件;

(4)通用合同条款;

(5)技术标准和要求;

(6)图纸;

（7）已标价工程量清单或预算书；

（8）其他合同文件。

在合同订立及履行过程中形成的与合同有关的文件均构成合同文件的组成部分。

上述各项合同文件包括合同当事人就该项合同文件所作出的补充和修改，属于同一类内容的文件，应以最新签署的为准。专用合同条款及其附件须经合同当事人签字或盖章。

七、承诺

1.发包人承诺按照法律规定履行项目审批手续、筹集工程建设资金并按照合同约定的期限和方式支付合同价款。

2.承包人承诺按照法律规定及合同约定组织完成工程施工，确保工程质量和安全，不进行转包及违法分包，并在缺陷责任期及保修期内承担相应的工程维修责任。

3.发包人和承包人通过招投标形式签订合同的，双方理解并承诺不再就同一工程另行签订与合同实质性内容相背离的协议。

八、词语含义

本协议书中词语含义与第二部分通用合同条款中赋予的含义相同。

九、签订时间

本合同于_____年____月____日签订。

十、签订地点

本合同在_____签订。

十一、补充协议

合同未尽事宜，合同当事人另行签订补充协议，补充协议是合同的组成部分。

十二、合同生效

本合同自双方签字盖章生效。

十三、合同份数

本合同一式捌份，均具有同等法律效力，发包人执陆份，承包人执贰份。

发包人：（公章）	承包人：（公章）
法定代表人或其委托代理人：	法定代表人或其委托代理人：
（签字）	（签字）
组织机构代码：_____	组织机构代码：_____
地　　址：_____	地　　址：_____
邮政编码：_____	邮政编码：_____
法定代表人：_____	法定代表人：_____
委托代理人：_____	委托代理人：_____
电　　话：_____	电　　话：_____
传　　真：_____	传　　真：_____
电子信箱：_____	电子信箱：_____

开户银行：＿＿＿＿＿＿＿＿＿＿＿　　　　　开户银行：＿＿＿＿＿＿＿＿＿＿＿

账　号：＿＿＿＿＿＿＿＿＿＿＿＿　　　　　账　号：＿＿＿＿＿＿＿＿＿＿＿＿

第二部分　通用合同条款

通用合同条款直接引用《建设工程施工合同（示范文本）》（GF-2017-0201）第二部分"通用合同条款"。

第三部分　专用合同条款

1.一般约定

1.1　词语定义

1.1.1　合同

1.1.1.10　其他合同文件包括：合同协议书、中标通知书、投标函及其投标函附录、通用合同条款、专用合同条款及其附件、技术标准和要求、图纸、已标价工程量清单以及其他合同文件。

1.1.2　合同当事人及其他相关方

1.1.2.4　监理人：

名　　称：＿＿＿＿＿＿＿＿＿＿；

资质类别和等级：＿＿＿＿＿＿＿；

联系电话：＿＿＿＿＿＿＿＿＿＿；

电子信箱：＿＿＿＿＿＿＿＿＿＿；

通信地址：＿＿＿＿＿＿＿＿＿＿。

1.1.2.5　设计人：

名　　称：＿＿＿＿＿＿＿＿＿＿；

资质类别和等级：＿＿＿＿＿＿＿；

联系电话：＿＿＿＿＿＿＿＿＿＿；

电子信箱：＿＿＿＿＿＿＿＿＿＿；

通信地址：＿＿＿＿＿＿＿＿＿＿。

1.1.3　工程和设备

1.1.3.7　作为施工现场组成部分的其他场所包括：按现有条件施工。

1.1.3.9　永久占地包括：无。

1.1.3.10　临时占地包括：按施工现场现状确定。

1.3　法律

适用于合同的其他规范性文件：《中华人民共和国建筑法》《中华人民共和国招标投标法》《中华人民共和国民法典》及相应的法律和地方政府的有关规定等。

1.4　标准和规范

1.4.1　适用于工程的标准规范包括：执行国家行业及××市现行相关建筑工程设计、施工验收规范、质量标准及安全文明施工等操作规定。

1.4.2　发包人提供国外标准、规范的名称：不采用；

发包人提供国外标准、规范的份数：不采用；

发包人提供国外标准、规范的名称：不采用。

1.4.3　发包人对工程的技术标准和功能要求的特殊要求：无。

1.5　合同文件的优先顺序

合同文件组成及优先顺序为：

(1)中标通知书；

(2)投标函及其投标函附录；

(3)专用合同条款及其附件；

(4)通用合同条款；

(5)技术标准和要求；

(6)图纸；

(7)已标价工程量清单；

(8)其他合同文件。

1.6　图纸和承包人文件

1.6.1　图纸的提供

发包人向承包人提供图纸的期限：开工前7日内；

发包人向承包人提供图纸的数量：一式四套,如果承包人要求增加所提供图纸套数,费用由承包人承担；

发包人向承包人提供图纸的内容：用于施工需要的施工图文件。

1.6.4　承包人文件

需要由承包人提供的文件,包括：实施性施工组织设计(包括施工进度总体计划)、施工安全技术措施；

承包人提供的文件的期限：图纸会审交底后并在距开工令发出5天前；

承包人提供的文件的数量：一式四套；

承包人提供的文件的形式：书面和电子文档；

发包人审批承包人文件的期限：收到文件后5日内。

1.6.5　现场图纸准备

关于现场图纸准备的约定：承包人应在施工现场保存一套完整的图纸和承包人文件。

1.7　联络

1.7.1　发包人和承包人应当在2日内将与合同有关的通知、批准、证明、证书、指示、指令、要求、请求、同意、意见、确定和决定等书面函件送达对方当事人。

1.7.2　发包人接收文件的地点：施工现场；

发包人指定的接收人为：　　/　　。

承包人接收文件的地点：施工现场；

承包人指定的接收人为：_____/_____。

监理人接收文件的地点：__施工现场__；

监理人指定的接收人为：_____/_____。

1.10　交通运输

1.10.1　出入现场的权利

关于出入现场的权利的约定：__不采用__。

1.10.3　场内交通

关于场外交通和场内交通的边界的约定：__现场现状__。

关于发包人向承包人免费提供满足工程施工需要的场内道路和交通设施的约定：_____/_____。

1.10.4　超大件和超重件的运输

运输超大件或超重件所需的道路和桥梁临时加固改造费用和其他有关费用由__承包人__ __承担__。

1.11　知识产权

1.11.1　关于发包人提供给承包人的图纸、发包人为实施工程自行编制或委托编制的技术规范以及反映发包人关于合同要求或其他类似性质的文件的著作权归属：__发包人__。

关于发包人提供的上述文件的使用限制要求：__承包人可以为实现合同目的复制、使用此类文件，但不能用于与合同无关的其他事项，未经发包人书面同意，承包人不得为了合同以外的目的复制、使用上述文件或将之提供给任何第三方。__

1.11.2　关于承包人为实施工程所编制文件的著作权归属：__发包人__。

关于承包人提供的上述文件的使用限制要求：__承包人可因实施工程的运行、调试、维修、改造等目的复制、使用此类文件，但不能用于与合同无关的其他事项，未经发包人书面同意，承包人不得为了合同以外的目的复制、使用上述文件或将之提供给任何第三方。__

1.11.4　承包人在施工过程中采用的专利、专有技术、技术秘密的使用费的承担方式：__承包人承担，已包含在投标报价中__。

1.13　工程量清单错误的修正

出现工程量清单错误时，是否调整合同价格：__不采用__。

允许调整合同价格的工程量偏差范围：__不采用__。

2.发包人

2.2　发包人代表

发包人代表：

姓　　名：_____；

身份证号：_____；

职　　务：_____；

联系电话：_____；

电子信箱：_____；

通信地址：_____。

发包人对发包人代表的授权范围如下：发包人代表对本工程施工过程中的质量、进度、投资、安全文明施工等进行监督和检查，协调解决必须由发包人处理的有关问题，并对工程量进行确认。

2.4　施工现场、施工条件和基础资料的提供

2.4.1　提供施工现场

关于发包人移交施工现场的期限要求：以通知为准。

2.4.2　提供施工条件

关于发包人应负责提供施工所需要的条件，包括：发包人协助解决施工所需的水、电接口，接口费用及使用费用由承包人负责，电信由承包人自行考虑。

2.5　资金来源证明及支付担保

发包人提供资金来源证明的期限要求：不采用。

发包人是否提供支付担保：不提供。

发包人提供支付担保的形式：不采用。

3.承包人

3.1　承包人的一般义务

(9)承包人提交的竣工资料的内容：承包人提供给发包人完整的竣工资料(含经档案行政管理部门验收合格的档案资料及竣工图)。

承包人需要提交的竣工资料套数：一式五套(含电子光盘)。

承包人提交的竣工资料的费用承担：承包人。

承包人提交的竣工资料移交时间：工程竣工验收合格之日起28日内。

承包人提交的竣工资料形式要求：书面和电子文档。

(10)承包人应履行的其他义务：

①应提供计划、报表的名称及完成时间：a.施工组织设计审批后一周内提供本工程施工进度总计划。b.每月28日报送当月工程进度完成报表及次月工程进度计划报表。c.进度报表提供份数和要求按监理单位的管理办法执行。

②根据工程需要，提供和维修非夜间施工使用的照明、围栏设施，并负责安全保卫。

③已竣工工程未交付发包人之前，承包人负责已完工程的保护工作，保护期间发生损坏，由承包人自费予以修复。

④施工场地清洁卫生的要求按建设主管部门规定执行。

⑤承包人负责施工期内与市政、交通、供电、供水、环保等相关单位的联系协调工作，其费用已包含在投标报价中。

⑥承包人在工程建设中，因承包人原因遇其他单位以及个人阻扰施工的，由承包人负责协调、解决，产生费用的，由承包人负责给付。此类情形发生时，承包人应在3日内书面通知发包人，从发包人接到该通知或发包人知晓无法正常施工日起，承包人应在半个月内消除该类情形。此半个月时间计入该合同整个工期，不得另行增加工期。如承包人无力在半个月内解决的，该合同自动终止，承包人自行承担不能继续建设所产生的损失以及前期投入。发包人可另

行发包给其他承包人。

3.2　项目经理

3.2.1　项目经理：

姓　　名：_____；

身份证号：_____；

建造师执业资格等级：_____；

建造师注册证书号：_____；

建造师执业印章号：_____；

安全生产考核合格证书号：_____；

联系电话：_____；

电子信箱：_____；

通信地址：_____；

承包人对项目经理的授权范围如下：以承包人的授权文件为准。

关于项目经理每月在施工现场的时间要求：项目经理和技术负责人在施工期间内的工作日（国家规定工作日）必须保证在施工现场，如不到场，按 1 000 元/天向发包人支付违约金。

承包人未提交劳动合同，以及没有为项目经理缴纳社会保险证明的违约责任：在 15 天内补齐并处以违约金 10 000 元。

项目经理未经批准擅自离开施工现场的违约责任：项目经理工作时间因公离开施工现场，必须事前向发包人现场负责人通报，如不通报按 1 000 元/天向发包人支付违约金。

3.2.3　承包人擅自更换项目经理的违约责任：承包人未经发包人许可更换项目经理，处承包人 10 万元/（人·次）的违约金（发包人有权在应支付的工程款中直接扣除），承包人应立即纠正，否则发包人有权解除合同。

3.2.4　承包人无正当理由拒绝更换项目经理的违约责任：处承包人 5 万元/（人·次）的违约金（发包人有权在应支付的工程款中直接扣除），承包人应立即纠正，否则发包人有权解除合同。

3.3　承包人人员

3.3.1　承包人提交项目管理机构及施工现场管理人员安排报告的期限：开工前 5 日内。

3.3.3　承包人无正当理由拒绝撤换主要施工管理人员的违约责任：处承包人 2 万元/（人·次）的违约金。

3.3.4　承包人主要施工管理人员离开施工现场的批准要求：因公离开施工现场，必须事前征得发包人现场负责人同意。

3.3.5　承包人擅自更换主要施工管理人员的违约责任：处承包人 1 万元/（人·次）的违约金（发包人有权在应支付的工程款中直接扣除），承包人应立即纠正，否则发包人有权解除合同。

承包人主要施工管理人员擅自离开施工现场的违约责任：发包人有权抽查承包人主要施工管理人员（国家规定工作日期间）到岗情况，若抽查不到岗，处承包人 2 000 元/（人·次）的违约金(发包人有权在应支付的工程款中直接扣除),承包人应立即纠正,否则发包人有权解除合同。

3.5 分包

3.5.1 分包的一般约定

禁止分包的工程包括: / 。

主体结构、关键性工作的范围: / 。

3.5.2 分包的确定

允许分包的专业工程包括: / 。

其他关于分包的约定: / 。

3.5.4 分包合同价款

关于分包合同价款支付的约定: / 。

3.6 工程照管与成品、半成品保护

承包人负责照管工程及工程相关的材料、工程设备的起始时间:根据工程实际开工时间及工程具体情况确定。

3.7 履约担保

承包人是否提供履约担保: 是 。

承包人提供履约担保的形式、金额及期限:

1.履约担保

形式:转账支票或电汇或银行保函。

担保金额:中标金额的10%。

提交时间:中标人应在中标通知书发出后7日内向招标人提交履约担保,若未按时提交,则视为投标人自动放弃中标资格。

履约担保退付:工程竣工验收合格后无息退还。

2.民工工资保证金:

形式:银行转账或电汇。

担保金额:中标金额的2%。

提交时间:中标人应在中标通知书发出后7日内向招标人提交民工工资保证金,若未按时提交,则视为投标人自动放弃中标资格。

民工工资保证金的退还:工程竣工验收合格后15日内无息退还。

如本项目缴纳低价风险担保金,由于低价中标所造成的相关违约责任适用于3.9款。

3.9 低价风险担保

3.9.1 因招标人原因导致不能按时开工建设的项目,如中标人提出退还担保金的,应先向招标人提出书面申请,经招标人签字同意办理。在工程具备开工条件后5日内,由中标人重新缴纳担保金。

3.9.2 风险担保金应在承包人完成合同约定的所有事项,工程竣工验收后5日内无息退还。承包人不能按照合同约定的标的、价款、质量、履行期限等主要条款完成工程建设内容的,应当依法承担相应的担保责任。

有下列情形之一，招标人应依照招标文件要求、投标文件的承诺以及合同的规定，确定损失赔偿金额，从其担保金中扣划相应的金额：

（1）在工程施工过程中，因施工单位偷工减料，使用劣质材料、不合格设备，或因技术、管理等原因，造成工程质量达不到规定标准的；

（2）非招标人原因擅自停工，造成施工工期达不到合同工期要求或不按施工组织计划施工的。

4.监理人

4.1 监理人的一般规定

关于监理人的监理内容：包括施工图示所有内容。具体包括施工阶段全过程监理。包括"三控制、三管理、一协调"，即投资控制、质量控制、进度控制；安全管理、合同管理、信息管理；协调有关单位之间的工作关系，配合所有工程结算审计和质量缺陷期内的争议问题处理。

关于监理人的监理权限：对本工程项目的施工质量、进度、投资、安全文明施工、合同及信息管理等实施全过程监理和控制。对隐蔽工程、设备、材料及施工质量进行验收和工程量签认，对施工环境进行协调。

关于监理人在施工现场的办公场所、生活场所的提供和费用承担的约定：场所由承包人提供，费用由监理人承担。

4.2 监理人员

总监理工程师：

姓　　名：＿＿＿＿＿＿＿＿＿；

职　　务：＿＿＿＿＿＿＿＿＿；

监理工程师执业资格证书号：＿＿＿＿＿＿＿＿＿；

联系电话：＿＿＿＿＿＿＿＿＿；

电子信箱：＿＿＿＿＿＿＿＿＿；

通信地址：＿＿＿＿＿＿＿＿＿；

关于监理人的其他约定：需要取得发包人批准才能行使的职权：开工、停工、复工令的下达，设计变更和技术签证。

4.4 商定或确定

在发包人和承包人不能通过协商达成一致意见时，发包人授权监理人对以下事项进行确定：

（1）不采用；

（2）不采用；

（3）不采用。

5.工程质量

5.1 质量要求

工程质量必须符合现行国家有关工程施工质量验收规范和标准的要求，并达到合格标准。

5.1.1 特殊质量标准和要求：不采用。

关于工程奖项的约定：不采用。

5.3　隐蔽工程检查

5.3.2　承包人提前通知监理人隐蔽工程检查的期限的约定:工程施工前48小时内。

监理人不能按时进行检查时,应提前24小时提交书面延期要求。

关于延期最长不得超过:48小时。

6.安全文明施工与环境保护

6.1　安全文明施工

6.1.1　项目安全生产的达标目标及相应事项的约定:承包人按通用条款第6.1条、《建筑施工安全检查标准》(JGJ 59—2011)、《××市房屋建筑和市政基础设施施工现场文明施工标准》文件执行。

承包人制定严格的安全防护措施,确保安全施工。如造成安全事故、责任事故,承包人应按规定上报,责任和经济损失由承包人自行承担,如给第三人造成人身和财产损失,由承包人承担。

6.1.4　关于治安保卫的特别约定:承包人应组建现场治安管理机构或联防组织和编制施工场地治安管理计划和突发治安事件紧急预案。

关于编制施工场地治安管理计划的约定:由承包人负责。

6.1.5　文明施工

合同当事人对文明施工的要求:承包人应按照《房屋建筑和市政基础设施工程施工扬尘控制工作方案》(×建发〔20××〕××号)、《××市房屋建筑和市政基础设施施工现场文明施工标准》等相关规定履行好施工扬尘控制、文明施工等责任。本工程施工过程中被相关职能部门通报批评或媒体曝光,承包人应向发包人缴纳违约金2万元/次,以上款项在结算时从履约保证金中扣除。

需承包人办理的有关施工场地交通、环卫和施工噪声管理等手续:均由承包人自行负责办理,费用由承包人承担。

6.1.6　关于安全文明施工费支付比例和支付期限的约定:按×建发〔20××〕××号文件执行。

7.工期和进度

7.1　施工组织设计

7.1.1　合同当事人约定的施工组织设计应包括的其他内容:施工进度总体计划、工程进度完成报表、次月工程进度计划报表等符合规范要求的其他资料。进度计划安排必须符合发包人对本工程的总体进度计划的安排,按时提交其他专业施工所需工作面。

7.1.2　施工组织设计的提交和修改

承包人提交详细施工组织设计的期限的约定:合同签订后15日内。

发包人和监理人在收到详细的施工组织设计后确认或提出修改意见的期限:发包人收到施工组织设计和进度计划后10个工作日内审查确认。

7.2　施工进度计划

7.2.2　施工进度计划的修订

发包人和监理人在收到修订的施工进度计划后确认或提出修改意见的期限:收到文件后5日内。

未经工程师批准,不得有工程临时延期或最终延期,否则承包人承担违约责任。以月进度计划为依据,若在一月内未完成进度计划,并不被批准顺延工期,则承包人除承担违约责任外,应采取措施在下一个月内补足完成,且不得影响当月的进度计划。

承包人应充分了解工地位置、情况、进出场道路、储存空间、装卸限制、行车干扰及其他任何足以影响承包价格的情况,并考虑在投标报价中。

7.3　开工

7.3.1　开工准备

关于承包人提交工程开工报审表的期限:发包人通知进场前。

关于发包人应完成的其他开工准备工作及期限:满足现场开工需要。

关于承包人应完成的其他开工准备工作及期限:满足现场开工需要。

7.3.2　开工通知

以监理单位发出的开工令为准。

7.4　测量放线

7.4.1　发包人通过监理人向承包人提供测量基准点、基准线和水准点及其书面资料的期限:开工前 10 日内。

7.5　工期延误

7.5.1　因发包人原因导致工期延误

(7)因发包人原因导致工期延误的其他情形:因发包人原因不能按时开工,发包人不负责赔偿承包人延期开工损失费,但工期可顺延。

7.5.2　非发包人原因导致工期延误

非发包人原因导致工期延误,逾期竣工违约金的计算方法为:

实际施工工期比合同工期延后,则每延迟一天,处承包人 5 000 元/天的工期延误违约金。

非发包人原因造成工期延误,逾期竣工违约金的上限:无。

7.6　不利物质条件

不利物质条件的其他情形和有关约定:承包人在施工场地遇到的不可预见的自然物质条件、非自然的物质障碍和污染物,包括地下和水文条件,但不包括气候条件。

7.7　异常恶劣的气候条件

发包人和承包人同意以下情形视为异常恶劣的气候条件:按政府或相关部门文件规定执行。

7.9　提前竣工的奖励

7.9.2　提前竣工的奖励:无。

8.材料与设备

8.4　材料与工程设备的保管与使用

8.4.1　发包人供应的材料:　/　。

8.6　样品

8.6.1　样品的报送与封存

需要承包人报送样品的材料或工程设备,样品的种类、名称、规格、数量要求:本工程施工所需全部材料由承包人采购(甲供材除外),所采购的材料必须符合国家、地方现行规范标准及设计要求,保证质量,提供有效的产品合格证明和必要的材料检验报告,并对材料质量负责。

承包人采购的材料与设计或标准要求不符时,承包人应按监理工程师或发包人要求的时间运出施工场地,重新采购符合要求的产品,并承担由此发生的费用,由此延误的工期不予顺延。

本工程使用的材料必须报监理工程师和发包人审核、确认,承包人必须按监理工程师或发包人的要求进行检验或试验,检验或试验费用由承包人承担,未按规定检验或试验、检验或试验不合格的材料不得用于本工程。

监理工程师或发包人发现承包人采购并使用不符合设计或标准要求的材料时,应要求承包人负责修复、拆除或重新采购,由承包人承担发生的费用,由此延误的工期不予顺延。

承包人在采购前14日内将所采购材料的厂家、技术参数、品牌、质量等级等指标以书面形式通知招标人(并提供样品),发包人收到承包人的书面报告后14日内予以确认,经发包人认质、封样后,承包人方可采购进场。发包人认为承包人所使用的材料品质存在缺陷,或者偏离图纸及规范要求(以设计和监理书面意见为准),不能适用于本工程,发包人有权要求承包人按要求重新提供材料,发包人不因更换材料品牌而调整材料价格及相关费用。

8.8　施工设备和临时设施

8.8.1　承包人提供的施工设备和临时设施

关于修建临时设施费用承担的约定:承包人承担,包含在投标报价中。

9.试验与检验

9.1　试验设备与试验人员

9.1.2　试验设备

施工现场需要配置的试验场所:由承包人负责。

施工现场需要配备的试验设备:开工令下达后5日内,承包人负责,使用前需要经过监理人与承包人共同校定。

施工现场需要具备的其他试验条件:由承包人负责。

9.4　现场工艺试验

现场工艺试验的有关约定:按监理要求执行。

10.变更

10.1　变更的范围

关于变更的范围的约定:设计变更、发包人要求的施工变更及招标范围外的增项均属工程变更。工程变更必须按程序先审批后实施。所有工程变更必须征得发包人的同意签认后才可以实施。承包人不得直接向设计单位提出设计变更,确需进行设计变更的,由承包人向监理工程师和发包人提出,经监理工程师和发包人同意后,由发包人向设计单位提出设计变更。

施工中发生工程变更,承包人按照经发包人认可的变更设计文件进行变更施工。

10.4　变更估价

10.4.1　变更估价原则

关于变更估价的约定:发包人提出或确认的设计变更和材料变更、因施工质量安全要求提高由现场监理工程师或发包人现场项目负责人确认的单价、工程量签证单、技术核定单、因变更造成承包人废弃已施工部分工作量或待进场及已进场的原材料等均作为合同价款调整的依据。

（1）变更工程与投标报价的工程量清单中有相同的子项或类似子项，则按投标时的相同子项或类似子项的综合单价报价执行。

（2）变更工程与投标报价的工程量清单中无相同的子项或类似子项，按照计量规范及计价定额：《房屋建筑与装饰工程工程量计算规范》（GB 50854—2013）、《通用安装工程工程量计算规范》（GB 50856—2013）、《建设工程工程量清单计价规范》（GB 50500—2013）、《××市建设工程工程量计算规则》（××JLGZ—2013）、《××市建设工程工程量清单计价规则》（××QDGZ—2013）、《××市城乡建设委员会关于建筑业营业税改征增值税调整建设工程计价依据的通知》（×建〔2018〕195 号）、《××市房屋建筑与装饰工程计价定额》（××JZZSDE—2018）、《××市建设工程费用定额》（××FYDE—2018）等定额解释及相关配套文件组价，组价原则为在采用投标清单报价中的人工、材料、机械、设备单价的基础上编制计算，经监理、跟踪审计单位审核后报招标人按相关审批程序确定价格。当有材料缺项时，按照施工期间当月《××工程造价信息》公布的信息价执行；如造价信息中无该材料价格，由招标人会同相关单位按市场行情认质核价，核价价格不计算转运费、采购和仓储保管费、材料上下车费用。

（3）其他材料、设备价格按投标时清单中的报价执行，若清单中无相关报价，按照施工期间当月《××工程造价信息》公布的材料除税价格进行调整，以上信息均没有的材料价格按市场行情一般材料除税价格通过招标人同意后进行调整。

（4）人工费按清单报价中所填人工费报价进行结算。

10.4.2 本工程施工技术措施项目费：无论因设计变更或施工工艺变化等任何因素引起实际措施费的变化，均按投标时施工技术措施项目费的报价作为结算价，包干使用，不作任何调整。

10.4.3 变更工程的组织措施费：无论因设计变更或施工工艺变化等任何因素引起实际措施费的变化，均按投标时施工组织措施项目费的报价作为结算价。

10.4.4 本工程严禁出现连锁变更（即对已变更部分再次进行变更），必须一次变更到位；若因承包人提出的连锁变更，视为承包人对变更工程考虑存在偏差，其工期及费用责任由承包人承担。

10.5 承包人的合理化建议

监理人审查承包人合理化建议的期限：收到合理化建议后 7 日内。

发包人审批承包人合理化建议的期限：收到监理审核的合理化建议后 7 日内。

承包人提出的合理化建议降低了合同价格或者提高了工程经济效益的奖励办法和金额为：不采用。

10.7 暂估价

暂估价材料和工程设备的明细详见：已标价工程量清单。

10.7.1 依法必须招标的暂估价项目

对于依法必须招标的暂估价项目的确认和批准采取按通用条款执行方式确定。

10.7.2 不属于依法必须招标的暂估价项目

对于不属于依法必须招标的暂估价项目的确认和批准采取第 / 种方式确定。

第 3 种方式：承包人直接实施的暂估价项目

承包人直接实施的暂估价项目的约定:本工程使用的材料、设备必须报监理工程师和发包人审核、确认,承包人必须按监理工程师或发包人的要求进行检验或试验,检验或试验费用由承包人承担,未按规定检验或试验、检验或试验不合格的材料不得用于本工程。

10.8 暂列金额

合同当事人关于暂列金额使用的约定:本工程采用暂列金额及暂估价部分按工程实际发生的费用结算(如有)。

11.价格调整

11.1 市场价格波动引起的调整

市场价格波动是否调整合同价格的约定:所有材料均不作调整。

12.合同价格、计量与支付

12.1 合同价格形式

(1)单价合同。

综合单价包含的风险范围:不采用。

风险费用的计算方法: 不采用 。

风险范围以外合同价格的调整方法:不采用 。

(2)总价合同。

总价包含的风险范围:承包人为完成招标项目所承担一切风险因素。按照国家现行有关建筑工程规范、规程要求,设计施工图纸要求,市场价格波动等,为保证工程质量、安全、工期、环保等各种因素必须采取的措施以及配套完成的工作内容所需的一切费用。

风险费用的计算方法:不采用。

风险范围以外合同价格的调整方法:不采用。

3.其他价格方式:不采用。

12.2 预付款

12.2.1 预付款的支付

预付款支付比例或金额:不采用。

预付款支付期限:不采用。

预付款扣回的方式:不采用。

12.2.2 预付款担保

承包人提交预付款担保的期限:不采用。

预付款担保的形式:不采用。

12.3 计量

12.3.1 计量原则

工程量计算规则:按《房屋建筑与装饰工程工程量计算规范》(GB 50854—2013)、《通用安装工程工程量计价规范》(GB 50856—2013)、《建设工程工程量清单计价规范》(GB 50500—2013)、《××市建设工程工程量计算规则》(××JLGZ—2013)、《××市建设工程工程量清单计价规则》(××QDGZ—2013)约定的计量规则计算的实际完成工程量。

12.3.2 计量周期

关于计量周期的约定:按每月进行。

12.3.3　单价合同的计量

关于单价合同计量的约定:每月 28 日前向发包人报送当月已完工程量报表,发包人对合同范围内合格的工程计量。工程的中间计量仅作为进度款支付的参考依据,不作为结算依据。

12.3.4　总价合同的计量

关于总价合同计量的约定:不采用。

12.3.5　总价合同采用支付分解表计量支付的,是否适用第 12.3.4 项〔总价合同的计量〕约定进行计量:不采用。

12.3.6　其他价格形式合同的计量

其他价格形式的计量方式和程序:不采用。

12.4　工程进度款支付

12.4.1　付款周期

双方约定的工程款(进度款)支付的方式和时间:月进度款实际支付金额为监理单位、工程造价监控单位(如有)、发包人审定当月完成的工程价款的 80%(拨付工程进度款前,工程资料应与工程实际进度同步,工程资料报监理、业主审核合格后拨付进度款);竣工验收前支付至签约合同总价的 80%;竣工验收合格并完成竣工结算(完成决算财政评审或竣工结算审计后)支付至签约合同总价的 97%;办理完成竣工财务决算,工程缺陷责任期结束后,拨付余下 3%的质量保证金。

12.4.2　进度付款申请单的编制

关于进度付款申请单编制的约定:

进度付款申请单的份数:一式四份。

进度付款申请单的内容:按监理要求办理。

12.4.3　进度付款申请单的提交

(1)单价合同进度付款申请单提交的约定:按监理要求办理。

(2)总价合同进度付款申请单提交的约定:不采用。

(3)其他价格形式合同进度付款申请单提交的约定:不采用。

12.4.4　进度款审核和支付

(1)监理人审查并报送发包人的期限:收到资料后 7 日内。

发包人完成审批并签发进度款支付证书的期限:收到监理人审核资料后 7 日内。

(2)发包人支付进度款的期限:审核完毕后 14 日内。

发包人逾期支付进度款的违约金的计算方式:不采用。

12.4.6　支付分解表的编制

(1)总价合同支付分解表的编制与审批:不采用。

(2)单价合同的总价项目支付分解表的编制与审批:不采用。

13.验收和工程试车

13.1　分部分项工程验收

13.1.2　监理人不能按时进行验收时,应提前　24　小时提交书面延期要求。

关于延期最长不得超过:　48　小时。

发包人不承担正常检查对工程施工可能造成影响的任何费用,不追加承包人的合同价款。

13.2　竣工验收

13.2.2　竣工验收程序

关于竣工验收程序的约定:按通用条款执行。

发包人不按照本项约定组织竣工验收、颁发工程接收证书的违约金的计算方法:每逾期一天,以应付工程款未支付部分为基数,按照中国人民银行发布的同期同类贷款基准利率支付违约金。

13.2.5　移交、接收全部与部分工程

承包人向发包人移交工程的期限:承包人必须在竣工验收合格5日内做竣工完场清理,向发包人移交工程场地。否则,由此给发包人造成的结算和支付延误由承包人负责。

发包人未按本合同约定接收全部或部分工程的,违约金的计算方法为:每逾期一天,以应付工程款未支付部分为基数,按照中国人民银行发布的同期同类贷款基准利率支付违约金。

承包人未按时移交工程的,违约金的计算方法为:每逾期一天,处承包人5 000元违约金,从履约保证金中扣除。

13.3　工程试车

13.3.1　试车程序

工程试车内容:无。

(1)单机无负荷试车费用由　　/　　承担;

(2)无负荷联动试车费用由　　/　　承担。

13.3.3　投料试车

关于投料试车相关事项的约定:　　/　　。

13.6　竣工退场

13.6.1　竣工退场

承包人完成竣工退场的期限:竣工验收合格5日内。

14.竣工结算

结算总价=分部分项工程量清单结算价±暂定价材料价差调整金额±措施费±工程新增或变更等引起的增(减)项目结算价款+其他项目+规费+税金±合同约定其他费用。

(1)设计变更、漏项及新增项目综合单价计算办法:

①变更工程与投标报价的工程量清单中有相同的子项或类似子项,则按投标时的相同子项或类似子项的综合单价报价执行。

②变更工程与投标报价的工程量清单中无相同的子项或类似子项,按照计量规范:《房屋建筑与装饰工程工程量计算规范》(GB 50854—2013)、《通用安装工程工程量计算规范》(GB 50856—2013)《建设工程工程量清单计价规范》(GB 50500—2013)、《××市建设工程工程量计算规则》(××JLGZ—2013)、《××市建设工程工程量清单计价规则》(××QDGZ—2013)、《××市城乡建设委员会关于建筑业营业税改征增值税调整建设工程计价依据的通知》(×建〔2018〕195号)、《××市房屋建筑与装饰工程计价定额》(××JZZSDE—2018)、《××市通用安装工程计价定额》(××AZDE—2018)、《××市建设工程费用定额》(××FYDE—2018)等定额解释及相关配套文件组价,组价原则为在采用投标清单报价中的人工、材料、机械、设备单价的基础上编制计算,经监理、跟踪审计单位审核后报招标人按相关审批程序确定价格。当有材料缺项时,按照

施工期间当月《××工程造价信息》公布的信息价执行;如造价信息中无该材料价格,由招标人会同相关单位按市场行情认质核价,核价价格不计算转运费、采购和仓储保管费、材料上下车费用。

③其他材料、设备价格按投标时清单中的报价执行,若清单中无相关报价,按照施工期间当月《××工程造价信息》公布的材料除税价格进行调整,以上信息均没有的材料价格按市场行情一般材料除税价格通过招标人同意后进行调整。

④人工费按清单报价中所填人工费报价进行结算。

⑤技术措施项目费:无论因设计变更或施工工艺变化等任何因素引起实际措施费的变化,均按投标时施工技术措施项目费的报价作为结算价,包干使用,不作任何调整。

⑥组织措施费:无论因设计变更或施工工艺变化等任何因素引起实际措施费的变化,均按投标时施工组织措施项目费的报价作为结算价。

⑦本工程严禁出现连锁变更(即对已变更部分再次进行变更),必须一次变更到位;若因承包人提出的连锁变更,视为承包人对变更工程考虑存在偏差,其工期及费用责任由承包人承担。

注:中标人在施工过程中因相关设计变更产生的工程内容未经过招标人同意,擅自施工,其相关工程内容不纳入最终结算。

(2)合同约定费用:

①招标人要求中标人完成合同以外施工范围内或施工范围外但与本施工项目有密切关系的零星项目,中标人应接受招标人施工要求,并在施工前14日内就用工数量和单价、机械台班数量和单价、使用材料和金额等向招标人提出施工签证,招标人在7日内予以签证后施工。如招标人未签证,中标人自行施工后发生争议,由中标人负责。零星项目的人工工日单价按2018系列定额人工费计取。

②合同其他条款约定的费用。

(3)施工方实际完成的工程量由招标人、监理方及施工方三方签证审定后进行结算。

14.1　竣工付款申请

承包人提交竣工付款申请单的期限:承包人提供经发包人、监理人、承包人三方认可的完整合格的结算报告后,若双方无争议,应在15日内向审计部门申请办理工程竣工结算审计。

竣工图应在工程竣工验收合格之日起28日内提供。

竣工付款申请单应包括的内容:按监理人要求办理。

14.2　竣工结算审核

发包人审批竣工付款申请单的期限:经审计结算后14日内。

发包人完成竣工付款的期限:工程结算经审计后两年内。

关于竣工付款证书异议部分复核的方式和程序:按专用合同条款第20条执行。

14.4　最终结清

14.4.1　最终结清申请单

承包人提交最终结清申请单的份数:5份。

承包人提交最终结算申请单的期限:在缺陷责任期满后7日内。

14.4.2　最终结清证书和支付

（1）发包人完成最终结清申请单的审批并颁发最终结清证书的期限：<u>收到承包人提交的最终结清申请单后 14 日内</u>。

（2）发包人完成支付的期限：<u>在最终结清证书颁发后 7 日内</u>。

15.缺陷责任期与保修

15.2　缺陷责任期

缺陷责任期的具体期限：<u>24 个月</u>。

15.3　质量保证金

关于是否扣留质量保证金的约定：<u>是</u>。

15.3.1　承包人提供质量保证金的方式

质量保证金采用以下第 <u>2</u> 种方式：

（1）质量保证金保函，保证金额为：<u>不采用</u>；

（2）<u>3</u>％的工程款；

（3）其他方式：<u>不采用</u>。

15.3.2　质量保证金的扣留

质量保证金的扣留采取以下第 <u>2</u> 种方式：

（1）在支付工程进度款时逐次扣留，在此情形下，质量保证金的计算基数不包括预付款的支付、扣回以及价格调整的金额；

（2）工程竣工结算时一次性扣留质量保证金；

（3）其他扣留方式：<u>不采用</u>。

关于质量保证金的补充约定：<u>无</u>。

15.4　保修

15.4.1　保修责任

工程保修期为：<u>2 年</u>。

15.4.3　保修通知

承包人收到保修通知并到达工程现场的合理时间：<u>1 日内</u>。

16.违约

16.1　发包人违约

16.1.1　发包人违约的情形

发包人违约的其他情形：<u>不采用</u>。

16.1.2　发包人违约的责任

发包人违约责任的承担方式和计算方法：

（1）因发包人原因未能在计划开工日期前 7 日内下达开工通知的违约责任：<u>工期顺延</u>。

（2）因发包人原因未能按合同约定支付合同价款的违约责任：<u>未支付部分按照中国人民银行发布的同期同类贷款基准利率支付违约金</u>。

（3）发包人违反第 10.1 款〔变更的范围〕第（2）项约定，自行实施被取消的工作或转由他人实施的违约责任：<u>不采用</u>。

（4）发包人提供的材料、工程设备的规格、数量或质量不符合合同约定，或因发包人原因导致交货日期延误或交货地点变更等情况的违约责任：<u>不采用</u>。

（5）因发包人违反合同约定造成暂停施工的违约责任：工期顺延。

（6）发包人无正当理由没有在约定期限内发出复工指示，导致承包人无法复工的违约责任：工期顺延。

（7）其他：无。

16.1.3　因发包人违约解除合同：不采用。

16.2　承包人违约

16.2.1　承包人违约的情形

承包人违约的其他情形：

（1）因承包人原因，造成拖欠民工工资。

（2）承包人在竣工验收合格 10 日内未做竣工完场清理，向发包人移交工程场地。

（3）承包人所用材料不符合本合同要求。

（4）承包人在施工中未按发包人书面意见或不明确而又不向发包人求证，致使施工不能达到发包人要求。

（5）承包人提出合理的变更涉及对设计图纸或施工组织计划的更改及对材料的换用时，未经发包人和监理人同意而擅自更改或换用。

（6）未经发包人许可，承包人擅自将所承包的工程分包。

16.2.2　承包人违约的责任

承包人违约责任的承担方式和计算方法：

（1）承包人有 16.2.1 款（1）条违约情形的，发包人有权将工程进度款优先支付给民工或从承包人履约保证金中支付，对造成不良社会影响的，发包人将对承包人处以本合同价 1% 的违约金。

（2）承包人有 16.2.1 款（2）条违约情形的，应承担由此给发包人造成的结算和支付延误的损失。

（3）承包人有 16.2.1 款（3）条违约情形的，返工损失由承包人自负，且工期不得顺延，并且每发现一次承担 10 000 元违约金。

（4）承包人有 16.2.1 款（4）条违约情形的，发包人有权要求承包人返工并由承包人承担返工损失，工期不得顺延。

（5）承包人有 16.2.1 款（5）条违约情形的，承包人自行承担由此发生的费用，并赔偿发包人有关的损失，且延误的工期不得顺延。

（6）承包人有 16.2.1 款（6）条违约情形的，发包人将处以违规分包行为的承包人合同金额 5% 且不少于 10 万元的违约金。

（7）承包人在本工程项目的实施过程中，必须保证施工现场的安全，发生因承包人自身原因造成的安全事故，由承包人自行负责。

本工程涉及违约金均应累计，其承担的违约金由发包人从履约保证金中扣除，不足部分从未支付的工程款中予以扣减。

16.2.3　因承包人违约解除合同

关于承包人违约解除合同的特别约定：解除合同后，履约保证金不予退还，自通知解除合同之日起无条件退场，已完工程量不予计价。

发包人继续使用承包人在施工现场的材料、设备、临时工程、承包人文件和由承包人或以其名义编制的其他文件的费用承担方式:<u>不采用</u>。

17.不可抗力

17.1　不可抗力的确认

除通用合同条款约定的不可抗力事件之外,视为不可抗力的其他情形:<u>不采用</u>。

17.4　因不可抗力解除合同

合同解除后,发包人应在商定或确定发包人应支付款项后　<u>28</u>　日内完成款项的支付。

18.保险

18.1　工程保险

关于工程保险的特别约定:<u>本工程各项保险由承包人自行足额投保,保险费已包含在相应的投标报价中</u>。

18.3　其他保险

关于其他保险的约定:<u>由承包人负责,已包含在相应的投标报价中</u>。

承包人是否应为其施工设备等办理财产保险:<u>承包人应为其施工设备等办理财产保险</u>。

18.7　通知义务

关于变更保险合同时的通知义务的约定:<u>按通用条款执行</u>。

20.争议解决

20.3　争议评审

合同当事人是否同意将工程争议提交争议评审小组决定:<u>否</u>。

20.3.1　争议评审小组的确定

争议评审小组成员的确定:<u>不采用</u>。

选定争议评审员的期限:<u>不采用</u>。

争议评审小组成员的报酬承担方式:<u>不采用</u>。

其他事项的约定:<u>不采用</u>。

20.3.2　争议评审小组的决定

合同当事人关于本项的约定:<u>不采用</u>。

20.4　仲裁或诉讼

因合同及合同有关事项发生的争议,按下列第　<u>2</u>　种方式解决:

(1)向　<u>/</u>　仲裁委员会申请仲裁;

(2)向<u>项目所在地人民法院</u>起诉。

21.补充条款

21.1　本合同正本两份,具有同等效力,由发包人、承包人分别保存一份。

双方约定本合同副本份数:<u>副本六份,发包人五份,承包人一份。副本与正本具有同等法律效力</u>。

21.2　工程竣工结算报送审计单位审计时,基本审计费和审减工程造价金额在报送金额5%(含5%)内的审计费由发包人承担,审减金额超过报送金额5%以上的审减费用由承包人负责。

21.3　为做到文明施工、规范管理,承包人必须设置办公生活区,费用由承包人承担。安全文明施工的专项协议双方另行签订。

21.4　承包人应在施工中注意排查地下管线,做到安全文明施工。发现地下管网等不安全隐患时,应采取措施加以保护。对突发隐患险情应积极组织力量排危抢险,同时联络有关单位施救并及时通报监理单位和发包人。

21.5　挂靠、转包、分包、农民工工资

(1)本工程除暂定部分及承包人无专项资质经发包人事先书面同意外,承包人不得部分或全部转让其应履行的合同义务,更不得转包和违规分包。

(2)发包人发现承包人违规分包,承包人须立即纠正;发包人有权对拒不纠正违规分包行为的承包人收取合同金额5%且不少于10万元的违约金。

(3)对承包人的挂靠(指承包人允许他人以承包人名义承担本合同项目)和违规转包,一旦构成事实,发包人除有权向承包人收取合同金额10%的违约金外,还有权部分或全部终止合同;承包人须立即无条件退场,并承担由此给发包人造成的损失。

(4)承包人应加强对招聘劳务工的管理,积极配合公安机关对外来暂住人口的管理,主动加强与当地公安机关的联系。承包人应指定专人对劳务工本着来者登记、走者注销的原则进行动态管理,对劳务工凭本人居民身份证原件进行登记。如在公安机关或发包人的检查中每发现一次承包人对劳务工没有登记或登记与现场用工不符的,承包人向发包人支付违约金5 000元。

21.6　承包人协助发包人办理施工许可证及其他施工所需证件、批件和临时用地、停水、停电、中断道路交通等的申请批准手续。

承包人应遵守政府有关主管部门对施工场地交通、施工噪声以及环境保护和安全生产等的管理规定,按规定办理有关手续并承担费用,并以书面形式通知发包人。

21.7　承包单位若无正当理由不执行发包人和监理单位工程师指令的,可进行经济处罚。

21.8　在工程实施中,如果初次验收不合格,再次验收时,项目经理必须到场;再次不合格,第三次验收时,承包人的法定代表人(或经工程师同意的情况下法定代表人的授权人)必须到场。

21.9　合同签署约定

以上所有合同条款均为暂定合同条款,具体合同条款内容由招标人与中标人协商签订。

第五章　工程量清单

各投标人在××市公共资源交易网上下载。

第六章　图纸

本工程图纸为电子格式,各投标人在××市公共资源交易网上下载。

第七章　技术标准和要求

按国家、行业、地方的现行规范、标准及文件执行。

第八章　投标文件格式

一、投标函部分

　　　　　　　　　　　　　（项目名称）施工招标

投　标　文　件

投标函部分

投标人：＿＿＿＿＿＿＿＿＿（盖单位公章）
法定代表人或其委托代理人：＿＿＿＿＿＿（签字）
＿＿＿＿年＿＿＿＿月＿＿＿＿日

目　录

（一）投标函及投标函附录
（二）法定代表人身份证明及授权委托书
（三）投标保证金

（一）投标函及投标函附录
投标函

＿＿＿＿＿＿＿＿＿（招标人名称）：

　　1.我方已仔细研究了＿＿＿＿＿＿＿＿＿（项目名称）施工招标文件的全部内容,愿意以人民币(大写)＿＿＿＿＿＿＿＿＿(￥＿＿＿＿＿＿＿＿＿)的投标总报价,其中安全文明施工费暂定金额为人民币＿＿＿＿＿＿。该工程项目经理为＿＿＿＿＿＿,工期＿＿＿＿日历天。按合同约定实施和完成承包工程,修补工程中的任何缺陷,工程质量达到＿＿＿＿＿＿。

　　2.我方承诺在投标有效期内不修改、撤销投标文件。

3.随同本投标函提交投标保证金一份,金额为人民币(大写)_____(¥_____)。

4.如我方中标:

(1)我方承诺在收到中标通知书后,在中标通知书规定的期限内与你方签订合同。

(2)随同本投标函递交的投标函附录属于合同文件的组成部分。

(3)我方承诺按照招标文件规定向你方递交履约担保。

(4)我方承诺在合同约定的期限内完成并移交全部合同工程。

5.我方在此声明,所递交的投标文件及有关资料内容完整、真实和准确,且不存在第二章"投标人须知"第 1.4.3 项规定的任何一种情形。同时我方承诺接受招标文件及附件、答疑及补遗通知中所有的内容。

6._____(其他补充说明)。

投　标　人:_____

(盖单位章)

法定代表人或其委托代理人:_____(签字)

地　址:_____

网　址:_____

电　话:_____

传　真:_____

邮政编码:_____

_____年____月____日

投标函附录

序号	条款名称	合同条款号	约定内容	备注
1	项目经理	1.1.2.4	姓名:_____	
2	工期	1.1.4.3	天数:____日历天	
3	缺陷责任期	15.2	24 个月	
		……	……	
	……	……	……	

投　标　人:_____(盖单位公章)

法定代表人或其委托代理人:_____(签字)

（二）法定代表人身份证明及授权委托书
法定代表人身份证明

投标人名称：＿＿＿＿＿＿＿＿＿＿＿＿＿＿＿＿＿

单位性质：＿＿＿＿＿＿＿＿＿＿＿＿＿＿＿＿＿＿＿

地址：＿＿＿＿＿＿＿＿＿＿＿＿＿＿＿＿＿＿＿＿＿

成立时间：＿＿＿年＿＿＿月＿＿＿日

经营期限：＿＿＿＿＿＿＿＿＿＿＿＿＿＿＿＿＿＿＿

姓名：＿＿＿＿＿　性别：＿＿＿＿　年龄：＿＿＿＿＿　职务：＿＿＿＿＿

系＿＿＿＿＿＿＿＿＿＿（投标人名称）的法定代表人。

特此证明。

附法定代表人身份证正、反面复印件

投标人：＿＿＿＿＿（盖单位公章）

＿＿＿＿＿年＿＿＿月＿＿＿日

注：法定代表人身份证明需按上述格式填写完整，不可缺少内容。在此基础上增加内容不影响其有效性。

授权委托书

本人＿＿＿＿＿＿＿（姓名）系＿＿＿＿＿＿＿＿＿＿＿（投标人名称）的法定代表人，现委托＿＿＿＿＿＿＿＿（姓名）为我方代理人。代理人根据授权，以我方名义签署、澄清、说明、补正、递交、撤回、修改＿＿＿＿＿＿＿＿＿＿＿（项目名称）施工投标文件、签订合同和处理有关事宜，其法律后果由我方承担。

委托期限：＿＿＿＿＿＿＿＿＿＿＿＿＿＿＿。

代理人无转委托权。

附：法定代表人身份证明。

投　标　人：＿＿＿＿＿＿＿＿＿＿＿＿＿＿（盖单位公章）

法定代表人：＿＿＿＿＿＿＿＿＿＿＿＿＿＿（签字或盖章或签章）

身份证号码：＿＿＿＿＿＿＿＿＿＿＿＿＿＿

委托代理人：＿＿＿＿＿＿＿＿＿＿＿＿＿＿（签字）

身份证号码：＿＿＿＿＿＿＿＿＿＿＿＿＿＿

附法定代表人身份证正、反面复印件

附授权代理人身份证正、反面复印件

＿＿＿年＿＿月＿＿日

注：1.法定代表人参加投标活动并签署文件的不需要授权委托书，只需提供法定代表人身份证明；非法定代表人参加投标活动及签署文件的除提供法定代表人身份证明外还须提供授权委托书。

2.法定代表人身份证明及授权委托书原件需手持一份开标现场递交。

（三）投标保证金

1.投标保证金汇款凭证复印件

2.企业基本账户开户许可证复印件

二、商务部分

_____（项目名称）施工招标

投 标 文 件

商 务 部 分

投标人：_____（盖单位公章）

法定代表人或其委托代理人：_____（签字）

_____年____月____日

目 录

（一）投标人现场踏勘

（二）已标价工程量清单

三、技术部分

目 录

［目录由投标人自行编制］

施工组织设计

1.投标人编制施工组织设计的要求：编制时应采用文字并结合图表形式说明施工方法；拟投入本标段的主要施工设备情况、拟配备本标段的试验和检测仪器设备情况、劳动力计划等；结合工程特点提出切实可行的工程质量、安全生产、文明施工、工程进度、技术组织措施，同时应对关键工序、复杂环节重点提出相应技术措施,如冬雨季施工技术、减少噪声、降低环境污染、地下管线及其他地上地下设施的保护加固措施等。

2.施工组织设计除采用文字表述外可附下列图表,图表及格式要求附后。

附表一　拟投入本标段的主要施工设备表

附表二　拟配备本标段的试验和检测仪器设备表

附表三　劳动力计划表

附表四　计划开、竣工日期和施工进度网络图

附表五　施工总平面图

附表六　临时用地表

本章小结

本章对建设工程项目招标进行了详细阐述。主要介绍了工程发承包方式;建筑市场的概念、建筑市场的主体和客体、建筑市场的资质管理;建设工程招标的方式、范围和程序;建设工程招标人的主要工作;建设工程招标文件的组成及编制。

习　题

一、单选题

1.招标文件发售的时间不得少于(　　)。

　　A.3 日　　　　　　B.5 日　　　　　　C.3 个工作日　　　　　D.5 个工作日

2.根据《必须招标的工程项目规定》,属于工程建设项目招标范围的工程建设项目,重要设备、材料等货物的采购,单项合同估算价在(　　)人民币以上的,必须进行招标。

　　A.50 万元　　　　B.100 万元　　　　C.150 万元　　　　　D.200 万元

3.招标代理机构在招标人委托的代理范围内组织招投标活动,其代理行为的责任应由(　　)承担。

　　A.招标人　　　　B.投标人　　　　C.招标代理机构　　　D.评标委员会

4.招标项目需要编制标底的,一个工程只能编制(　　)标底。

　　A.1 个　　　　　B.2 个　　　　　C.3 个　　　　　　　D.4 个

5.如果招标人改变招标范围,应在投标截止日期至少(　　)前以书面形式通知所有招标文件的收受人。

　　A.10 日　　　　　B.15 日　　　　　C.20 日　　　　　　D.25 日

6.资格后审是在(　　)对投标人资格进行审查。

　　A.开标后　　　　　　　　　　　B.发放招标文件前

C.开标后评标前   D.评标时

7.依法必须进行招标的项目提交资格预审申请文件的时间,自资格预审文件停止发售之日起不得少于( )。

A.5 日   B.3 日   C.20 日   D.15 日

8.通过资格预审的申请人少于( )个的应当重新招标。

A.1   B.2   C.3   D.5

9.潜在投标人对招标文件有异议的,应当在投标截止时间前( )日提出,招标人应在( )日内作出答复。

A.3   3   B.15   5   C.10   3   D.2   3

10.依法必须进行招标的项目,自招标文件开始发出之日起至投标人提交投标文件截止之日止,最短不得少于( )日。

A.10   B.15   C.20   D.25

二、多选题

1.下列哪些选项是必须进行招标的条件?( )

A.涉及国家机密的工程

B.全部或者部分使用国有资金投资或者国家融资的项目

C.使用国际组织或者外国政府贷款、援助资金的项目

D.大型基础设施、公用事业等关系社会公共利益、公众安全的项目

E.项目技术难度高的工程

2.建设工程施工招标的必备条件有( )。

A.具备招标所需的设计图纸和技术资料

B.招标范围和招标方式已确定

C.招标人已经依法成立

D.已经选好监理单位

E.资金全部落实

3.《招标投标法》规定,建设工程招标方式有( )。

A.公开招标   B.议标   C.国际招标   D.邀请招标

E.直接发包

4.招标文件应包含的主要内容有( )。

A.投标人须知   B.图纸

C.投标函的格式及附录   D.合同的主要条款

E.已标价工程量清单

5.资格预审的主要方法有( )。

A.有限数量制   B.综合评估法

C.最低价法   D.合格制

E.初步评审法

三、简答题

1.在什么情况下,经批准可以进行邀请招标?

2.请简述工程招标的程序。

3.建设工程招标有哪几种方式?各有何优缺点?

四、案例分析

某办公楼工程全部由政府投资兴建。该项目为该市建设规划的重点项目之一,且已列入地方年度投资计划,施工图纸及相关技术资料等已经完成。现决定对该项目进行公开招标。因估计除本市施工企业参加投标外,还可能有外省市施工企业参加。故招标人委托咨询机构编制了两个标底,准备分别用于对本市和外省市施工企业标价的评定。招标人在公开媒体上发布资格预审公告。最终有 A、B、C、D、E 5 家承包商通过了资格预审。根据招标公告的规定,招标人于 4 月 5—7 日发放招标文件。到招标文件所规定的投标截止日 4 月 20 日 16 时之前,这 5 家承包商均按规定时间提交了投标文件和投标保证金 90 万元。

问题:在该项目的招标过程中哪些方面不符合招标投标的相关规定?并说明理由。

第 3 章　建设工程施工投标

【教学目标】

通过本章的学习,熟悉投标的一般程序,掌握投标文件的编制,了解投标人应做的工作。

【教学要求】

能力目标	知识要点	权　重
懂投标的程序	投标的一般程序	25%
会进行投标文件的编制	投标文件的编制及应注意的问题,特别是投标报价的编制	50%
了解投标人的工作内容	投标人的工作内容及应注意的问题	25%

3.1　建设工程施工投标的程序及内容

建设工程投标是指投标人(或承包人)根据所掌握的信息,按照招标人的要求,参与投标竞争,以获得建设工程承包权的法律活动。

建设工程投标行为实质上是参与建筑市场竞争的行为,是众多投标人综合实力的较量,投标人通过竞争取得建设工程承包权。

3.1.1　建设工程施工投标步骤

已经取得投标资格并愿意投标的投标人,可按下述工作程序进行投标:

①投标人根据招标公告或投标邀请书跟踪招标信息,向招标人提出报名申请,并提交有关资料;

②接受招标人资格审查(如果是资格预审);

③购买招标文件;

④参加现场踏勘(如果招标人组织),并对有关疑问提出询问;

⑤参加标前准备会;

⑥编制投标文件,投标文件一定要对招标文件的要求和条件作出实质性响应;

⑦递交投标文件;

⑧参加开标会议;

⑨接收中标通知书(如果中标接收中标通知书,如果未中标接收中标结果通知书),与招标人签订合同。

3.1.2　建设工程投标的主要工作内容

1)投标决策概述

施工企业通过投标取得项目,是市场经济条件下的必然。但是,作为施工企业来讲,并不是每标必投,因为施工企业想在投标中获胜,既要中标得到承包工程,又要从承包工程中盈利,就需要研究投标决策的问题。所谓投标决策,包括 3 个方面的内容:其一,针对项目招标决定投标或不投标;其二,倘若投标,是投什么性质的标;其三,投标中如何采用"以长制短、以优胜劣"的策略和技巧。投标决策的正确与否,关系到能否中标和中标后的效益,关系到施工企业的发展前景和职工的经济利益。因此,施工企业的决策班子必须充分认识到投标决策的重要意义,把这一工作摆在企业的重要议事日程上。

2)成立投标团队

投标团队成员包括经营管理类人才、专业技术类人才、财经类人才。

3)参加资格预审,购买招标文件并进行分析

投标人按照招标公告或投标邀请函的要求向招标人提交相关资料。资格预审通过后,购买招标文件。

招标文件是投标的主要依据,因此应仔细地进行研究和分析。研究招标文件,重点应放在投标人须知、评标办法、合同条款、工程量清单、图纸以及技术标准和要求上,最好有专人或小组研究技术规范和图纸,弄清其特殊要求。

(1)全面分析和正确理解招标文件

招标文件是招标人对投标人的要约邀请文件,它几乎包括了全部合同文件。它所确定的招标条件、评标办法、合同条款等是投标人制订实施方案、报价的依据,也是双方商谈的基础。投标人对招标文件有如下责任:

①一般合同都规定,投标人对招标文件的理解负责,必须按照招标文件的各项要求报价、投标和施工。投标人必须全面分析和正确理解招标文件,弄清业主的意图和要求,由于对招标文件理解错误造成实施方案和报价的失误则由投标人自己承担。

投标人对招标文件作出的推论、解释和结论,招标人概不负责;招标人对向投标人提供的参考资料和数据,并不保证是否准确地反映现场的实际状况。

②投标人在递交投标文件前被视为已对规范、图纸进行了检查和审阅,对其中可能的错误、矛盾或缺陷应在标前答疑会上向招标人提出,或以书面形式询问。对其中明显的错误,如果投标人没有提出,则可能要承担相应的责任。按照招标规则和诚实信用原则,招标人应作出公开、明确的答复,这些书面答复作为对这些问题的解释,具有法律约束力。投标人切不可随意理解招标文件,导致盲目投标。

（2）招标文件分析工作

投标人购买招标文件后,通常应先进行总体检查,重点是查看招标文件的完备性。一般要对照招标文件目录检查文件是否齐全,是否有缺页,对照图纸目录检查图纸是否齐全,然后分以下3个部分进行全面分析。

①投标人须知分析。通过分析不仅要掌握招标条件、招标过程、评标的规则和各项要求,对投标报价工作作出具体安排,还要了解投标风险,以确定投标策略。

②工程技术文件分析。进行图纸会审、工程量复核以及图纸和规范中的问题分析,从中了解工程项目范围、技术要求和质量标准。在此基础上编制施工组织计划,确定劳动力的安排,进行材料、设备的分析,制订实施方案,进行询价。

③合同条款评审。评审的对象是合同协议书和合同条款。从合同管理的角度,招标文件分析最重要的工作是合同评审。合同评审是一项综合的、复杂的、技术性很强的工作。它要求合同管理者必须熟悉合同相关的法律、法规,精通合同条款,对工程环境有全面的了解、有合同管理的实际工作经验和经历。

4) 标前调查、现场踏勘及标前答疑会

这是投标前极其重要的一步准备工作。作为投标人,一定要对项目和周边环境有详细的调查和了解,对招标文件存在的问题进行质疑,由招标人通过答疑会澄清,以便投标人准确地把握项目,进行投标文件的编制。

（1）投标前调查与现场踏勘

如果在投标决策的前期阶段对拟踏勘地区进行了较为深入的调查研究,则拿到招标文件后就只需进行有针对性的补充调查;否则,应进行全面的调查研究。

现场踏勘主要是指到项目现场进行考察,招标人应在招标文件中注明是否组织现场踏勘及踏勘的时间和地点。

即使招标人不组织现场踏勘,投标人也应自行前往踏勘,现场踏勘是投标人必须经过的投标程序。因为按照国际惯例,投标人提出的报价一般被认为是在现场踏勘的基础上进行编制的。一旦提交投标文件,投标人就无权因为现场踏勘不周、情况了解不细或因素考虑不全面而提出修改投标文件、调整报价或补偿等要求。

现场踏勘之前,应先仔细研究招标文件,特别是文件中的工作范围、专用条款,以及设计图纸和说明,然后拟订调研提纲,确定重点要解决的问题,做到事先有准备,因为有时招标人只组织投标人进行一次现场踏勘。现场踏勘费用均由投标人自己承担。

知识链接

> 进行现场踏勘一般应从下述 5 个方面调查了解：
> ①工程的性质以及与其他工程之间的关系；
> ②投标人所投标的部分与其他承包人或分包人之间的关系；
> ③工地地貌、地质、气候、交通、电力、水源等情况，有无障碍物等；
> ④工地附近的住宿条件、料场开采条件、其他加工条件、设备维修条件等；
> ⑤工地附近治安情况。

（2）参加标前答疑会

标前答疑会是投标人与招标人的又一次重要接触，招标人将对投标人提出的问题进行澄清，并以书面形式通知所有购买投标文件的投标人。该澄清内容为招标文件的组成部分，具有约束作用。

①对招标文件分析发现的问题、矛盾、错误、不清楚的地方以及含义不明确的内容，招标人需在澄清会议上作出答复、解释或说明。

②招标人对投标人提出的问题进行解释和说明，但并不对解释的结果负责。组织标前答疑会的时间至少应在投标截止日 15 日以前进行。

③招标文件的澄清、修改、补充等内容均以书面形式进行明确。当招标文件的澄清、修改、补充等对同一内容的表述不一致时，则以最后发出的书面文件为准。

④为使投标人在编制投标文件时有充分的时间对招标文件的澄清、修改、补充等内容考虑进去，招标人可酌情延长提交投标文件的截止时间。

5) 复核工程量

对于招标文件中的工程量清单，投标人一定要进行校核，因为它直接影响投标报价及中标机会。例如，当投标人大体上确定了工程总报价之后，对某些项目工程量估计可能增加的，可以提高单价；而对某些项目工程量估计会减少的，可降低单价。如发现工程量有重大出入的，特别是漏项的，必要时可找招标人核对，要求招标人认可并给予书面证明，这对固定总价合同尤为重要。

6) 编制施工组织设计

施工组织设计对于投标报价的影响很大。在投标过程中，投标人应根据招标文件和对现场的勘察情况，采用文字合并图表的形式来编制全面的施工组织设计。施工组织设计的内容，一般包括施工方案及技术措施、质量保证措施，施工进度计划，施工安全措施、文明施工措施，施工机械、材料、设备和劳动力计划，以及施工总平面图、项目管理机构等。编制施工组织设计的原则是在保证工期和工程质量的前提下，使成本最低、利润最大。

（1）选择和确定施工方法

根据工程类型，研究可采用的施工方法。对于一般的房屋建筑工程，可结合已有的施工机械及工人技术水平来选定实施方法,努力做到节省开支,加快进度。对于大型复杂工程,则要考虑几种施工方案,进行综合比较。如水利工程中的施工导流方式对工程造价及工期均有很大影响,投标人应结合施工进度计划及能力进行研究确定。又如地下工程(开挖隧洞或洞室),则要进行地质资料分析,确定开挖方法(用掘进机还是钻孔爆破法等),确定支洞、斜井、竖井的数量和位置,以及出渣方法、通风方式等。

(2)选择施工设备和施工设施

一般与施工方法同时进行选择,根据施工方法来选择设备和施工设施。在工程投标报价中还要不断进行施工设备和施工设施的比较,利用旧设备还是采购新设备,在国内采购还是在国外采购;需对设备的型号、配套、数量(包括使用数量和备用数量)进行比较,还应研究哪些类型的机械可以租赁,对于特殊的、专用的设备其折旧率需要进行单独考虑;订货设备清单中还应考虑辅助和修配机械以及备用零件,尤其是订购外国机械时应特别注意这一点。

(3)施工进度计划

编制施工进度计划应紧密结合施工方法和施工设备。施工进度计划中应提出各时段应完成的工程量及限定日期。施工进度计划是采用网络进度计划还是横道图进度计划,根据招标文件要求确定。

7)投标报价的编制

现阶段,我国编制投标报价的方法主要有定额计价法和清单计价法两种,且处于两种方法并存,并逐步向清单计价法过渡的时期。下面着重介绍清单计价模式下投标报价的编制。

①投标报价应根据招标文件中的有关计价要求进行编制。

②工程量清单中的每一子目须填入单价或价格,且只允许有一个报价。

③工程量清单中标价的单价或金额,应包括所需人工费、材料费、施工机械使用费和管理费及利润,以及一定范围内的风险费用。所谓"一定范围内的风险"是指合同约定的风险。

④已标价工程量清单中投标人没有填入单价或价格的子目,其费用视为已分摊在工程量清单中其他已标价的相关子目的单价或价格之中。

⑤"投标报价汇总表"中的投标总价由分部分项工程费、措施项目费、其他项目费、规费和税金组成,并且"投标报价汇总表"中的投标总价应与构成已标价工程量清单的分部分项工程费、措施项目费、其他项目费、规费、税金的合计金额一致。

8)投标文件成稿

投标团队汇总所有投标文件,按照招标文件的规定整理成稿,并检查有无遗漏和瑕疵。

9)投标文件的装订和密封

对已经成稿的投标书进行装订成册,按照商务标和技术标分开装订。为了保守商业秘密,应该在商务标密封前由企业领导手工填写决策后的最终投标报价。

10)递交投标文件、保证金,参加开标会

《招标投标法》规定:"投标截止时间即是开标时间。"为了投标顺利,通常的做法是在投标截止时间前1~2小时递交投标文件和投标保证金,然后准时参加开标会议。

3.2　建设工程施工投标报价

建设工程施工投标报价是建设工程投标活动的重要内容和核心环节。投标人的投标报价是招标人选择中标人的主要标准,也是招标人与中标人就工程标价进行谈判的基础。另外,投标报价的高低直接影响能否中标和中标后能否盈利。

3.2.1　投标报价的主要依据

一般来说,投标报价的主要依据包括以下 9 个方面:

①施工图;

②招标工程量清单;

③合同条件;

④相关的法律法规;

⑤本工程施工组织设计;

⑥施工规范和施工说明书;

⑦工程材料设备的价格及运费;

⑧劳务工资标准;

⑨当地的物价水平。

除了依据上述内容以外,投标报价还应考虑各种相关的间接费用。

3.2.2　投标报价的步骤

做好投标报价工作,应对招标文件有系统而完整的理解,从合同条件到技术规范、工程设计图纸,从招标工程量清单到具体投标书和报价单的要求,都要严肃认真对待,其一般步骤为:

①熟悉招标文件,对工程项目进行调查与现场考察;

②结合工程项目的特点、竞争对手的实力和本企业的自身状况、经验、习惯,制订投标策略;

③核算招标项目实际工程量;

④编制施工组织设计;

⑤考虑工程承包市场的行情,以及人工、材料、机械供应的费用,计算分项工程直接费;

⑥分摊项目费用编制单价分析表;

⑦计算投标基础价;

⑧根据企业的施工管理水平、工程经验与信誉、技术能力与机械装备能力、财务应变能力、抵御风险的能力、降低工程成本增加经济效益的能力,进行获胜分析、盈亏分析;

⑨提出备选投标报价方案;

⑩编制出合理的投标报价,以争取中标。

3.2.3　投标报价的方法

这里着重介绍清单计价模式下投标报价的方法。

在工程量清单投标报价法中,除了《建设工程工程量清单计价规范》(GB 50500—2013)的强制性规定外,投标价由投标人自主确定,但不得低于成本价。

投标人应按照招标人提供的工程量清单填报价格。填写的项目编码、项目名称、项目特征、计量单位、工程量必须与招标人提供的一致。

采用工程量清单报价法编制的投标总价,应与分部分项工程费、措施项目费、其他项目费和规费、税金的合计金额一致。

采用工程量清单计价,投标总价由分部分项工程费、措施项目费、其他项目费、规费和税金组成。

1)分部分项工程费

分部分项工程费应根据《建设工程工程量清单计价规范》(GB 50500—2013)第2.0.8条综合单价的组成内容,按招标文件中分部分项工程量清单项目的特征描述确定综合单价计算。

招标文件中提供了暂估单价的材料,按暂估的单价计入综合单价。

2)措施项目费

措施项目费应按照招标文件中的措施项目清单及投标拟订的施工组织设计或施工方案,按《建设工程工程量清单计价规范》(GB 50500—2013)第4.3.2条的规定自主确定。其中,安全文明施工费应按照《建设工程工程量清单计价规范》(GB 50500—2013)第3.1.5条的规定确定。

3)其他项目费

其他项目费应按下述规定报价:

①暂列金额应按招标人在其他项目清单中列出的金额填写;

②材料暂估价应按招标人在其他项目清单中列出的单价计入综合单价,专业工程暂估价应按招标人在其他项目清单中列出的金额填写;

③计日工按招标人在其他项目清单中列出的项目和数量,自主确定综合单价并计算计日工费用;

④总承包服务费根据招标文件中列出的内容和提出的要求自主确定。

4)规费和税金

规费和税金应按《建设工程工程量清单计价规范》(GB 50500—2013)第3.1.6条的规定确定。

知识链接

3.3　建设工程施工投标策略与技巧

建设工程投标报价的策略与技巧,是建设工程投标活动中的另一个重要方面。采用一定的策略和技巧,既可增加投标的中标率,又可获得较高的期望利润。

3.3.1　投标的策略

当投标人确定要对某一具体工程投标后,就需采取一定的投标策略,以达到提高中标机会,中标后又能获得更多盈利的目的。常见的投标策略有以下几种:

①靠提高经营管理水平取胜。做好施工组织设计,采用合理的施工技术和施工机械,精心采购材料、设备,选择可靠的分包单位,安排紧凑的施工进度,力求节省管理费用等,从而有效地降低工程成本而获得较高的利润。

②靠改进设计和缩短工期取胜。仔细研究设计图纸,发现有不合理之处,提出能降低造价的修改设计建议,以提高对发包人的吸引力。另外,靠缩短工期取胜,即比规定的工期有所缩短,使发包人能早投产、早收益,有时甚至标价稍高,对发包人也是很有吸引力的。

③低利策略。这主要适用于承包任务不足时,与其坐吃山空,不如以低利承包到一些工程,还能维持企业运转。此外,承包人初到一个新的地区,为了打入这个地区的承包市场、建立信誉,往往也采用这种策略。

④加强索赔管理。有时虽然报价低,却着眼于施工索赔,同样能赚到高额利润。

⑤着眼于发展。为争取将来的优势,而宁愿目前少盈利。例如,承包人为了掌握某种有发展前途的工程施工技术(如建造核电站的反应堆或海洋工程等),就可能采用这种策略,这是一种比较有远见的策略。

特别提示

以上这些策略不是互相排斥的,可根据具体情况,综合、灵活运用。

3.3.2 投标技巧

投标策略一经确定,就要具体反映到报价上,但是报价也有技巧。投标策略和报价技巧必须相辅相成。

在报价时,对什么工程定价应高,什么工程定价可低,或在一个工程中,在总价无多大出入的情况下,哪些单价宜高,哪些单价宜低,都有一定的技巧。技巧运用的好与坏、得当与否,在一定程度上可以决定工程能否中标或盈利。因此,报价是不可忽视的一个环节,下面是一些可供参考的做法。

1) 根据不同的项目特点采用不同的报价

对施工条件差的工程(如场地窄小或地处交通要道等)、造价低的小型工程、自己施工有专长的工程以及由于某些原因自己不想干的工程,报价可高一些;对结构比较简单而工程量又较大的工程(如成批住宅区和大量土方工程等)、短期能突击完成的工程、企业急需拿到任务以及投标竞争对手较多时,报价可低一些。如海港、码头、特殊构筑物等专业性较强的工程项目报价宜高,一般房屋土建工程则报价宜低。

2) 不平衡报价法

不平衡报价法是指在总价基本不变的前提下,如何调整内部各个子项的报价,以期既不影响总报价,又在中标后投标人可以尽早收回垫支于工程中的资金和获取较好的经济效益。但要注意避免畸高畸低现象,避免失去中标机会。通常采用的不平衡报价有下列几种情况:

①早收钱。对能早期结账收回工程款的项目(如土方、基础等),其单价可报以较高价,以利于资金周转;对后期项目(如装饰、电气设备安装等),其单价可适当降低。工程款项的结算一般都是按照工程施工进度进行的,在投标报价时就可以把工程量清单里先完成的工作内容的单价调高,后完成的工作内容的单价调低。尽管后续工程的单价可能会赔钱,但由于在履行合同的前期已收回了成本,减少了内部管理的资金占用,有利于施工流动资金的周转,财务应变能力也得到提高,因此只要保证整个项目最终能够盈利即可。采用这样的报价办法,不仅能平衡和缓解承包商资金压力的问题,还能使承包商在工程发生争议时处于有利地位,因此有索赔和防范风险的意义。如果承包商永远处于收入比支出多的状态下,在出现对方违约或不可控制因素的情况下,主动权就掌握在承包商手中,减轻了承包商现场工作人员的压力,对日后的施工也有利,能够形成一种良性循环。

②多收钱。估计今后工程量可能增加的项目,其单价可提高;而工程量可能减少的项目,其单价可降低。无论是工程量清单有误或漏项,还是设计变更引起新的工程量清单项目或清单项目工程数量的增减,均应按照实际调整。因此,如果投标人在报价过程中判断出招标文件

中工程数量明显不合理,就可以获得多收钱的机会。例如,某工程项目工程量清单列明的数量为1 000 m³,经过对图纸工程量的审核,有绝对把握认为数量应为 1 500 m³,那么此时就可把工程量清单里的单价由 10 元/m³ 提高到 13 元/m³,这样在工程结算时就会比一般的报价赚更多的钱。如果认为工程量清单的工程数量比实际的工程数量要多,实际施工时绝对干不到这个数量,那么就可以把单价报得低一些。这样投标时好像是有损失,但实际上并没完成那么多工作量,就会赔很少的一部分。同样,通过对图纸的审核,如果发现工程设计有不合理的地方,确定通过后期的运作可以进行变更,那么对很有可能发生变更的项目的报价就应作适当调整,以便获得更好的效益。

上述两点要统筹考虑。对于工程量数量有错误的早期工程,如不可能完成工程量表中的数量,就不能盲目抬高单价,需要具体分析后再确定。

③图纸内容不明确或有错误,估计修改后工程量要增加的,其单价可提高;而工程内容不明确的,其单价可降低。

④没有工程量只填报单价的项目(如疏浚工程中的开挖淤泥工作等),其单价宜高。这样既不影响总的投标报价,又可多获利。

⑤对于暂定项目,其实施的可能性大的项目,可定高价;估计该工程不一定实施的,可定低价。

3)扩大标价法

这是一种常用的投标报价方法,即除了按正常的已知条件编制标价外,对工程中风险分析得出的估计损失,采用扩大标价,以增加"不可预见费"的方法来减少风险。这种做法往往会因为总标价过高而失标。

4)逐步升级法

这种投标报价的方法是将投标看作协商的开始,首先对技术规范和图纸说明书进行分析,把工程中的一些难题,如特殊基础等费用最多的部分抛弃(在报价单中加以注明),将标价降至无法与之竞争的数额。利用这种最低标价来吸引招标人,从而取得与招标人商谈的机会,再逐步进行费用最多部分的报价。

5)突然袭击法

这是一种迷惑对手的方法,在整个报价过程中,仍按一般情况进行报价,甚至故意表现自己对该工程的兴趣不大(或甚大),等快到投标截止时,再突然降价(或加价),使竞争对手措手不及。采用这种方法是因为竞争对手们总是随时随地互相侦察着对方的报价情况,绝对保密是很难做到的,如果不突然袭击,你的报价被竞争对手知道后,就会立即修改他们的报价,从而使你的报价偏高而失标。

6)合理低价法

这是承包人为了占领某一市场,或为了在某一地区打开局面,而采取的一种不惜代价只求中标的策略。先低价是为了占领市场,当打开局面后,就会带来更多的工程盈利。如伊拉克的中央银行主楼招标,德国霍夫丝曼公司就以较低标价击败所有对手,在巴格达市中心搞了一个样板工程,成为该公司在伊拉克的橱窗和广告,而整个工程的报价几乎没有分文盈利。

7) 多方案报价法

多方案报价是指投标时,发现工程条款不清楚或要求过于苛刻、工程范围不明确时要充分考虑风险。其具体做法:一是按原工程说明书的合同条款报一个价;二是加以注解。如工程说明书或合同条款可作某些改变时,则可降低多少的费用,再报一个价,以吸引招标人修改说明书和合同条款。

应用案例

某办公楼施工招标文件的合同条款中规定:预付款数额为合同价的30%,开工后3天内支付,上部结构完成一半时一次性全额扣回,工程款按季度支付。某承包人对该项目投标时考虑该工程虽有预付款,但平时工程款按季度支付不利于资金周转,决定除按招标文件的要求报价外,还建议发包人将支付条件改为:预付款数额为合同价的5%,工程进度款按月支付,其余条款不变。你认为该承包人运用了哪一种报价技巧? 运用得是否得当?

【案例评析】

本案例的承包人运用的报价技巧就是多方案报价法,该方法在这里运用得也很恰当,因为承包人的报价既适用于原付款条件,也适用于建议的付款条件。

8) 增加建议方案法

增加建议方案是指在招标文件允许投标人可以修改原设计方案的前提下,投标人组织有经验的技术人员,针对原方案提出自己更为合理的方案或价格更低的方案来吸引招标人,从而提高自己中标的可能性。这种方法要注意:一是建议方案要比较成熟,具有可操作性;二是即使提出了建议方案,对原招标方案也一定要进行报价。

知识链接

多方案报价法和增加建议方案法的区别:前者由投标人提出,后者由招标人在招标文件中规定允许增加建议;前者针对招标文件条款,后者针对原设计方案;相同的是二者变动前后都要报价。它们的关键区别如下所述:

① 多方案报价法为修改合同内容的报价方法。

② 增加建议方案法为修改施工图的报价方法。

应用案例

某投标人通过资格预审后,对招标文件进行了仔细分析,发现招标人提出的工期要求过于苛刻,且合同条款中规定每拖延1天工期罚合同价的1/1 000。若要保证实现该工期要求,必须采取特殊措施,从而大大增加了成本;同时还发现原设计结构方案采用框架剪力墙结构体系过于保守。因此,该投标人在投标文件中说明招标人的工期要求难以实现,因而按自己认为的合理工期(比招标人要求的工期增加6个月)编制施工进度计划并据此报价;还建议将框架剪力墙结构体系改为框架结构体系,并对这两种结构体系进行了技术经济分析和比较,证明框架结构体系不仅能保证工程结构的可靠性和安全性、增加使用面积、提高空间利用的灵活性,而且可降低造价约 3%。该投标人将技术标和商务标分别封装,在封口处加盖本单位公章和项目经理签字后,在投标截止日期前 1 天上午将投标文件报送招标人。次日(即投标截止日当天)下午,在规定的开标时间前 1 个小时,该投标人又递交了一份补充材料,其中声明将原报价降低 4%。但是,招标单位的有关工作人员认为,根据国际上"一标一投"的惯例,一个投标人不得递交两份投标文件,因而拒收该投标人的补充材料。开标会由市招标办的工作人员主持,市公证处有关人员到会,各投标单位代表均到场。开标前,市公证处人员对各投标单位的资质进行审查,并对所有投标文件进行审查,确认所有投标文件均有效后,正式开标。主持人宣读投标单位名称、投标价格、投标工期和有关投标文件的重要说明。

(1)该投标人运用了哪几种报价技巧?其运用是否得当?请逐一加以说明。

(2)从所介绍的背景资料来看,在该项目招标程序中存在哪些问题?请分别作一简单说明。

【案例评析】

本案例主要考核投标人报价技巧的运用,涉及多方案报价法、增加建议方案和突然降价法,还涉及招标程序中的一些问题。多方案报价法和增加建议方案法都是针对招标人的,是投标人发挥自己技术优势、取得招标人信任和好感的有效方法。运用这两种报价技巧的前提均是必须对原招标文件中的有关内容和规定报价,否则被认为对招标文件未作出"实质性响应",而被视为废标。突然降价法是针对竞争对手的,其运用的关键在于突然性,且需保证降价幅度在自己的承受能力范围之内。

本案例关于招标程序的问题仅涉及资格审查的时间、投标文件的有效性和合法性、开标会的主持、公证处人员在开标时的作用。这些问题都应按照《招标投标法》和有关法规的规定回答。

应用案例

某超高、超深的写字楼工程为政府投资项目,于 2021 年 5 月 8 日发布招标公告。招标公告中对招标文件的发售和投标截止时间规定如下:

(1)各投标人于 5 月 17—18 日,每日 9:00—16:00 在指定地点领取招标文件。

(2)投标截止时间为 6 月 5 日 14:00。

对招标作出响应的投标人有 A,B,C,D 以及 E,F 组成的联合体。A,B,C,D,E,F 均具备承建该项目的资格。评标委员会委员由招标人确定,共 8 人组成,其中招标人代表 4 人,有关技术、经济专家 4 人。在开标阶段,经招标人委托的市公证处人员检查了投标文件的密封情况,确认其密封完好后,当众拆封投标文件。招标人宣布有 A,B,C,D 以及 E,F 联合体 5 个投标人投标,并宣读其投标报价、工期、质量标准和其他招标文件规定的唱标内容。其中,A 的投标总报价为 14 320 万元整,其他相关数据见表 3.1。

表 3.1　投标报价表　　　　　　　　　　　　　　　　　　　　　单位:万元

	桩基围护工程	主体结构工程	装饰工程	总价
正式报价	1 450	6 600	6 270	14 320

招标人委托造价咨询机构编制的标底的部分数据见表3.2。

表3.2 标底价

单位:万元

	桩基围护工程	主体结构工程	装饰工程	总价
标底价	1 320	6 100	6 900	14 320

评标委员会按照招标文件中确定的评标标准对投标文件进行评审与比较,并综合考虑各投标人的优势,评标结果为:各投标人综合得分从高到低的顺序依次为A,D,B,C以及E,F联合体。评标委员会由此确定A为中标人,其中标价为14 320万元人民币。由于A为外地企业,招标人于6月7日以挂号方式将中标通知书寄出,A于6月11日收到中标通知书。

此后,自6月13日—7月3日招标人又与中标人A就合同价格进行了多次谈判,中标人A在正式报价的基础上又下调了200万元,最终双方于7月9日签订了书面合同。

请简述什么是不平衡报价法,投标人A的报价是否属于不平衡报价?请评析评标委员会接受A投标人运用的不平衡报价法是否恰当。逐一指出在该项目的招标投标中,哪些方面不符合《招标投标法》的有关规定?

【案例评析】

(1)不平衡报价法是指在估价(总价)不变的前提下,调整分项工程的单价,以达到较好收益目的的报价策略。其基本原则是:对前期工程、工程量可能增加的工程(由于图纸深度不够)、计日工等,在正式报价时将所估单价上调,反之则下调,以便在工程前期尽快收到较多的工程款,或者最终获得较多的工程款。但单价调整时不能波动过大,一般来说,除非承包人对某些分项工程具有特别优势,单价调整幅度不宜超过±10%。在本案例中,参考招标人的标底文件,可以认为A投标人采用了不平衡报价法。表现在其将属于前期工程的桩基围护工程和主体结构工程的单价调高,而将属于后期工程的装饰工程的单价调低,可以在施工的早期阶段收到较多的工程款,从而可以提高其所得工程款的现值。A投标人对桩基围护工程、主体结构工程和装饰工程的单价调整幅度均未超过±10%,在合理范围之内。对于招标人,财政拨付具有资金稳定的特点,不必过分重视资金的时间价值;若投标人在超深、超高项目上具有丰富的施工经验,能很好地履行合同,可考虑接受该不平衡报价。评标委员会接受A投标人运用的不平衡报价法并无不当。

(2)在该项目招标投标中,不符合《招标投标法》规定的情形如下:

①招标文件的发售时间只有2日,不符合《招标投标法实施条例》关于招标文件的发售时间最短不得少于5日的规定。

②招标文件开始发出之日起至投标人提交投标文件截止之日的时间段不符合规定。该工程项目建设使用财政资金,按照《招标投标法》的规定必须进行招标,并满足自招标文件开始发出之日起至投标人提交投标文件截止之日止最短不得少于20日的规定。本案例5月17日开始发出招标文件,至招标公告规定的投标截止时间6月5日,不足20日。

③评标委员会成员组成及人数不符合《招标投标法》规定。《招标投标法》第三十七条规定,依法必须进行招标的项目,其评标委员会由招标人的代表和有关技术、经济等方面的专家组成,成员人数为5人以上单数,其中技术、经济等方面的专家不得少于成员总数的2/3。

④中标通知书发出后，招标人不应与中标人 A 就合同价格进行谈判。《招标投标法》第四十六条规定，招标人和中标人应当自中标通知书发出之日起 30 日内，按照招标文件和中标人的投标文件订立书面合同。招标人和中标人不得再行订立背离合同实质性内容的其他协议。

⑤招标人和中标人签订书面合同的日期不当。《招标投标法》第四十六条规定，招标人和中标人应当自中标通知书发出之日起 30 日内，按照招标文件和中标人的投标文件订立书面合同。本案中标通知书于 6 月 7 日已经发出，双方直至 7 月 9 日才签订了书面合同，已超过法律规定的 30 日期限。

3.4　建设工程施工投标文件的编制与递交

3.4.1　投标文件的组成

建设工程投标人应严格按照招标文件的各项要求编制投标文件。投标文件一般由以下几个部分组成：

①投标函及投标函附录；

②法定代表人身份证明或附有法定代表人身份证明的授权委托书；

③联合体共同投标协议书（如有）；

④投标保证金；

⑤已标价工程量清单；

⑥施工组织设计；

⑦项目管理机构；

⑧拟分包项目情况表；

⑨资格审查表资料；

⑩投标人须知前附表规定应提交的其他资料。

特别提示

> 投标人必须使用招标文件提供的投标文件表格格式，但表格可按同样格式扩展。

3.4.2　编制投标文件

投标文件是投标人参与投标竞争的重要凭证，是评标、定标和订立合同的依据，是投标人素质的综合反映，也是投标人能否取得经济效益的重要决定因素。《招标投标法》第二十七条明确规定："投标人应当按照招标文件的要求编制投标文件。投标文件应当对招标文件提出的实质性要求和条件作出响应。"不能满足任何一项实质性要求的投标文件将被拒绝。实质性要求和条件是指招标文件中有关招标项目的价格、工期、质量标准、合同的主要条款等的约定。因此,响应招标文件的要求是投标文件编制的基本前提。投标人应认真研究、正确理解招标文件的全部内容,并按要求编制投标文件。

1) 编制投标文件的一般步骤

①编制投标文件的准备工作。

a.组织投标班子,确定投标文件编制人员。

b.熟悉招标文件,仔细阅读投标人须知、评标办法等内容。对招标文件、图纸、资料等有不清楚、不理解的地方及时用书面形式向招标人询问、澄清。

c.参加招标人组织的施工现场踏勘和投标预备会。

d.收集现行定额标准、取费标准及各类标准图集,并掌握政策性调价文件。

e.调查当地材料的供应和价格情况。

②实质性响应条款的编制,包括对合同主要条款的响应、对提供资质证明的响应、对所采用技术规范的响应等。

③结合图纸和现场踏勘情况,复核、计算工程量。

④根据招标文件及工程技术规范要求,结合项目施工现场条件编制施工组织设计和投标报价书。

⑤仔细核对、装订成册,并按招标文件的要求进行密封和标识。

2) 编制投标文件应注意的问题

①投标文件应按招标文件规定的格式编写,如有必要,可增加附页,作为投标文件的组成部分。

②投标人对招标文件的理解负责。如果投标人的投标文件不能满足招标文件的要求,责任由投标人自负。业主有权拒绝没有实质性响应招标文件要求的投标文件。

③投标文件正本应用不褪色墨水书写或打印。

④投标文件签署。投标函及投标函附录、已标价工程量清单等内容,应由投标人的法定代表人或其委托代理人签字或盖章。委托代理人签字的,投标文件应附法定代表人签署的授权委托书。全套投标文件应尽量无涂改、行间插字或删除。如出现这些情况,改动之处应加盖单位公章或由投标文件签字人签字确认。

⑤投标文件的装订、密封和标识。投标文件正本与副本应分别装订成册,加贴封条,并在封套的封口处加盖投标人单位章。封面上应标记"正本"或"副本",正本和副本的份数应符合招标文件的规定。投标文件正本与副本都不得采用活页夹,并要求逐页标注连续页码,招标人对由于投标文件装订松散而造成的丢失或其他后果不承担任何责任。正本和副本如有不一致之处,以正本为准。未按招标文件要求密封和标识的投标文件,招标人不予受理。

⑥每位投标人对本合同只能提交一份投标文件,不允许以任何方式参与同一合同的其他投标人的投标。

3.4.3　投标保证金

投标保证金是为了避免因投标人投标后随意撤回、撤销投标或随意变更应承担的相应义务给招标人和招标代理机构造成损失,要求投标人提交的担保。

1) 投标保证金的提交

投标人在提交投标文件的同时,应按招标文件规定的金额、形式、时间向招标人提交投标保证金,并作为投标文件的一部分。

①投标保证金是投标文件的必需要件,是招标文件的实质性要求,投标保证金不足、无效、迟交、有效期不足或者形式不符合招标文件要求等情形,均构成实质性不响应招标文件而被拒绝。

②对于联合体形式投标的,其投标保证金由牵头人提交。

③投标保证金作为投标文件的有效组成部分,其提交时间应与投标文件的提交时间一致,即在投标文件提交截止时间之前送达。投标保证金送达的含义根据投标保证金的形式而异,通过电汇、转账、电子汇兑等形式的应以款项实际到账时间作为送达时间,现金或见票即付的票据形式的则以实际交付时间作为送达时间。

④依法必须进行招标的项目的境内投标单位,以现金或支票形式提交的投标保证金应当从其基本账户转出。

投标保证金的形式一般有:银行保函或不可撤销的信用证;保兑支票;银行汇票;现金支票;现金;招标文件中规定的其他形式。

2) 投标保证金的金额

为避免招标人设置过高的投标保证金额度,《招标投标法实施条例》第二十六条规定:"招标人在招标文件中要求投标人提交投标保证金的,投标保证金不得超过招标项目估算价的2%。投标保证金有效期应当与投标有效期一致。"

3) 投标保证金的没收

有下列情形之一的,招标人不予退还投标人的投标保证金:

①投标人在规定的投标有效期内撤销或修改其投标文件的;

②投标人在收到中标通知书后无正当理由拒绝签订合同协议书或未按招标文件规定提交履约担保的。

4) 投标保证金的退还

《招标投标法实施条例》第五十七条规定,招标人最迟应当在书面合同签订后 5 日内向中标人和未中标的投标人退还投标保证金及银行同期存款利息。

5) 投标保证金的有效期

投标保证金的有效期应当与投标有效期一致。

3.4.4 投标文件的修改与撤回

投标文件的修改是指投标人对投标文件中遗漏和不足的部分进行增补,对已有的内容进行修订。投标文件的撤回是指投标人收回全部投标文件,或放弃投标,或以新的投标文件重新投标。

投标文件的修改或撤回必须在投标文件提交截止时间之前进行。《招标投标法》第二十九条规定:"投标人在招标文件要求提交投标文件的截止时间之前,可以补充、修改或者撤回已提交的投标文件,并书面通知招标人。补充、修改的内容为投标文件的组成部分。"《标准施工招标文件》规定,书面通知应按照招标文件的要求签字或盖章,修改的投标文件还应按照招标文件的规定进行编制、密封、标记和提交,并标明"修改"字样。招标人收到书面通知后,应向投标人出具签收凭证。投标截止时间之后至投标有效期满之前,投标人对投标文件的任何补充、修改,招标人不予接受,撤回投标文件的还将被没收投标保证金。

特别提示

> 《招标投标法实施条例》第三十五条规定:"投标人撤回已提交的投标文件,应当在投标截止时间前书面通知招标人。招标人已收取投标保证金的,应当自收到投标人书面撤回通知之日起5日内退还。招标截止后投标人撤销投标文件的,招标人可以不退还投标保证金。"

3.4.5 投标文件的送达与签收

《招标投标法》第二十八条规定:"投标人应当在招标文件要求提交投标文件的截止时间前,将投标文件送达投标地点。招标人收到投标文件后,应当签收保存,不得开启。投标人少于三个的,招标人应当依照本法重新招标。在招标文件要求提交投标文件的截止时间后送达的投标文件,招标人应当拒收。"

1)投标文件的送达

对于投标文件的送达,应注意以下几个问题:

(1)投标文件的提交截止时间

招标文件中通常会明确规定投标文件的提交时间,投标文件必须在招标文件规定的提交投标文件截止时间之前送达。

(2)投标文件的送达方式

投标人递送投标文件的方式可以是直接送达,即投标人派授权代表直接将投标文件按照规定的时间和地点送达;也可以通过邮寄方式送达,邮寄方式送达应以招标人实际收到时间为准,而不是以"邮戳为准"。

(3)投标文件的送达地点

投标人应严格按照招标文件规定的地址送达。投标人因为提交地点发生错误而逾期送达投标文件的,其投标文件将被招标人拒绝接收。

2) 投标文件的签收

投标文件按照招标文件的规定时间送达后,招标人应签收保存。《工程建设项目施工招标投标办法》第三十八条规定,招标人收到投标文件后,应当向投标人出具标明签收人和签收时间的凭证,在开标前任何单位和个人不得开启投标文件。

3) 投标文件的拒收

如果投标文件没有按照招标文件要求送达,招标人可以拒绝受理。《工程建设项目施工招标投标办法》第五十条规定,投标文件有下列情形之一的,招标人应当拒收:

①逾期送达;

②未按招标文件要求密封。

3.5　投标行为的限制性规定

招标投标活动应当遵循"公开、公平、公正和诚实信用"的原则。禁止投标人以不正当竞争行为破坏招投标活动的公正性,损害国家、社会及他人的合法权益。

①投标人不得相互串通投标报价,不得排挤其他投标人的公平竞争,损害招标人或者其他投标人的合法权益。有下列情形之一的,属于投标人相互串通投标:

a.投标人之间协商投标报价等投标文件的实质性内容;

b.投标人之间约定中标人;

c.投标人之间约定部分投标人放弃投标或者中标;

d.属于同一集团、协会、商会等组织成员的投标人按照该组织要求协同投标;

e.投标人之间为谋取中标或者排斥特定投标人而采取的其他联合行动。

知识链接

《招标投标法实施条例》第四十条规定,有下列情形之一的,视为投标人相互串通投标:

①不同投标人的投标文件由同一单位或者个人编制;

②不同投标人委托同一单位或者个人办理投标事宜;

③不同投标人的投标文件载明的项目管理成员为同一人;

④不同投标人的投标文件异常一致或者投标报价呈规律性差异;

⑤不同投标人的投标文件相互混装;

⑥不同投标人的投标保证金从同一单位或者个人的账户转出。

②投标人不得与招标人串通投标,损害国家利益、社会公共利益或者他人的合法权益。有下列情形之一的,属于招标人与投标人串通投标:

a.招标人在开标前开启投标文件并将有关信息泄露给其他投标人;

b.招标人直接或间接地向投标人泄露标底、评标委员会成员等信息；

c.招标人明示或暗示投标人压低或抬高投标报价；

d.招标人授意投标人撤换、修改投标文件；

e.招标人明示或暗示投标人为特定投标人中标提供方便；

f.招标人与投标人为谋求特定投标人中标而采取的其他串通行为。

③禁止投标人以向招标人或者评标委员会成员行贿的手段谋取中标。

④投标人不得以低于成本的报价竞标。

⑤投标人不得以他人名义投标或者以其他方式弄虚作假,骗取中标。

A.使用通过受让或者租借等方式获取的资格、资质证书投标的,属于以他人名义投标。

B.投标人有下列情形之一的,属于以其他方式弄虚作假的行为:

a.使用伪造、变造的许可证件；

b.提供虚假的财务状况或者业绩；

c.提供虚假的项目负责人或者主要技术人员简历、劳动关系证明；

d.提供虚假的信用状况；

e.其他弄虚作假的行为。

3.6 建设工程施工投标文件

_____ （项目名称）

投标文件

投标人:_____ （盖单位章）

法定代表人或其委托代理人:_____ （签字）

_____年_____月_____日

目　录

一、投标函及投标函附录

（一）投标函

_____（招标人名称）：

1.我方已仔细研究了_____（项目名称）招标文件的全部内容,愿意以人民币（大写）_____（¥_____）的投标总报价,工期_____日历天,按合同约定实施和完成承包工程,修补工程中的任何缺陷,工程质量达到_____。

2.我方承诺在招标文件规定的投标有效期内不修改、撤销投标文件。

3.随同本投标函提交投标保证金一份,金额为人民币（大写）_____（¥_____）。

4.如我方中标：

（1）我方承诺在收到中标通知书后,在中标通知书规定的期限内与你方签订合同。

（2）随同本投标函递交的投标函附录属于合同文件的组成部分。

（3）我方承诺按照招标文件规定向你方递交履约担保。

（4）我方承诺在合同约定的期限内完成并移交全部合同工程。

5.我方在此声明,所递交的投标文件及有关资料内容完整、真实和准确,且不存在第二章“投标人须知”第1.4.2项和第1.4.3项规定的任何一种情形。

6._____（其他补充说明）。

投标人：_____（盖单位章）

法定代表人或其委托代理人：_____（签字）

地址：_____

网址：_____

电话：_____

传真：_____

邮政编码：_____

_____年____月____日

注:投标函出具的日期与授权委托书出具的日期同日或在其之后。

（二）投标函附录

序　号	条款名称	合同条款号	约定内容	备注
1	项目经理	1.1.2.4	姓名：_____	
2	工期	1.1.4.3	天数：_____日历天	
3	缺陷责任期	1.1.4.5	自实际交工日期起计算____年	
4	逾期交工违约金	11.5	____万元/天	
5	逾期交工违约金限额	11.5	____%签约合同价	
6	提前交工的奖金	11.6	不适用	
7	提前交工的奖金限额	11.6	不适用	
8	价格调整的差额计算	16.1	材料合同期内不调价	
9	开工预付款金额	17.2.1	____%签约合同价	
10	材料、设备预付款比例	17.2.1	____%	
11	进度付款证书最低限额	17.3.3(1)	____万元	
12	逾期付款违约金的利率	17.3.3(2)	同期中国人民银行短期贷款利率加手续费	
13	质量保证金限额	17.4.1	____%合同价格	
14	保修期	19.7	自实际交工日期起计算____年	

投标人：_____（盖单位章）

法人代表或其委托代理人：_____（签字）

日　　期：_____年____月____日

二、法定代表人身份证明

投标人名称：＿＿＿＿＿＿＿＿＿＿＿＿＿

单位性质：＿＿＿＿＿＿＿＿＿＿＿＿＿

地址：＿＿＿＿＿＿＿＿＿＿＿＿＿＿＿

成立时间：＿＿＿＿年＿＿＿月＿＿＿日

经营期限：＿＿＿＿＿＿＿＿＿＿＿

姓名：＿＿＿＿（法定代表人亲笔签字）性别：＿＿年龄：＿＿职务：＿＿＿＿

系＿＿＿＿＿＿＿＿＿＿＿＿＿（投标人名称）的法定代表人。

　　特此证明。

附：法定代表人身份证复印件

投标人：＿＿＿＿＿＿＿＿＿＿（盖单位章）

＿＿＿年＿＿月＿＿日

　　注：1.法定代表人的签字必须是亲笔签名，不得使用印章、签名章或其他电子制版签名代替。

　　2.如果由投标人的法定代表人亲自签署投标文件，则不需提交授权委托书，但应经公证机关对法定代表人身份证明中法定代表人的签名、投标人的单位章的真实性作出有效公证后，将原件装订在投标文件的正本之中。公证书出具的日期应与法定代表人身份证明出具的日期同日或在其之后。

　　3.如果由投标人法定代表人的委托代理人签署投标文件，则本页不填写。

授权委托书

　　本人＿＿＿＿＿（姓名）系＿＿＿＿＿＿＿＿＿＿＿（投标人名称）的法定代表人，现委托＿＿＿＿＿（姓名）为我方代理人。代理人根据授权，以我方名义签署、澄清、说明、补正、递交、撤回、修改＿＿＿＿＿＿＿＿＿＿＿（项目名称）投标文件、签订合同和处理有关事宜，其法律后果由我方承担。

　　委托期限：自本授权书签署之日起至投标有效期结束之日止。

　　代理人无转委托权。

附1:法定代表人身份证明

附2:法定代表人及其委托代理人身份证复印件

投标人:＿＿＿＿＿＿＿＿＿＿＿＿（盖单位章)

法定代表人:＿＿＿＿＿＿＿＿＿＿（签字)

身份证号码:＿＿＿＿＿＿＿＿＿＿

委托代理人:＿＿＿＿＿＿＿＿＿＿（签字)

身份证号码:＿＿＿＿＿＿＿＿＿＿

＿＿＿＿年＿＿月＿＿日

注:1.法定代表人必须在授权委托书及附件1法定代表人身份证明上亲笔签名,委托代理人必须在授权委托书上亲笔签名,不得使用印章、签名章或其他电子制版签名代替;本授权委托书只能授权给一名委托代理人。

2.授权委托书出具的日期与法定代表人身份证明出具的日期同日或在其之后。

3.在授权委托书后应附有公证机关出具的加盖钢印、单位章并盖有公证员签名章的公证书,钢印应清晰可辨,同时公证内容完全满足招标文件规定,公证书出具的日期与授权委托书出具的日期同日或在其之后。投标人无须再对法定代表人身份证明进行公证。

4.如果由投标人法定代表人签署投标文件,则本页不填写。

三、投标保证金

＿＿＿＿＿＿＿(招标人名称):

鉴于＿＿＿＿＿(投标人名称)(以下称"投标人")于＿＿年＿＿月＿＿日参加＿＿＿＿＿(项目名称)的投标,＿＿＿＿＿(担保人名称,以下简称"我方")保证:投标人在规定的投标文件有效期内撤销或修改其投标文件的,或者投标人在收到中标通知书后无正当理由拒签合同或拒交规定履约担保的,我方承担保证责任。收到你方书面通知后,在7日内向你方支付人民币(大写)＿＿＿＿＿＿＿＿。

本保函在投标有效期内保持有效。要求我方承担保证责任的通知应在投标有效期内送达我方。

担保人名称：＿＿＿＿＿＿＿＿＿＿＿＿＿＿（盖单位章）

法定代表人或其委托代理人：＿＿＿＿＿＿＿（签字）

地　　　址：＿＿＿＿＿＿＿＿＿＿＿＿＿＿

邮政编码：＿＿＿＿＿＿＿＿＿＿＿＿＿＿

电　　　话：＿＿＿＿＿＿＿＿＿＿＿＿＿＿

传　　　真：＿＿＿＿＿＿＿＿＿＿＿＿＿＿

＿＿＿＿年＿＿月＿＿日

四、已标价工程量清单

投标人不得对招标人提供的工程量清单中的内容做任何修改,投标人在投标文件正本中所提交的工程量清单为招标人加盖公章的全套工程量清单原件(包括招标人所有以书面形式发出的对工程量清单的修改),且每页都由投标人的法定代表人或其授权代理人逐页签署姓名并逐页加盖投标人单位章。合理定价工程量清单的副本无须提供。

五、施工组织设计

1.投标人编制施工组织设计的要求:编制时应简明扼要地说明施工方法,工程质量、安全生产、文明施工、环境保护、冬雨季施工、工程进度、技术组织等主要措施。用图表形式阐明本项目的施工总平面、进度计划以及拟投入主要施工设备、劳动力、项目管理机构等。

2.图表及格式要求:

附表一　拟投入本项目的主要施工设备表

附表二　劳动力计划表

附表三　进度计划

附表四　施工总平面图

附表一：拟投入本项目的主要施工设备表

拟投入本项目的主要施工设备表

序号	设备名称	型号规格	数量	国别产地	制造年份	额定功率/kW	生产能力	用于施工部位	备注

附表二:劳动力计划表

劳动力计划表

单位:人

工种	按工程施工阶段投入劳动力情况
工种	按工程施工阶段投入劳动力情况

附表三:进度计划

　　1.投标人应递交施工进度网络图或施工进度表,说明按招标文件要求的计划工期进行施工的各个关键日期。

　　2.施工进度表可采用网络图或横道图表示。

附表四:施工总平面图

　　投标人应递交一份施工总平面图,绘出现场临时设施布置图表,并注明临时设施、加工车间、现场办公、设备及仓储、供电、供水、卫生、生活、道路、消防等设施的情况和布置。

六、项目管理机构

（一）项目管理机构组成表

职务	姓名	职称	执业或职业资格证明					备注
			证书名称	级别	证号	专业	养老保险	

（二）项目经理简历表

应附注册建造师执业资格证书、身份证、职称证、学历证、养老保险复印件,管理过的项目业绩须附合同协议书复印件。

姓　名		年　龄		学历	
职　称		职　务		拟在本合同任职	
毕业学校	年毕业于		学校	专业	
主要工作经历					
时　间	参加过的类似项目		担任职务	发包人及联系电话	

七、资格审查资料

（一）投标人基本情况表

投标人名称					
注册地址				邮政编码	
联系方式	联系人			电 话	
	传 真			网 址	
组织结构					
法定代表人	姓名		技术职称		电话
技术负责人	姓名		技术职称		电话
成立时间		员工总人数：			
企业资质等级		其中	项目经理		
营业执照号			高级职称人员		
注册资金			中级职称人员		
开户银行			初级职称人员		
账号			技 工		
经营范围					
备注					

（二）近年财务状况表

（三）近年完成的类似项目情况表

项目名称	
项目所在地	
发包人名称	
发包人地址	
发包人电话	
合同价格	
开工日期	
竣工日期	
承担的工作	
工程质量	
项目经理	
技术负责人	
项目描述	
备注	

（四）正在实施的和新承接的项目情况表

项目名称	
项目所在地	
发包人名称	
发包人地址	
发包人电话	
签约合同价	
开工日期	
计划竣工日期	
承担的工作	
工程质量	
项目经理	
技术负责人	
项目描述	
备注	

（五）其他资格审查资料

本章小结

本章对建设工程施工投标步骤和投标文件作了较详细的阐述,包括投标步骤、投标报价和投标文件编制。

建设工程施工投标的步骤有资质预审、购买招标文件、现场踏勘,并对有关疑问提出书面询问、参加答疑会、编制投标文件及报价、参加开标会议。

建设工程施工投标报价有清单计价法和定额计价法。

建设工程施工投标文件的编制应遵循招标文件和标准施工招标文件。

习 题

一、选择题

1.以下关于工程量清单说法不正确的是( )。

A.工程量清单应以表格形式表现

B.工程量清单是招标文件的组成部分

C.工程量清单可由招标人编制

D.工程量清单是由投标人提供的文件

2.关于投标人制作投标文件阶段的做法不妥的是( )。

A.对招标文件进行认真透彻的分析研究

B.对招标工程量清单内所列工程量进行详细审核

C.对施工图进行仔细理解

D.认真对待招标人答疑会

3.投标人在投标报价中,对招标工程量清单中的每一单项均需计算填写单价和合价,在开标后,发现投标人没有填写单价和合价的项目,则( )。

A.允许投标人补充填写

B.视为废标

C.退回投标书

D.认为此项费用已包括在招标工程量清单的其他单价和合价中

4.招标工程量清单是招标人按照《建设工程工程量清单计价规范》(GB 50500—2013),根据施工图纸计算工程量,提供给投标人作为投标报价的基础。结算拨付工程款时以( )为依据。

A.招标工程量清单   B.实际工程量

C.投标人报送的工程量   D.合同中的工程量

5.投标保证金一般不得超过招标项目估算价的( )。

A.1% B.2% C.3% D.5%

6.提交投标文件的投标人少于( )个的,招标人应当依法重新招标。

A.1 B.3 C.5 D.7

7.投标预备会结束后,由招标人(招标代理人)整理会议纪要和解答的内容,以书面形式将所有问题及解答向( )发放。

A.所有潜在的投标人 B.所有获得招标文件的投标人

C.所有申请投标的投标人 D.所有资格预审合格的投标人

8.招标文件应当载明投标有效期。投标有效期从( )起计算。

A.发布招标公告 B.发售招标文件

C.提交投标文件截止日 D.投标报名

9.由同一专业的单位组成的联合体,按照资质等级( )的单位确定资质等级。

A.较高 B.较低

C.最高 D.中等

10.投标人撤回已提交的投标文件,应当在提交投标文件截止时间前书面通知招标人。招标人已收取投标保证金的,应当自收到投标人书面撤回通知之日起( )日内退还。

A.1 B.3 C.5 D.7

二、多选题

1.投标人在去现场踏勘之前,应仔细研究招标文件中有关概念的含义和各项要求,特别是招标文件中的( )。

A.工作范围 B.专用条款

C.工程地质报告 D.设计图纸

E.设计说明

2.投标时投标人应根据自己的经济实力和管理水平作出( )的选择。

A.投风险标 B.投保险标

C.投盈利标 D.投保本标

E.不定

3.下列( )是投标报价的技巧。

A.不平衡报价法 B.突然袭击法

C.亏本报价法 D.增加建议方案法

E.多方案报价法

4.投标报价的编制方法有( )。

A.定额计价法 B.估算法

C.头脑风暴法 D.清单计价法

E.企业法

5.下列影响投标决策的因素有( )。

A.技术方面的实力 B.经济

C.管理 D.信誉

E.投标报价

6.下列关于多方案报价法的说法错误的有(　　　)。

A.可以修改原设计方案

B.需按原工程说明书合同条款报一个价,如合同条款作某些改变时,再报一个价

C.可以修改原设计方案,并且只报修改后方案的报价

D.利用最低标价吸引招标人,从而取得与招标人商谈的机会,再逐步进行费用最多部分的报价

E.为在某一地区打开局面,而采取的一种不惜代价只求中标的策略

7.下列属于《招标投标法实施条例》规定的视为投标人相互串通投标的情形有(　　　)。

A.投标人之间协商投标报价等投标文件的实质性内容

B.投标人之间约定中标人

C.不同投标人的投标文件由同一单位或者个人编制

D.不同投标人委托同一单位或者个人办理投标事宜

E.不同投标人的投标保证金从同一单位或者个人的账户转出

三、简答题

1.常用的投标策略有哪些?

2.简述投标保证金及其形式和作用。

3.简述影响投标决策的客观因素。

4.《招标投标法》和《招标投标法实施条例》中关于投标的限制性规定有哪些? 具体包括哪些情形?

第4章　建设工程施工开标、评标、定标及签订合同

【教学目标】

通过学习建设工程项目开标、评标、定标,掌握评标的方法和定标的原则,熟悉开标、评标的程序,了解相应的时间规定。

【教学要求】

能力目标	知识要点	权　重
懂开标、评标的程序	开标、评标的一般程序	30%
会组织开标	开标的时间和投标文件的接受	30%
能评标和定标	评标的方法、程序和定标的原则	40%

4.1　建设工程施工开标

4.1.1　建设工程开标活动

开标是指投标人提交投标文件截止后,招标人依据招标文件中投标人须知前附表规定的时间和地点,开启投标人提交的投标文件,公开宣布投标人的名称、投标价格及投标文件中的其他主要内容的活动。

1)开标时间和地点

公开招标和邀请招标均应举行开标会议,体现招标的公平、公正和公开原则。开标应在招标文件确定提交投标文件截止时间的同一时间公开进行,开标地点应为招标文件中规定的地点。有建设工程交易中心的,依法必须招标的项目应在建设工程交易中心举行。开标由招标人主持,邀请所有投标人参加。所有投标人均应参加开标会议,参加开标的各投标人代表应携

140

带个人身份证签名报到,以证明其出席。在投标截止时间前收到的所有投标文件,开标时都应当众予以拆封、宣读。对投标人在投标截止时间前提交了合格的撤回通知书的投标文件,则不予开封。

2)开标参与人

《招标投标法》第三十五条规定:"开标由招标人主持,邀请所有投标人参加。"对于开标参与人,应注意以下 3 个问题:

①开标由招标人主持,也可委托招标代理机构主持。在实际招投标活动中,绝大多数为委托招标项目,开标都是由招标代理机构主持的。

②招标人邀请所有投标人参加开标是法定的义务,投标人自主决定是否参加开标会是法定的权利。但是在实施过程中要求投标人都必须携带授权证明文件参加开标会议,当场确定一些开标的重要内容,比如证件核查的结果、投标文件密封的检查结果、唱标记录结果等重要文件。

③根据项目的不同情况,招标人可以邀请投标人以外的其他方面相关人员参加开标。根据《招标投标法》第三十六条的规定,招标人可以委托公证机构对开标情况进行公证。在实际的招投标活动中,招标人经常邀请行政监督部门、纪检监察部门等参加开标,对开标程序进行监督。

4.1.2　开标程序

开标会议有两项主要内容:一是接受投标文件的投递并检查投标文件的密封情况;二是唱标,即当众公布各投标文件的主要内容。《招标投标法》第三十六条规定:"开标时,由投标人或者其推选的代表检查投标文件的密封情况,也可以由招标人委托的公证机构检查并公证;经确认无误后,由工作人员当众拆封,宣读投标人名称、投标价格和投标文件的其他主要内容。招标人在招标文件要求提交投标文件的截止时间前收到的所有投标文件,开标时都应当当众予以拆封、宣读。开标过程应当记录,并存档备查。"

1)招标人签收投标文件

在开标当日,投标文件提交截止时间之前,招标人要留一定的时间给投标人递送投标文件。开标当日之前提交的投标文件,招标人也要办理签收手续,由招标人携带到开标现场。提交投标文件的同时,招标人一般要核查提交投标文件的人的合法授权身份和投标的一些重要证件,并要求投标代表签到。

2)开标程序

举行开标会议,应按下列程序进行开标;

①由主持人宣读开标大会纪律,如关闭手机等要求;

②公布在投标截止时间前提交的投标文件的投标人名称,并按照签到表宣读到场的投

标人；

③宣读参加开标会议的开标人、唱标人、记录人、监标人等有关人员的姓名；

④按照投标人须知前附表规定的开标顺序，由投标人或者其推选的代表检查投标文件的密封情况，也可由招标人委托的公证机构检查并公证。

知识链接

《工程建设项目施工招标投标办法》规定，有下列情形之一的，评标委员会应当否决其投标：

①投标文件未经投标单位盖章和单位负责人签字；

②投标联合体没有提交共同投标协议；

③投标人不符合国家或者招标文件规定的资格条件；

④同一投标人提交两个以上不同的投标文件或者投标报价，但招标文件要求提交备选投标的除外；

⑤投标报价低于成本或者高于招标文件设定的最高投标限价；

⑥投标文件没有对招标文件的实质性要求和条件作出响应；

⑦投标人有串通投标、弄虚作假、行贿等违法行为。

特别提示

投标人对开标有异议的，应当在开标现场提出，招标人应当场作出答复，并应记录。

⑤设有标底的，当众拆封并宣读标底；

⑥按照宣布的开标顺序当众开标，公布投标人名称、标段名称、投标价格、质量目标、工期、投标保证金的提交情况及其他主要内容，并记录在案；

⑦参加开标会议的投标人代表、招标人代表、监标人、记录人等有关人员在开标记录上签字确认；

⑧开标结束。

知识链接

招标人在招标文件要求提交投标文件的截止时间前收到的所有投标文件，包括投标致函中提出的附加条件、补充声明、优惠条件、替代方案等，开标时都应当当众予以拆封、宣读。开标过程应当记录，并存档备查。开标后，任何投标人都不允许更改投标文件的内容和报价，也不允许再增加优惠条件。

开标记录表格式见表 4.1。

表 4.1　开标记录表格式

记录编号：

招标工程名称				
招标范围			招标方式	
开标时间		开标地点		
参加开标人员				
投标基本情况				
投标人名称	投标报价/元	工　期		备　注
记录人：		唱标人：		
参加开标人员会签：				

4.2　建设工程施工评标

4.2.1　组建评标委员会

一般认为，评标就是指评标委员会根据招标文件规定的评标标准和方法，对投标人提交的投标文件进行审查、比较、分析和评判，以确定中标候选人或直接确定中标人的过程。

1）评标委员会的组织要求

《招标投标法》规定，评标应由招标人依法组建的评标委员会负责。依法必须进行招标的项目，其评标委员会由招标人的代表和有关经济、技术等方面的专家组成，成员人数为 5 人以上的单数，其中招标人、招标代理机构以外的技术、经济等方面的专家不得少于成员总数的2/3。专家应当从事相关领域工作满 8 年并具有高级职称或者具有同等专业水平，由招标人从国务院有关部门或者省、自治区、直辖市人民政府有关部门提供的专家名册或招标代理机构的专家库内的相关专业的专家名单中确定；一般招标项目可以采取随机抽取的方式，特殊招标项目可由招标人直接确定。与投标人有利害关系的人不得进入相关项目的评标委员会，已经进入的应当更换。

2）评标委员会的成员条件

①从事相关专业领域工作满 8 年，并具有高级职称或者同等专业水平；

②熟悉有关招投标的法律法规,并具有与招标项目相关的实践经验;

③能认真、公正、诚实、廉洁地履行职责。

3)评标委员会成员回避制度

有下列情形之一的,不得担任评标委员会成员:

①投标人或者投标主要负责人的近亲属;

②项目主管部门或者行政监督部门的人员;

③与投标人有经济利益关系,可能影响对投标公正评审的;

④曾因在招标、评标及其他与招投标有关活动中从事违法行为而受过行政或刑事处罚的。

如果评标委员会成员有以上情形之一的,应当主动提出回避。

4)成员的抽取时间

按照《招标投标法》和《评标委员会和评标方法暂行规定》,在招标文件中规定评标委员会成员的组成人数及专业构成。

评标委员会成员名单一般在开标的同一天抽取,一般根据专家的居住情况和评标地点的远近来决定。提前抽取的时间,为防止串标,一般在开标前两小时以内抽取,抽取后,名单要保密;如果提前一天抽取的,抽取后,要集中评标委员会的成员。

知识链接

《招标投标法实施条例》规定:

第七十一条 评标委员会成员有下列行为之一的,由有关行政监督部门责令改正;情节严重的,禁止其在一定期限内参加依法必须进行招标的项目的评标;情节特别严重的,取消其担任评标委员会成员的资格:

(一)应当回避而不回避;

(二)擅离职守;

(三)不按照招标文件规定的评标标准和方法评标;

(四)私下接触投标人;

(五)向招标人征询确定中标人的意向或者接受任何单位或者个人明示或者暗示提出的倾向或者排斥特定投标人的要求;

(六)对依法应当否决的投标不提出否决意见;

(七)暗示或者诱导投标人作出澄清、说明或者接受投标人主动提出的澄清、说明;

(八)其他不客观、不公正履行职务的行为。

第七十二条 评标委员会成员收受投标人的财物或者其他好处的,没收收受的财物,处3 000元以上5万元以下的罚款,取消担任评标委员会成员的资格,不得再参加依法必须进行招标的项目的评标;构成犯罪的,依法追究刑事责任。

4.2.2　评标的原则

评标是招投标的核心环节。投标的目的是中标,而决定目标能否实现的关键是评标。评标的原则是:公开、公平、公正原则,标价合理原则,工期适当原则,尊重业主自主权原则,评标方法科学、合理原则。

《招标投标法》对评标有原则性的规定,为了规范评标过程,按照我国《招标投标法》的规定,招标人应当采取必要的措施,保证评标在严格保密的情况下进行,评标委员会按照招标文件规定的评标标准和方法,客观公正地对投标文件提出评审意见。招标文件没有规定的评标标准和方法,不得作为评标的依据。

4.2.3　评标程序

1)评标准备工作

按照要求组建评标委员会,对评标委员会成员进行分工,专家熟悉相关文件资料。如果适用"暗标"评审,对"暗标"进行编号等。评标办法所附的表格不能满足评标需要的,还要准备相应的补充表格。

知识链接

在招标实践中,为了减少人为感情因素的影响,技术标部分在隐去投标人身份的条件下进行评审,此种评审方法称为"暗标"评审。

2)初步评审

初步评审也称为符合性和完整性评审,主要包括检验投标文件的符合性和核对投标报价,确保投标文件响应招标文件的要求,剔除废标。

初审一般应包括下述内容:

①投标文件的装订、盖章、签字等是否符合招标文件的要求;

②提交投标文件的投标人与通过资格预审的投标申请人是否已经发生改变,以联合体形式投标的,应复核联合体的组成单位是否发生变化;

③联合体投标情况下,投标人是否已提交联合体投标协议;

④投标人是否已提交投标保证金及投标保证金是否有瑕疵;

⑤实行"暗标"评审的项目,"暗标"编制是否符合招标文件的要求;

⑥投标人是否提出关于招标文件实质性要求的偏差声明或要求;

⑦投标文件的份数及其中的各部分内容是否完整;

⑧投标文件所涵盖的承包范围是否完整,是否存在特别说明"不包括"的项目;

⑨暂列金额、暂估价等不可竞争费用是否已包括在投标报价中,以及是否和招标文件中规定的数额相同。

知识链接

《招标投标法实施条例》第五十一条规定,有下列情形之一的,评标委员会应当否决其投标:

①投标文件未经投标单位盖章和单位负责人签字;

②投标联合体没有提交共同投标协议;

③投标人不符合国家或者招标文件规定的资格条件;

④同一投标人提交两个以上不同的投标文件或者投标报价,但招标文件要求提交备选投标的除外;

⑤投标报价低于成本或者高于招标文件设定的最高投标限价;

⑥投标文件没有对招标文件的实质性要求和条件作出响应;

⑦投标人有串通投标、弄虚作假、行贿等违法行为。

特别提示

投标报价有算术错误的,评标委员会按以下原则对投标报价进行修正,修正的价格经投标人书面确认后具有约束力。投标人不接受修正价格的,其投标作废标处理。

①投标文件中的大写金额与小写金额不一致的,以大写金额为准;

②总价金额与依据单价计算出的结果不一致的,以单价金额为准修正总价,但单价金额小数点有明显错误的除外;

③副本与正本不一致,以正本为准。

3)详细评审

详细评审是指在初步评审的基础上,对经初步评审合格的投标文件,按照招标文件确定的评标标准和方法,对其技术部分和商务部分进一步评审、比较。评标委员会对各投标文件的实施方案和计划进行实质性评价与比较。评审时不应再采用招标文件中要求投标人考虑因素以外的任何条件作为标准。详细评审通常包括对各投标文件进行技术和商务方面的审查,评定其合理性,以及若将合同授予该投标人在履行过程中可能给招标人带来的风险评审。评标委员会认为必要时,可单独约请投标人对标书中含义不明确的内容作必要的澄清或说明,但澄清或说明不得超出投标文件的范围或改变投标文件的实质性内容。澄清内容也要整理成文字材料,作为投标文件的组成部分。在对投标文件审查的基础上,评标委员会比较各投标文件的优劣,并编写评标报告。

(1)技术部分评审

技术评审主要是对投标人的实施方案进行评定,包括以下内容:

①施工总体布置。着重评审布置的合理性,对分阶段实施,还应评审各阶段之间的衔接方式是否合适,以及如何避免与其他承包人之间(如果有的话)发生作业干扰。

②施工进度计划。首先要看进度计划是否满足招标要求,进而再评价其是否科学和严谨以及是否切实可行。招标人有阶段工期要求的工程项目,对里程碑工期的实现也要进行评价。评审时要依据施工方案中计划配置的施工设备、生产能力、材料供应、劳务安排、自然条件、工程量大小等诸因素,将重点放在审查作业循环和施工组织是否满足施工高峰月的强度要求,从而确定其总进度计划是否建立在可靠的基础之上。

③施工方法和技术措施。主要评审各单项工程采取的方法、程序、技术与组织措施。包括所配备的施工设备性能是否合适、数量是否充分;采用的施工方法是否既能保证工程质量,又能加快进度并减少干扰;安全保证措施是否可靠等。

④材料和设备。规定由承包人提供或采购的材料和设备,是否在质量和性能方面满足设计要求和招标文件中的标准。必要时可要求投标人进一步报送主要材料和设备的样本、技术说明书或型号、规格等资料,评审人员可从这些材料中审查和判断其技术性能是否可靠及是否达到设计要求。

⑤技术建议和替代方案。对投标文件中提出的技术建议和可供选择的替代方案,评标委员会应进行认真细致的研究,评定该方案是否会影响工程的技术性能和质量,在分析技术建议和替代方案的可行性和技术经济价值后,考虑是否可以全部采纳或部分采纳。

⑥管理和技术能力的评价。管理和技术能力的评价重点放在承包人实施工程的具体组织机构和施工鼓励的保障措施方面,即对主要施工方法、施工设备以及施工进度进行评审,对所列施工设备清单进行审核。审查投标人拟投入本工程的施工设备数是否符合施工进度要求,以及施工方法是否先进、合理,是否满足招标文件的要求,目前缺少的设备是采用购置还是租赁方法解决等。此外,还要对承包人拥有的施工机具在其他工程项目上的使用情况进行分析,预测能转移到本工程上的时间和数量,是否与进度计划的需求量相一致;重点审查投标人提出的质量保证体系的方案、措施等是否能满足本工程的要求。

⑦对拟派该项目主要管理人员和技术人员的评价。要拥有一定数量有资质、有丰富工作经验的管理人员和技术人员。对投标人的经历和财力,在资格预审时已通过的,一般不作为评比条件。如果未进行资格后审的,那么就要对投标人的资格进行审核。

(2)商务部分评审

①不仅要对各投标文件的报价数额进行比较,还要对主要工作内容和主要工程量的单价进行分析,并对价格组成各部分比例的合理性进行评价。分析投标报价的目的在于鉴定各投标报价的合理性。商务部分评审应包括的主要内容如下:

a.算术性错误的复核及修正;

b.错漏项目的分析、澄清或修正;

c.法定税金和规费合理性(完整性)的分析和修正;

d.利润率合理性的分析和修正;

e.企业管理费合理性的分析和修正;

f.措施费项目的完整性及价格合理性的分析和修正;

g.分部分项工程总价合理性的分析和修正;

h.清单单价合理性的分析和修正;

i.关于不平衡报价的分析。

②无论是采用综合评估法,还是经评审的最低投标价法,评标办法内均需明确规定商务部分评审的基本原则。一般适用的基本原则如下:

a.投标函中填报的投标价格,视为已包括了投标截止时间前发出的所有招标修改、补充文件规定的工作内容。

b.投标文件内大写金额和小写金额不一致时,以大写金额为准;总价金额与单价金额不一致时,以单价金额为准,但单价金额小数点有明显错误的除外;用数字表示的数额与用文字表示的数额不一致的,以文字数额为准。

c.不同文字文本的投标文件表述不一致的,以中文文本为准。

d.无论是否存在算术性错误,投标函内所填的投标价格维持不变。

e.非竞争性价款,即暂列金额、暂估价等在招标文件中由招标人给定的、未纳入竞争性报价范畴的金额,均需从投标价格内扣除(对只给出暂估单价的材料设备的暂估价,应当视能否准确汇总出一致的总额区别处理)。扣除后的投标价格用于商务部分评分的计算(采用综合评估法时)。招标人或其委托的招标代理机构应当在招标文件中列出此类非竞争性价款的总金额。

f.采用工程量清单计价的,所有子目须按工程量清单的分项分别填上单价或价款。如果工程量清单内任何项目未填报价格,则其费用视作已包括在其他项目的单价或价款内。

g.若通过符合性及完整性评审,技术部分评审的投标价格明显低于其他投标人的投标价格或者在设有标底时明显低于标底的,评标委员会应当对其是否低于成本价作出分析,并启动质疑程序;经分析后确认为低于成本价的,按废标处理。

知识链接

投标偏差分为重大偏差和细微偏差。评标委员会应当根据招标文件审查并逐项列出投标文件的全部投标偏差。投标文件存在重大偏差时,按废标处理。一般下列情况属于重大偏差:

①没有按照招标文件要求提供投标担保或者所提供的投标担保有瑕疵;

②投标文件没有投标人授权代表签字和未加盖公章;

③投标文件载明的招标项目完成期限超过招标文件规定的期限;

④明显不符合技术规格、技术标准的要求;

⑤投标文件载明的货物包装方式、检验标准和方法等不符合招标文件的要求;

⑥投标文件附有招标人不能接受的条件;

⑦招标文件对重大偏差另有规定的,从其规定。

细微偏差是指投标文件在实质上响应招标文件要求,但在个别地方存在漏项或者提供了不完整的技术信息和数据等情况,并且这些遗漏或者不完整不会对其他投标人造成不公平结果的投标偏差。细微偏差不影响投标文件的有效性。

4)投标文件的澄清和补正

在评标过程中,如果发现投标人在投标文件中存在没有阐述清楚的地方,评标委员会可以书面形式要求投标人进行书面澄清或说明,提交书面正式答复,这是因为《招标投标法》第二十九条规定投标人在招标文件要求提交投标文件的截止时间前可以对招标文件进行修改和补充。澄清问题的书面文件不允许对原投标文件作出实质性修改,也不允许变更报价。评标委员会不接受投标人主动提出的澄清、说明或补正。

评标委员会启动质疑程序,书面要求投标人进行澄清、说明或者补正的目的主要有两个方面:一是澄清投标文件中存在的含义不明确、表述不一致等疑惑,以便评标委员会能够对投标文件作出更为客观的评价;二是通过说明或者补正,解决投标文件中存在的细微偏差,一些偏差可能会被招标人接受,一些偏差则必须在评标结束前给予补正,从而合理规避双方在合同履行中不必要的争议。

特别提示

> 投标人的澄清、说明或者补正属于投标文件的组成部分。如果评标委员会对投标人提交的澄清、说明或者补正有疑问,可以要求投标人进一步澄清、说明或者补正,直到满足评标委员会的要求。

5)推荐中标候选人或中标人,编制并提交评标报告

评标委员会根据投标人须知前附表的要求数量推荐中标候选人,并按照顺序排列,如果招标人授权评标委员会直接确定中标人,那么评标委员会可以直接确定中标人。

评审结束时,评标委员会要提交评标报告,所有评标专家要在评标报告上签字。依法必须进行招标的项目,招标人应当自收到评标报告之日起3日内公示中标候选人,公示期不得少于3日。投标人或者其他利害关系人对依法必须进行招标的项目的评标结果有异议的,应当在中标候选人公示期间提出。招标人应当自收到异议之日起3日内作出答复,作出答复前,应当暂停招标投标活动。

4.2.4 评标方法

建设工程评标方法一般分为综合评估法和经评审的最低投标价法两种。评标委员会应按照招标文件确定的评标标准和方法,对投标文件进行评审和比较。

1)综合评估法

综合评估法是以投标文件能否最大限度地满足招标文件规定的各项综合评价标准为前提,在全面评审商务标、技术标、综合标等内容的基础上,评判投标人对具体招标项目的技术、施工、管理难点把握的准确程度,技术措施采用的恰当和适用程度,管理资源投入的合理及充分程度等。一般采用量化评分的办法,商务部分不低于60%,技术部分不高于40%,综合投标

价格、施工方案、进度安排、生产资源投入、企业实力和业绩、项目经理等各项因素的评分,按最终得分的高低确定中标候选人排序,原则上综合得分最高的投标人为中标人。

综合评估法强调的是最大限度地满足招标文件的各项要求,将技术和经济因素综合在一起决定投标文件的质量优劣,不仅强调价格因素,也强调技术因素和综合实力因素。综合评估法一般适用于招标人对招标项目的技术、性能有特殊要求的招标项目,适用于建设规模较大,履约工期较长,技术复杂,质量、工期和成本受不同施工方案影响较大,工程管理要求较高的施工招标的评标。

2)经评审的最低投标价法

经评审的最低投标价法评审的内容基本上与综合评估法一致,是以投标文件是否能完全满足招标文件的实质性要求和投标报价是否低于成本价为前提,以经评审的、不低于成本的最低投标价为标准,由低向高排序确定中标候选人。技术部分一般采用合格制评审的方法,在技术部分满足招标文件要求的基础上,最终以投标价格作为决定中标人的唯一因素。

经评审的最低投标价法强调的是优惠而合理的价格,适用于具有通用技术、性能标准或者招标人对其技术、性能没有特殊要求,工期较短,质量、工期、成本受不同施工方案影响较小,工程管理要求一般的施工招标的评标。

《招标投标法实施条例》规定,招标项目设有标底的,标底只能作为评标的参考,不得以投标报价是否接近标底作为中标条件,也不得以投标报价超过标底上下浮动范围作为否决投标的条件。

应用案例

某大型工程,由于技术难度大,对施工单位的施工设备和同类工程施工经验要求高,而且对工期的要求也比较紧迫。建设单位在对有关单位及其在建工程考察的基础上,仅邀请了3家国有一级施工企业参加投标,并预先与咨询单位和该3家施工单位共同研究确定了施工方案。业主要求投标单位将技术标和商务标分别装订报送。经招标领导小组研究确定的评标规定如下:

①技术标共30分,其中施工方案10分(因已确定施工方案,各投标单位均得10分)、施工总工期10分、工程质量10分。满足业主总工期要求(36个月)者得4分,每提前1个月加1分,不满足者不得分;自报工程质量合格者得4分,自报工程质量优良者得6分(若实际工程质量未达到优良将扣罚合同价的2%),近3年内获鲁班工程奖每项加2分,获省优工程奖每项加1分。

②商务标共70分。以各投标人投标报价的算术平均值为基准价。报价为基准价的98%者得满分(70分)。在此基础上,报价比基准价每下降1%,扣1分;每上升1%,扣2分(计分按四舍五入取整)。各投标单位的有关情况见表4.2。

表4.2　各投标单位标书主要数据表

投标单位	报价/万元	总工期/月	自报工程质量	鲁班工程奖	省优工程奖
A	35.642	33	优良	1	1
B	34.364	31	优良	0	2
C	33.867	32	合格	0	1

问题：

1.该工程采用邀请招标方式且仅邀请3家施工单位投标,是否违反有关规定？为什么？

2.请按综合得分最高者中标的原则确定中标单位。

3.若改变该工程评标的有关规定,将技术标增加到40分,其中施工方案20分(各投标单位均得20分),商务标减少为60分,是否会影响评标结果？为什么？若影响,应由哪家施工单位中标？

【案例评析】

本案例考核招标方式和评标方法的运用,要求熟悉邀请招标的运用条件及有关规定,并能根据给定的评标办法正确选择中标单位。本案例规定的评标办法排除了主观因素,因而各投标单位的技术标和商务标的得分均为客观得分。但是,这种"客观得分"是在主观规定的评标方法的前提下得出的,实际上不是绝对客观的。因此,当各投标单位的得分较为接近时,需要慎重决策。问题3实际上是考核对评标方法的理解和灵活运用。根据本案例给定的评标方法,这样改变评标的规定并不影响各投标单位的得分,因而不会影响评标结果。若通过具体计算才得出结论,即使答案正确,也是不能令人满意的。

问题1:不违反(或符合)有关规定。因为根据有关规定,对于技术复杂的工程,允许采用邀请招标方式,且邀请参加投标的单位不得少于3家。

问题2:计算各投标单位的技术标得分,见表4.3。

表4.3　各投标单位的技术标得分

投标单位	施工方案	总工期	工程质量	合计
A	10	$4+(36-33)\times1=7$	$6+2+1=9$	26
B	10	$4+(36-31)\times1=9$	$6+1\times2=8$	27
C	10	$4+(36-32)\times1=8$	$4+1=5$	23

计算各投标单位的商务标得分。

基准价$=(35.642+34.364+33.867)/3\approx34.624$(万元)

A:$35.642/34.624\times100\%\approx102.94\%$　$(102.94-98)\times2\approx10$　$70-10=60$

B:$34.364/34.624\times100\%\approx99.25\%$　$(99.25-98)\times2\approx2.5$　$70-2.5=67.5$

C:$33.867/34.624\times100\%\approx97.81\%$　$(98-97.81)\times1\approx0$　$70-0=70$

计算各投标单位的综合得分。

A:$26+60=86$

B:$27+67.5=94.5$

C:$23+70=93$

因为B公司综合得分最高,故应选择B公司为中标单位。

问题3:这样改变评标办法不会影响评标结果,因为各投标单位的技术标得分均增加10分,而商务标得分均减少10分,综合得分不变。

4.2.5 评标报告

评标报告是评标委员会结束评标后提交给招标人的一份重要文件(见表4.4)。评标委员会完成评标后,应当向招标人提交书面评标报告。在评标报告中,评标委员会不仅要推荐中标候选人,而且还要说明这种推荐的具体理由。评标报告作为招标人定标的重要依据,一般应包括以下内容:

①对投标人的技术方案评价,技术、经济风险分析;

②对投标人技术力量、设施条件评价;

③对满足评标标准的投标人的投标进行排序;

④需进一步协商的问题及协商应达到的要求。

招标人根据评标委员会的评标报告,在推荐的中标候选人(一般为1~3个)中最后确定中标人;在某种情况下,招标人也可以授权评标委员会直接确定中标人。评标报告应当如实记载以下内容:

①基本情况和数据表;

②评标委员会成员名单;

③开标记录;

④符合要求的投标人一览表;

⑤废标情况说明;

⑥评标标准、评标方法或者评标因素一览表;

⑦经评审的价格或者评分比较一览表;

⑧经评审的投标人排序;

⑨推荐的中标候选人名单与签订合同前要处理的事宜;

⑩澄清、说明、补正事项纪要。

评标报告由评标委员会全体成员签字。对评标结论和建议持有异议的评标委员,可以书面方式阐述其不同意见和理由。评标委员会成员拒绝在评标报告上签字且不陈述其不同意见和理由的,视为同意评标结论和建议。评标委员会负责人应当对此作出书面说明并记录在案。

表 4.4 评标报告

工程名称			
工程编号			
评标委员会评审结果	投标人名称	排名次序	投标价格或评标得分
	……		

	次序	中标候选人名称
推荐的中标候选人	1	
	2	
	3	
评标委员会全体成员签字	兹确认上述评标结果属实,有关评审记录见附件。 　　　　　　　　　　　　　　　　　　　年　　月　　日	
招标人决标意见	根据招标文件中规定的评标办法和评标委员会的推荐意见,兹确定:_____为中标人。 招标人:(盖章)　　　　法定代表人:(签字或盖章) 　　　　　　　　　　　　　　　　　　　年　　月　　日	
备　　注	本表有附件,附件包括评标委员会成员名单、开标记录、废标情况说明、评审记录、分析报告、有关澄清、说明和补正事项纪要等评标过程中形成的文件。本表与附件共同构成评标报告,附件共_____页。	
说　　明	本报告由评标委员会和招标人共同填写,一式三份,其中一份在备案时由招标办留存。	

4.3　建设工程施工定标及签订合同

4.3.1　定标

　　定标即通过评标确定最佳中标人,并授予合同的过程,是招标人决定中标人的行为。在这一阶段,招标人需要进行的工作有:决定中标人;通知中标人其投标已经被接受;向中标人发放中标通知书;通知所有未中标的投标人,并向他们退还投标保证金等。

　　确定中标人之前,招标人不得与投标人就投标价格、投标方案等实质性内容进行谈判。招标人应根据评标委员会提出的评标报告和推荐的中标候选人确定中标人,也可以授权评标委员会直接确定中标人。

　　定标的原则如下所述:

　　①采用综合评估法的,应能够最大限度地满足招标文件中规定的各项综合评标标准;

　　②采用经评审的最低投标价法的,应能够满足招标文件的实质性要求,并且经评审的投标价格最低,中标人的投标价格应不低于其成本价。

国有资金占控股或者主导地位的依法必须进行招标的项目,招标人应当确定排名第一的中标候选人为中标人。招标人可以确定排名第二的中标候选人为中标人的情况如下所述:

a.排名第一的中标候选人放弃中标;

b.排名第一的中标候选人因不可抗力提出不能履行合同;

c.招标文件规定应当提交履约保证金,而第一中标候选人在规定期限内未能提交的;

d.排名第一的中标候选人被查实存在影响中标结果的违法行为的;

e.中标候选人的经营、财务状况发生较大变化或者存在违法行为,招标人认为可能影响其履约能力的;

f.招标人在投标文件中发现有与招标文件要求的重大实质性偏差的。

以上如果出现 e 和 f 两种情况的,应当在发出中标通知书前由原评标委员会按照招标文件规定的标准和方法审查确定。中标通知书发出后,中标人放弃中标的,要承担缔约过失责任,一般是不退回投标保证金的。当然招标人改变中标结果的,也要承担法律责任。

特别提示

> 评标结束应当产生定标结果。定标应当择优,在招标人授权下能当场定标的,应当场宣布中标人;不能当场定标的,中小型项目应在开标之后 7 日内定标,大型项目应在开标之后 14 日内定标;特殊情况需要延长定标期限的,应经招投标管理机构同意。招标人应当自定标之日起 15 日内向招投标管理机构提交招投标情况的书面报告。

知识链接

> 《招标投标法实施条例》规定:
>
> 第七十三条 依法必须进行招标的项目的招标人有下列情形之一的,由有关行政监督部门责令改正,可以处中标项目金额10‰以下的罚款;给他人造成损失的,依法承担赔偿责任;对单位直接负责的主管人员和其他直接责任人员依法给予处分:
>
> (一)无正当理由不发出中标通知书;
>
> (二)不按照规定确定中标人;
>
> (三)中标通知书发出后无正当理由改变中标结果;
>
> (四)无正当理由不与中标人订立合同;
>
> (五)在订立合同时向中标人提出附加条件。

4.3.2　签订合同

授予合同习惯上也称为签订合同,因为它是由招标人将合同授予中标人并由双方签署的行为。在签订合同前,中标人应按投标人须知前附表规定的金额、担保形式和招标文件规定的履约担保格式向招标人提交履约保证金。联合体中标的,其履约担保由牵头人提交。中标人不能按要求提交履约担保的,视为放弃中标,其投标保证金不予退还,给招标人造成的损失超过投标保证金数额的,中标人还应当对超过部分予以赔偿。

特别提示

> 《招标投标法实施条例》规定,履约保证金不得超过中标合同金额的10%。

招标人和中标人应当自中标通知书发出之日起30日内,根据招标文件和中标人的投标文件订立书面合同。招标人和中标人不得再行订立背离合同实质性内容的其他协议。中标人无正当理由拒签合同的,招标人取消其中标资格,其投标保证金不予退还;给招标人造成的损失超过投标保证金数额的,中标人还应当对超过部分予以赔偿。

招标人最迟应当在书面合同签订后5日内,向中标人和未中标的投标人退还投标保证金及银行同期存款利息。

中标人应按照合同约定履行义务,完成中标项目。中标人不得向他人转让中标项目,也不得将中标项目肢解后分别向他人转让。中标人按照合同约定或者经招标人同意,可以将中标项目的部分非主体、非关键性工作分包给他人完成。接受分包的人应当具备相应的资格条件,并不得再次分包。中标人应当就分包项目向招标人负责,接受分包的人就分包项目承担连带责任。

知识链接

> 《招标投标法实施条例》规定:
>
> 第七十四条　中标人无正当理由不与招标人订立合同,在签订合同时向招标人提出附加条件,或者不按照招标文件要求提交履约保证金的,取消其中标资格,投标保证金不予退还。对依法必须进行招标的项目的中标人,由有关行政监督部门责令改正,可以处中标项目金额10‰以下的罚款。
>
> 第七十五条　招标人和中标人不按照招标文件和中标人的投标文件订立合同,合同的主要条款与招标文件、中标人的投标文件的内容不一致,或者招标人、中标人订立背离合同实质性内容的协议的,由有关行政监督部门责令改正,可以处中标项目金额5‰以上10‰以下的罚款。

应用案例

某办公楼的招标人于2020年10月11日向具备承担该项目能力的A,B,C,D,E这5家施工企业发出投标邀请书,其中说明,10月17—18日9:00—16:00时在该招标人总工程师室领取招标文件,11月8日14:00为投标截止时间。该5家施工企业均接受邀请,并按规定时间提交了投标文件。但施工企业A在送出投标文件后发现报价估算有严重的失误,故赶在投标截止时间前10分钟递交了一份书面声明,撤回已提交的投标文件。

开标时,由招标人委托的公证处人员检查投标文件的密封情况,确认无误后,由工作人员当众拆封。由于投标人A已撤回投标文件,故招标人宣布只有B,C,D,E共4家投标人投标,并公布该4家投标人的投标价格、工期和其他主要内容。

评标委员会委员由招标人直接确定,共由7人组成,其中招标人代表3人,当地招投标办公室主任1人,本系统技术专家2人、经济专家1人。

在评标过程中,评标委员会要求B,D两投标人分别对其施工方案作详细说明,并对若干技术要点和难点提出问题,要求其提出具体、可靠的实施措施。评标委员会中的招标人代表希望投标人B再适当考虑一下降低报价的可能性。

按照招标文件确定投标人B为中标人。由于投标人B为外地企业,招标人于11月10日将中标通知书以挂号方式寄出,投标人B于11月14日收到中标通知书。

从报价情况来看,4个投标人的报价从低到高的顺序依次为D,C,B,E,因此,从11月16日—12月11日招标人又与投标人B就合同价格进行了多次谈判,结果投标人B将价格降到略低于投标人C的报价水平,最终双方于12月12日签订了书面合同。

从所介绍的背景资料来看,逐一说明该项目招投标程序中在哪些方面不符合《招标投标法》的有关规定。

【案例评析】

本案例考核招投标程序从发出投标邀请书到中标之间的若干问题,主要涉及招投标的性质、投标文件的提交和撤回、投标文件的拆封和宣读、评标委员会的组成及其确定、评标过程中评标委员会的行为、中标通知书的生效时间、中标通知书发出后招标人的行为以及招标人和投标人订立书面合同的时间等。其中,特别要注意中标通知书的生效时间。中标通知书作为《招标投标法》规定的承诺行为,是采取"投邮主义",即中标通知书一经发出就生效,就对招标人和投标人产生约束力。

应用案例

某省中央财政投资的大型基础设施建设项目,总投资超过10亿元,该项目法人委托一家符合资质条件的工程招标代理公司全程代理招标事宜。

事件1:在评标过程中,发现投标人D的投标文件中没有投标人授权代表签字;投标人H的单价与总价不一致,单价与工程量乘积大于投标文件的总价,招标文件中没有约定此类情况为重大偏差。

事件2:在评标过程中,评标委员会发现投标人C的投标报价低于标底的30%。询标时,投标人C发出书面更改函,承认原报价存在遗漏,将报价整体上调至接近于标底的99%。

事件3:在评标过程中,投标人A发出书面更改函,对施工组织设计中存在的笔误进行了勘误,同时对其投标文件中超过招标文件计划工期的投标工期调整为在招标文件约定计划工期基础上提前10日竣工。

事件4:经评审,各投标人综合得分的排序依次为H,E,G,A,F,C,B,D,评标委员会某委员对此结果有异议,拒绝在评标报告上签字,但又不提出书面意见。

事件5:确定中标人H后,中标人H认为工程施工合同过分袒护招标人,需要对招标文件中的合同条件进行调整,特别是当事人双方的权利与义务;招标人同时提出,在中标价的基础上降低10%的要求,否则招标人不签订施工合同。

以上事件应该如何处理?请简要陈述理由。评标委员会应推荐哪3个投标人为中标候选人?

【案例评析】

《招标投标法》、《工程建设项目施工招标投标办法》和《评标委员会和评标方法暂行规定》对评标委员会评标、招标人定标及合同签订的规定,招标人组织上述活动时必须遵守。

(1)各事件处理及理由如下所述:

事件1:投标人D的投标文件中没有投标人授权代表签字,此类情况属于投标人对招标文件规定要求发生了重大偏差,属于废标情况。投标人H的投标总价与其报价文件中总价不一致,招标文件约定此类情形属于细微偏差,故应以投标函中的投标报价为其中标价,但在评标过程中,应对报价文件中的偏差,按照"大写金额与小写金额不一致时,以大写金额为准;总价与单价金额不一致时,以单价金额为准修改总价"的原则确定投标人H的评标价并进行评标。

事件2:该投标人的投标报价明显低于合理报价或标底,使得其投标报价可能低于个别成本,评标人在询标时应要求该单位作出书面说明并提供相关证明材料。投标人如果不能合理说明或不能提供相关证明材料,由评标委员会认定该投标人的投标报价低于成本报价竞标,其投标应作废标处理。但投标人C在应标时,不但没有提供相应的证明材料和合理说明,反而对其报价作了修改,这种做法是不可行的。根据评标规定,投标人可以对投标文件中含义不明确、对同类问题表述不一致或者文字和计算错误的内容作必要的澄清、说明或补正,但不能超出投标文件的范围或者改变投标文件的实质性内容。投标人C的做法实际上是二次报价,明显地改变了原投标文件的实质内容,而没能解释报价低的原因及提供相应的证明资料,故投标人C的投标文件应为废标。

事件3:在评标过程中,投标人A发出书面更改函,对施工组织设计中存在的笔误进行勘误,同时对超过招标规定的施工期限调整至低于规定的期限。询标时,投标人A对施工设计中存在的笔误进行勘误是可行的,但修改投标工期属于对实质性内容进行修改。由于该投标人投标文件载明的招标项目完成期限超过招标文件规定的期限,属于重大偏差,投标人A的投标文件为废标。

事件4:评标报告应由评标委员会全体成员签字,对评标结果持有异议的评标委员会成员可以以书面方式阐述其不同意见和理由,评标委员会成员拒绝在评标报告上签字且不陈述其不同意见或理由的,视为同意评标结论。评标委员会应当对此作出书面说明并记录在案。

事件5:中标人在接到中标通知书后,应在规定时间内按照招标文件和其投标文件与招标人签订施工承包合同,在这一过程中,招标人和中标人只能就招投标过程中的一些细微偏差进行谈判,对招标文件中合同条款进行细化,但不得作实质性修改。中标人认为合同条件过分袒护招标人,提出需要修改招标文件主要合同条款违反法律规定。如果中标人H坚持修改合同主要条款,否则不与招标人签订合同,招标人可以视其行为为放弃中标合同,没收其投标保证金,并申请解除与H的合同关系,重新确定中标人。

在合同谈判过程中,招标人提出在中标价的基础上再次降价10%的做法是不正确的,违反了法律规定。如果招标人坚持降低中标价10%的话,中标人可以拒绝签订合同,并要求招标人承担由此造成的损失及其他违约责任,退还投标保证金。

(2)评标委员会应推荐 H,E,G 分别为第一中标、第二中标、第三中标候选人。评标委员会根据招标文件中的评标办法,经过对投标文件进行全面、认真、系统的评审、比较后,确定能够最大限度地满足招标文件的实质性要求,不超过 3 名的有排序的合格中标候选人,供招标人最终确定中标人。

4.4 建设工程施工招标评标实例

综合应用案例

在施工公开招标中,有 A,B,C,D,E,F,G,H 共 8 家施工单位报名投标,经资格预审均符合要求,但建设单位以 A 施工单位是外地企业为由不同意其参加投标。

评标委员会由 5 人组成,其中当地建设行政管理部门的招标投标管理办公室主任 1 人、建设单位代表 1 人、政府提供的专家库中抽取的技术和经济专家 3 人。

评标时发现,B 施工单位投标报价明显低于其他投标单位报价且未能合理说明理由;D 施工单位投标报价大写金额小于小写金额;F 施工单位投标文件提供的检验标准和方法不符合招标文件的要求;H 施工单位投标文件中某分项工程的报价有个别漏项;其他施工单位的投标文件均符合招标文件要求。

问题:

1.在施工招标资格预审中,建设单位认为 A 施工单位没有资格参加投标是否正确? 请说明理由。

2.请指出评标委员会组成的不妥之处,说明理由,并写出正确做法。

3.判别 B,D,F,H 这 4 家施工单位的投标是否为有效标? 请说明理由。

【案例评析】

1.A 施工单位没有资格参加投标是不正确的。

理由:《招标投标法》规定,招标人不得以不合理的条件限制和排斥潜在投标人,不得对潜在投标人实行歧视待遇,因此招标人以投标人是外地企业的理由排斥潜在投标人是不合理的。

2.评标委员会组成的不妥之处如下所述:

(1)建设行政管理部门的招标投标管理办公室主任参加不妥。理由:评标委员会由招标人的代表和有关技术、经济方面的专家组成。正确做法:招标投标管理办公室主任不能成为评标委员会成员。

(2)政府提供的专家库中抽取的技术和经济专家 3 人。理由:评标委员会中的技术和经济等方面的专家不得少于成员总数的 2/3。正确做法:至少有 4 人是技术经济专家。

3.B 施工单位的投标不是有效标。理由:评标委员会发现投标人的报价明显低于其他报价时,应当要求该投标人作出书面说明并提供相关证明材料,投标人不能合理说明的应作废标处理。

D 施工单位的投标是有效标。理由:投标报价大写与小写金额不符属细微偏差,细微偏差修正后仍属有效投标文件。

F 施工单位的投标不是有效标。理由:检验标准与方法不符合招标文件的要求,属未作实质性响应的重大偏差。

H 施工单位的投标是有效标。理由:某分部工程的报价有个别漏项属细微偏差,应为有效投标文件。

本章小结

本章主要介绍开标、评标、定标的基本概念、程序及注意事项,还有评标的标准、内容以及方法。通过学习及训练,使学生了解开标、评标、定标的一般程序及相关法律规定,掌握评标的标准与方法,能够参与实际工程开标、评标、定标活动。

习　题

一、单选题

1.评标工作一般按(　　)程序进行。

  A.详细评审—评标报告　　　　　　B.初步评审—详细评审

  C.工作准备—评审　　　　　　　　D.工作准备—评标报告

2.招标人可以(　　)评标委员会直接确定中标人。

  A.批准　　　　　　　　　　　　　B.委托

  C.授权　　　　　　　　　　　　　D.指定

3.中标通知书由(　　)发出。

  A.招标代理机构　　　　　　　　　B.招标人

  C.招标投标管理处　　　　　　　　D.评标委员会

4.没有按照招标文件要求提供投标担保或者所提供的投标担保有瑕疵,属(　　)。

  A.重大偏差　　　　　　　　　　　B.严重偏差

  C.细微偏差　　　　　　　　　　　D.细小偏差

5.开标时间应当在招标文件确定的提交投标文件截止时间的(　　)公开进行。

  A.前一时间　　　　　　　　　　　B.后一时间

  C.同一时间　　　　　　　　　　　D.没有任何规定

6.中标人应就分包项目向招标人负责,接受分包的人就分包项目承担(　　)。

  A.法律责任　　　　　　　　　　　B.民事责任

  C.单位责任　　　　　　　　　　　D.连带责任

7.资格后审是指在(　　)后对投标人进行的资格审查。

  A.投标　　　　　　　　　　　　　B.开标

  C.中标　　　　　　　　　　　　　D.评标

8.招标人应当采取必要的措施,保证评标在( )情况下进行。

A.公正　　　　　　　　　　　B.公开

C.公平　　　　　　　　　　　D.严格保密

9.评标委员会在对实质上响应招标文件要求的投标进行报价评估时,除招标文件另有约定外,应当按下述原则进行修正:用数字表示的金额与用文字表示的金额不一致时,以( )为准。

A.数字金额　　　　　　　　　B.文字金额

C.数字金额与文字金额中小的　D.数字金额与文字金额中大的

10.采用经评审的最低投标价法的,应当在投标文件能够满足招标文件实质性要求的投标人中评审出投标价格最低的投标人,但投标价格低于( )的除外。

A.标底合理幅度　　　　　　　B.社会平均成本

C.企业成本　　　　　　　　　D.同行约定成本

二、多选题

1.《招标投标法实施条例》中规定的评标委员会应当否决其投标的情形有( )。

A.投标文件未经投标单位盖章和单位负责人签字

B.投标联合体没有提交共同投标协议

C.投标人未提供投标保函或者投标保证金的

D.投标报价低于成本或者高于招标文件设定的最高投标限价

E.投标人有串通投标、弄虚作假、行贿等违法行为

2.评标委员会负责人可以由( )。

A.政府指定　　　　　　　　　B.评标委员会成员推举产生

C.投标人推举产生　　　　　　D.招标人确定

E.中介机构推荐

3.《评标委员会和评标方法暂行规定》中规定的投标文件重大偏差包括( )。

A.没有按照招标文件要求提供投标担保

B.投标文件没有投标人授权代表签字和加盖公章

C.投标文件载明的招标项目完成期限超过招标文件规定的期限

D.提供了不完整的技术信息和数据

E.投标文件附有招标人不能接受的条件

4.关于细微偏差的说法,以下选项中正确的包括( )。

A.实质上响应了招标文件要求,但在个别地方存在漏项

B.实质上响应了招标文件要求,但提供了不完整的技术信息和数据

C.补正遗漏会对其他投标人造成不公平的结果

D.细微偏差不影响投标文件的有效性

E.细微偏差将导致投标文件成为废标

5.下列有关招投标签订合同的说法正确的是( )。

A.应当在中标通知书发出之日起 30 日内签订合同

B.招标人和中标人不得再订立背离合同实质性内容的其他协议

C.招标人和中标人可以通过合同谈判对原招标文件、投标文件的实质性内容作出修改

D.如果招标文件要求中标人提交履约担保,招标人应向中标人提供同等数额的工程款支付担保

E.中标人不与招标人订立合同的,应取消其中标资格,但投标保证金应予退还

6.《招标投标法》规定,开标时由(　　　　)检查投标文件密封情况,确认无误后当众拆封。

A.招标人　　　　　　　　　　　　B.投标人或投标人推选的代表

C.评标委员会　　　　　　　　　　D.地方政府相关行政主管部门

E.公证机构

7.下列(　　　)情况下不得担任评标委员会成员。

A.投标人或者投标主要负责人的近亲属

B.项目主管部门或者行政监督部门的人员

C.与投标人有经济利益关系,可能影响对投标公正评审的

D.不拥有注册造价师证的

E.曾因在招标、评标及其他与招投标有关活动中从事违法行为而受过行政或刑事处罚的

8.评标的程序是(　　　)。

A.评标准备工作　　　　　　　　　B.初步评审

C.详细评审　　　　　　　　　　　D.评标后续工作

E.评标结果

9.评标活动应遵循(　　　)的原则。

A.公正　　　　　　　　　　　　　B.公平

C.科学　　　　　　　　　　　　　D.发展

E.择优

10.招标人应当重新招标的情形有(　　　)。

A.投标人少于 5 个的

B.投标截止时间止,投标人少于 3 个的

C.投标人相互串通的

D.招标人被投诉的

E.经评标委员会评审后否决所有投标的

三、简答题

1.建设工程开标的一般程序是什么?

2.对建设工程评标委员会有哪些基本要求?

3.什么是初步评审?初步评审的内容有哪些?

4.常用的评标方法有哪些?

5.简述评标的程序。

第 5 章　建设工程合同

【教学目标】

通过学习工程施工合同,掌握施工合同的管理目标、甲乙双方的权利和义务,熟悉合同条款,了解施工合同的概念、特征及其参与方。

【教学要求】

能力目标	知识要点	权　重
懂施工合同的构成	施工合同的概念、主要内容、涉及的各方	25%
掌握施工合同的内容	承发包双方的权利和义务,特别是施工合同管理的重点和要点	50%
了解施工合同管理的目标	进度、质量、成本等目标要求	25%

5.1　建设工程合同概述

5.1.1　建设工程合同的概念

建设工程合同是承包人进行工程建设,发包人支付工程价款的契约(合同)。合同双方当事人应当在合同中明确约定各自的权利义务,以及违约时应当承担的责任。建设工程合同是一种承诺合同,合同订立生效后双方应严格履行。建设工程合同也是一种双务、有偿合同,当事人双方在合同中都有各自的权利和义务,在享有权利的同时必须履行义务。

从合同理论上讲,建设工程合同也是一种广义的承揽合同,是承包人按照发包人的要求完成工程建设而交付工作成果(竣工工程),发包人给付报酬的合同。由于建设工程合同在经济活动、社会生活中的重要作用,以及在国家管理、合同标的等方面均有别于一般的承揽合同,因此我国一直将建设工程合同列为单独的一类重要合同。

5.1.2　建设工程合同的特征

1）合同主体的严格性

建设工程合同主体一般只能是法人。发包人一般只能是经过批准进行工程项目建设的法人，必须有国家批准建设项目，落实投资计划，并应具备相应的协调能力；承包人必须具备法人资格且应具备相应的从事勘察、设计、施工、监理等资质，无营业执照或无承包资格的单位不能作为建设工程合同的主体，资质等级低的单位不能越级承包建设工程。

2）合同标的的特殊性

施工合同的标的是各类建筑产品。建筑产品是不动产，在建造过程中往往受到自然条件、地质水文条件、社会条件、人为条件等因素的影响。这就决定了每个施工合同的标的物不同于工厂批量生产的产品，具有单件性的特点。

3）合同履行期限的长期性

建筑物的施工由于结构复杂、体积大、建筑材料类型多、工作量大，使得工期都较长（与一般工业产品的生产相比）。在较长的合同期内，双方在履行过程中往往会受到不可抗力、法律法规政策的变化、市场价格波动等因素的影响。在这种情况下，就必然要求合同内容约定完备、管理到位，否则将引起不必要的争议。

4）合同要符合建设程序的规定

建设工程的计划和程序都有严格的管理制度。订立建设工程合同必须以国家批准的投资计划为前提，即使是国家投资以外的，以其他方式筹集的投资，也要受当年贷款规模和批准限额的限制，纳入当年投资规模的平衡，并经过严格的审批程序。建设工程合同的订立和履行还必须符合国家关于建设程序的规定。

5）合同关系的复杂性

虽然施工合同当事人只有两方，但履行过程中涉及许多其他的项目关系人。施工合同内容的约定还需与其他相关合同相协调，如设计合同、供应合同、分包合同以及本工程的其他标段的施工合同等。

5.1.3　建设工程合同的种类

建设工程合同可按不同的划分方式进行分类。

1）按承发包的工程范围分类

按承发包的工程范围进行划分，建设工程合同可分为：

①建设工程总承包合同：发包人将工程建设的全过程发包给一个承包人的合同。

②建设工程承包合同：发包人将建设工程的勘察、设计、施工等的每一项分别发包给一个承包人的合同。

③建设工程分包合同：经合同约定和发包人认可，从工程承包人承包的工程中承包部分工程而订立的合同。

2）按承发包的内容不同进行分类

按承发包的不同内容进行划分，建设工程合同可分为建设工程勘察合同、建设工程设计合同、建设工程施工合同。

3）按计价（或付款）方式的不同分类

（1）总价合同

总价合同是指承包人在投标时，确定一个总价，据此完成项目全部承包内容的合同（一口价）。对于总价合同，完成承包范围内的全部工程内容，承包人是"一口价"包死的。工程量清单配合图纸、技术规范及合同条款等共同明确承包范围，工程量清单只是提供报价格式要求，即通过清单标示投标人（承包人）的投标总价。清单报价中的总价优先于单价，单价仅仅是在工程变更和结算时提供价格参考。如果没有工程变更，那么总价合同的工程量清单中的每一个分项工程项目，在合同履行过程中均不再——计量，工程量清单报价的总价即作为最后工程结算价格。

总价合同适用于工程量不大、技术不复杂、风险不大并且有详细而全面的设计图纸和各项说明的工程。

（2）单价合同

单价合同是指承包人在投标时，按估计的工程量清单确定合同价的合同。对于单价合同，清单工程量仅作为投标报价的基础，并不作为工程结算的依据，工程结算是以经监理工程师审核的实际工程量为依据的。具体地讲，即招标人招标时按分项工程列出工程量清单及估算工程量，投标人投标时在工程量清单中填入分项工程单价，据此计算出"名义合同总价"，作为投标报价。在施工过程中，双方每月按实际完成的工程量结算；工程竣工时，双方按实际工程量进行竣工结算。

单价合同适用于工程内容和设计不十分确定或工程量出入较大的项目。

特别提示

> 一般来说，采用单价合同有利于业主得到具有竞争力的报价，但总价合同有利于"固化"建设期支出，这对于经营性项目的投资决策是十分重要的。

（3）成本加酬金合同

成本加酬金合同是与总价合同截然相反的合同类型。工程最终结算价按照承包人的实际发生成本加一定比率的酬金结算。成本加酬金合同在签订时不能确定具体的合同价格，只能确定酬金的比率，在此类合同的招标文件中需要详细说明成本组成的各项费用。

成本加酬金合同适用于工程特别复杂，工程技术、结构方案不能预先确定的项目或抢险、应急工程。

应用案例

某港口的码头工程，在施工设计图纸没有完成前，发包人通过招标选择了一家总承包单位承包该工程的施工任务。由于设计尚未完成，承包范围内待实施的工程虽明确，但工程量还难以确定,双方协商拟采用总价合同形式签订施工合同,以减少双方的风险。

【案例评析】

由于该项目工程量难以确定,采取总价合同形式,在合同履行中易发生合同争议,是不恰当的。

5.2　建设工程合同体系

工程实施是以合同为载体的。完成一个项目建设可能需要签订成百上千份各种各样的合同,这些合同构成一个完整的合同体系。了解和掌握一个建设项目存在哪些合同关系,以及合同间相互关系如何是建立合同系统思维的基础。

建设项目的实施是一个复杂的生产过程,它先后经历勘察、设计、施工和试运行等阶段,有建筑、土建、装饰、给排水、电气、智能建筑、通风与空调、电梯等专业设计与施工活动,需要各种材料、设备、资金和劳动力的供应。由于现代社会化大生产和专业分工,通常一个建设项目的参建单位就有十几个、几十个甚至成百上千个。它们之间形成各种经济关系,构成一个体系。这些经济关系的具体表现就是合同,而这种经济关系体系则构成一个复杂的合同体系。在这个体系中,业主和承包人是两个最主要的节点。

5.2.1　业主的合同关系

一个项目的业主可能是政府、企业、其他投资者,几个企业的组合(合资或联营)或政府与企业的组合。

业主根据对工程的需求,确定工程项目的总目标。工程总目标是通过实施许多工程活动实现的,如工程的勘察、设计、各专业工程施工、监理、设备和材料供应、咨询等。业主通过合同将这些工作发包或委托出去。按照不同的项目实施策略,业主的合同关系也不同,签订合同的数量变化也比较大。

1) 工程承包合同

业主采用的工程发承包模式不同,承包合同所包括的承包范围也会有很大差异。业主可以将工程分阶段、分专业委托,将材料和设备供应分别委托,也可以将上述工作以各种形式合并委托一个承包人完成。通常业主签订的工程承包合同包括工程施工合同和总承包合同两种。

(1)工程施工合同

工程施工合同即一个或几个承包人承包或分别承包工程的土建、装饰、给排水、电气、智能建筑、通风与空调、电梯等施工。根据施工合同所包含的工作范围不同,又可分为以下几种:

①施工总承包合同,即一个承包人承担一个工程的全部施工任务,包括土建、装饰、给排水和电气设备安装等。

②单位工程施工承包合同。业主可以将工程按不同专业(如土建施工、装饰施工、安装施工等)发包给不同的承包人。各承包人之间是平行关系。

③专业工程施工承包合同。业主可以将专业性很强的专业工程,如电梯、幕墙、防水等工程委托给专业的承包人完成。

（2）总承包合同

总承包合同即业主将设计、施工、采购工作全部或部分委托给一个承包人完成时所签订的合同。

2）勘察设计合同

勘察设计合同即业主与勘察、设计单位签订的合同。

3）材料、设备供应合同

材料、设备供应合同即业主与有关材料和设备供应单位签订的供应（采购）合同。在一个工程中,业主可能签订许多供应合同,也可以把材料、设备委托给工程承包人采购。

4）监理合同

监理合同即业主与监理单位签订的合同。

5）项目管理合同

项目管理合同即业主与一个项目管理公司签订的合同,由一个项目管理公司负责整个项目管理工作。项目管理合同的工作范围可能有可行性研究、设计监理、招标代理、造价咨询和施工监理等某一项或几项或全部工作。

6）融资合同

融资合同即业主与金融机构（如银行）签订的合同。后者向业主提供资金保证。

7）其他合同

其他合同,如业主签订的工程保险合同等。

5.2.2　承包人的合同关系

承包人是工程承包合同的履行者,按照合同约定完成承包合同所确定的工程范围的设计、施工、竣工和保修任务,为完成这些工作提供劳动力、施工设备、材料和管理人员。任何承包人都不可能也不必具备承包合同范围内所有专业工程的施工能力、材料和设备的生产与供应能力,他可以将许多专业工程或工作委托出去。因此,承包人也有自己复杂的合同关系。

①工程分包合同:承包人把承接到的工程中的某些专业工程,在业主许可的前提下,分包给其他承包商来完成,与他们签订分包合同。承包人在承包合同下可能订立许多工程分包合同。分包人仅完成承包人的工程,向承包人负责,与业主无合同关系。承包人向业主担负全部工程责任,负责工程的管理和所属各分包商之间的协调,以及各分包商之间合同责任界面的划分,同时承担协调失误造成损失的责任。

②采购合同:承包人为工程进行的必要的材料和设备的采购及供应,与供应商签订采购合同。

③运输合同:承包人为解决材料和设备的运输问题而与运输单位签订的合同。

④加工合同:承包人将建筑构配件、特殊构件加工任务委托给加工承揽单位而订立的合同。

⑤租赁合同:在建设工程中,承包人需要许多施工设备、运输设备、周转材料,这些设备、周转材料在现场使用率较低,或承包人不具备自己购置设备的资金实力时,可采用租赁方式,与租赁单位签订租赁合同。

⑥劳务分包合同:即承包人与劳务供应商签订的合同,由劳务企业向承包人提供施工劳务。

⑦保险合同:承包人按施工合同要求对工程进行保险,与保险公司签订保险合同。

⑧融资合同:如果工程付款条件苛刻,要求承包人带资承包,承包人必须与金融单位签订融资合同。

⑨联营体协议:在许多大工程中,尤其是在业主要求总承包的工程中,承包人经常是几个企业的联营体,即联营承包。若干承包人之间订立联营体协议,联合投标,共同承接工程。联营承包已成为许多承包商的经营战略之一,在国内外工程中都很常见。

5.2.3　工程合同体系图

根据上述分析,就构成了不同层次、不同类型的合同,它们共同构成工程项目的合同体系,如图 5.1 所示。

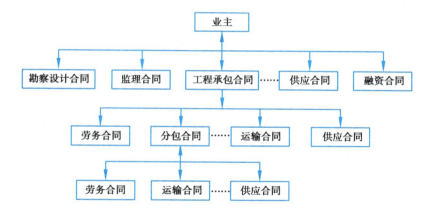

图 5.1　工程合同体系

在一个工程中,上述这些合同都是为了完成业主的工程项目目标而签订和履行的。工程项目的合同体系反映了项目的运作方式。

在现代工程中,由于业主的发包策略是多样化的,因此合同关系和合同体系也是十分复杂和不确定的。工程合同体系在工程合同管理中也是一个非常重要的概念,它从一个重要角度反映了项目的形象,对整个合同管理的运作有很大影响。

①它反映了项目任务的范围和划分方式。

②它反映了项目所采用的发承包模式和管理模式。

③它在很大程度上决定了项目的组织形式。因为不同层次的合同,常常又决定了合同实施者在项目组织中的地位。

5.3 建设工程施工合同

5.3.1 施工合同概述

1)施工合同的概念

施工合同即建筑安装工程承包合同,是发包人和承包人为完成商定的建设安装工程,明确相互权利和义务关系的合同。依照施工合同,承包人应完成一定的建筑、安装工程任务,发包人应提供必要的施工条件并支付工程价款。施工合同是建设工程合同的一种,它与其他建设工程合同一样是一种双务合同,在订立时也应遵循自愿、平等、诚实信用等原则。

施工合同是工程建设的主要合同,是施工单位进行工程建设的质量管理、进度管理、费用管理的主要依据之一。在市场经济条件下,建设市场主体之间相互的权利义务关系主要通过合同确定,因此,在建设领域加强对施工合同的管理具有十分重要的意义。

施工合同的当事人是发包人和承包人,双方是平等的民事主体。承发包双方签订施工合同,必须具备相应的资质条件和履行施工合同的能力。对合同范围内的工程实施建设时,发包人必须具备组织协调能力,承包人必须具备有关部门核定的资质等级,并持有营业执照等证明文件。

发包人可以是具备法人资格的国家机关、事业单位、国有企业、集体企业、私营企业、经济联合体和社会团体,也可以是依法登记的个人合伙、个体经营户或个人,即一切以协议、法院判决或其他合法完备手续取得发包人的资格,承认全部合同文件,能够而且愿意履行合同规定义务(主要是支付工程价款能力)的合同当事人。

承包人应是具备与工程相应资质和法人资格,并被发包人接受的合同当事人及其合法继承人。承包人不能将工程转包或出让,如进行分包,应在合同签订前提出并征得发包人同意。承包人是施工单位(承包商)。

在施工合同中,实行的是以工程师为核心的管理体系(虽然工程师不是施工合同当事人)。施工合同中的工程师是指监理单位委派的总监理工程师或发包人指定的履行合同的负责人,其具体身份和职责由双方在合同中约定。

对于建筑施工企业项目经理而言,施工合同具有特别重要的意义。因为进行施工管理是建筑施工企业项目经理的主要职责。而在市场经济中,施工的主要依据是当事人之间订立的施工合同。建筑施工企业的项目经理必须树立较强的合同意识,掌握施工合同的内容,依据施工合同管理工程施工。

2)施工合同的订立

(1)订立施工合同应具备的条件

①施工图设计已经批准;

②工程项目已经列入年度建设计划；

③有能够满足施工需要的设计文件和有关技术资料；

④建设资金和主要建筑材料、设备来源已经落实；

⑤对于招投标工程，中标通知书已经发出。

（2）订立施工合同应当遵循的原则

①遵守国家法律、法规和国家计划原则。订立施工合同，必须遵守国家法律、法规，还应遵守国家的建设计划和其他计划（如贷款计划）等。建设工程施工对经济发展、社会生活有多方面的影响，国家有许多强制性的管理规定，施工合同当事人都必须遵守。

②平等、自愿、公平原则。签订施工合同的当事人双方都具有平等的法律地位，任何一方都不得强迫对方接受不平等的合同条件，合同内容应当是双方当事人真实意思的体现。合同的内容应当是公平的，不能单纯损害一方的利益，对于显失公平的施工合同，当事人一方有权申请人民法院或者仲裁机构予以变更或者撤销。

③诚实信用原则。双方在订立施工合同时要诚实，不得有欺诈行为，合同当事人应当如实将自身和工程的情况介绍给对方。在履行合同时，施工合同当事人要守信用，严格履行合同。

（3）订立施工合同的程序

施工合同作为合同的一种，其订立也应经过要约和承诺两个阶段。其订立方式有两种，即直接发包和招标发包。如果没有特殊情况，工程建设施工都应通过招标投标确定施工企业。中标通知书发出后，中标的施工企业应当与建设单位及时签订合同。依据《招标投标法》和《工程建设项目施工招标投标管理办法》的规定，中标通知书发出之日起 30 日内，中标单位应与建设单位依据招标文件、投标书等签订工程承发包合同（施工合同）。与建设单位签订合同的必须是中标的施工企业，投标书中已确定的合同条款在签订时不得更改，合同价应与中标价一致。如果中标施工企业拒绝与建设单位签订合同，则建设单位将不再返还其投标保证金（如果是银行等金融机构出具投标保函的，则投标保函出具者应当承担相应的保证责任）。建设行政主管部门或其授权机构还可给予一定的行政处罚。

5.3.2　建设工程施工合同（示范文本）简介

1999 版施工合同自开始使用以来，成为我国现行应用最广泛的建设工程类合同范本。但随着一系列与建设工程相关的法律法规和规范性文件的颁布和实施，1999 版示范文本中的内容与这些法律法规和规范性文件产生了不协调之处。同时，随着建设工程市场的发展和变化，建设工程领域普遍存在的阴阳合同、违法分包、转包、挂靠、拖欠工程款等问题也越来越严重，1999 版施工合同已不能满足实际需要，亟须对合同范本的体例设置和内容安排进行完善和改进，出台新的合同范本。为了规范建筑市场秩序，维护建设工程施工合同当事人的合法权益，住房和城乡建设部、工商总局对 1999 版施工合同进行了修订，制定了《建设工程施工合同（示范文本）》（GF-2013-0201）。后又对《建设工程施工合同（示范文本）》（GF-2013-0201）进行了修订，制定了《建设工程施工合同（示范文本）》（GF-2017-0201）。下面主要介绍现行的《建设工程施工合同(示范文本)》(GF-2017-0201)。

1)建设工程施工合同(示范文本)的具体体系

建设工程施工合同(示范文本)(GF-2017-0201)由合同协议书、通用合同条款和专用合同条款三大部分组成,包含了11个附件。合同协议书集中约定与工程实施相关的主要内容,使合同当事人在签订合同时一目了然其核心的权利义务。通用合同条款将合同通常需要管理的要素在通用合同条款中进行详细规定,如果合同当事人根据各项目不同情况需要进行调整的,则按照相应的具体情况在专用合同条款中补充和细化。专用合同条款根据每个具体工程的个性进行设定,可以调整通用合同条款中的意思表示,其效力优先于通用合同条款。

合同协议书、通用合同条款和专用合同条款及附件的基本情况如下:

(1)合同协议书

《示范文本》合同协议书是合同的纲领性文件。它规定了合同当事人双方最主要的权利和义务,规定了组成合同的文件及合同当事人对履行合同义务的承诺,并且要求合同当事人在这份文件上签字盖章,因此具有很高的法律效力。合同协议书共计13条,主要包括工程概况、合同工期、质量标准、签约合同价和合同价格形式、项目经理、合同文件构成、承诺及合同生效条件等重要内容,集中约定了合同当事人基本的合同权力义务。

(2)通用合同条款

通用合同条款是合同当事人根据《中华人民共和国合同法》(《中华人民共和国民法典》自2021年1月1日起施行,《中华人民共和国合同法》同时废止)、《中华人民共和国建筑法》等法律法规的规定,就工程建设的实施及相关事项,对合同当事人的权利义务作出的原则性约定。

通用合同条款共计20条,具体条款分别为:一般约定、发包人、承包人、监理人、工程质量、安全文明施工与环境保护、工期和进度、材料与设备、试验与检验、变更、价格调整、合同价格、计量与支付、验收和工程试车、竣工结算、缺陷责任与保修、违约、不可抗力、保险、索赔和争议解决。前述条款安排既考虑了现行法律法规对工程建设的有关要求,也考虑了建设工程施工管理的特殊需要。

(3)专用合同条款

专用合同条款是对通用合同条款原则性约定的细化、完善、补充、修改或另行约定的条款。合同当事人可以根据不同建设工程的特点及具体情况,通过双方的谈判、协商对相应的专用合同条款进行修改补充。在使用专用合同条款时,应注意以下事项:

①专用合同条款的编号应与相应的通用合同条款的编号一致;

②合同当事人可以通过对专用合同条款的修改,满足具体建设工程的特殊要求,避免直接修改通用合同条款;

③在专用合同条款中有横道线的地方,合同当事人可针对相应的通用合同条款进行细化、完善、补充、修改或另行约定;如无细化、完善、补充、修改或另行约定,则填写"无"或画"/"。

知识链接

第一部分　合同协议书

发包人(全称):＿＿＿＿＿＿＿＿＿＿＿

承包人(全称):＿＿＿＿＿＿＿＿＿＿＿

根据《中华人民共和国合同法》《中华人民共和国建筑法》及有关法律规定,遵循平等、自愿、公平和诚实信用的原则,双方就＿＿＿＿＿＿＿＿＿＿工程施工及有关事项协商一致,共同达成如下协议:

一、工程概况

1.工程名称:＿＿＿＿＿＿＿＿＿＿＿＿＿＿＿＿＿＿＿＿＿＿＿＿＿＿＿＿＿＿＿。

2.工程地点:＿＿＿＿＿＿＿＿＿＿＿＿＿＿＿＿＿＿＿＿＿＿＿＿＿＿＿＿＿＿＿。

3.工程立项批准文号:＿＿＿＿＿＿＿＿＿＿＿＿＿＿＿＿＿＿＿＿＿＿＿＿＿＿。

4.资金来源:＿＿＿＿＿＿＿＿＿＿＿＿＿＿＿＿＿＿＿＿＿＿＿＿＿＿＿＿＿＿＿。

5.工程内容:＿＿＿＿＿＿＿＿＿＿＿＿＿＿＿＿＿＿＿＿＿＿＿＿＿＿＿＿＿＿＿。

群体工程应附《承包人承揽工程项目一览表》(附件1)。

6.工程承包范围:＿＿＿＿＿＿＿＿＿＿＿＿＿＿＿＿＿＿＿＿＿＿＿＿＿＿＿＿＿

＿＿＿＿＿＿＿＿＿＿＿＿＿＿＿＿＿＿＿＿＿＿＿＿＿＿＿＿＿＿＿＿＿＿＿＿＿＿＿。

二、合同工期

计划开工日期:＿＿＿年＿＿＿月＿＿＿日。

计划竣工日期:＿＿＿年＿＿＿月＿＿＿日。

工期总日历天数:＿＿＿＿＿＿＿＿天。工期总日历天数与根据前述计划开竣工日期计算的工期天数不一致的,以工期总日历天数为准。

三、质量标准

工程质量符合＿＿＿＿＿＿＿＿＿＿＿＿＿＿＿＿＿标准。

四、签约合同价与合同价格形式

1.签约合同价为:

人民币(大写)＿＿＿＿＿＿＿＿＿＿＿＿＿(¥＿＿＿＿＿＿元);

其中:

(1)安全文明施工费:

人民币(大写)＿＿＿＿＿＿＿＿＿＿＿＿＿(¥＿＿＿＿＿＿元);

(2)材料和工程设备暂估价金额:

人民币(大写)＿＿＿＿＿＿＿＿＿＿＿＿＿(¥＿＿＿＿＿＿元);

(3)专业工程暂估价金额:

人民币(大写)＿＿＿＿＿＿＿＿＿＿＿＿＿(¥＿＿＿＿＿＿元);

(4)暂列金额:

人民币(大写)＿＿＿＿＿＿＿＿＿＿＿＿＿(¥＿＿＿＿＿＿元)。

2.合同价格形式:＿＿＿＿＿＿＿＿＿＿＿＿＿＿＿＿＿＿＿。

五、项目经理

承包人项目经理：_____。

六、合同文件构成

本协议书与下列文件一起构成合同文件：

(1)中标通知书(如果有)；

(2)投标函及其附录(如果有)；

(3)专用合同条款及其附件；

(4)通用合同条款；

(5)技术标准和要求；

(6)图纸；

(7)已标价工程量清单或预算书；

(8)其他合同文件。

在合同订立及履行过程中形成的与合同有关的文件均构成合同文件组成部分。

上述各项合同文件包括合同当事人就该项合同文件所作出的补充和修改，属于同一类内容的文件，应以最新签署的为准。专用合同条款及其附件须经合同当事人签字或盖章。

七、承诺

1.发包人承诺按照法律规定履行项目审批手续、筹集工程建设资金并按照合同约定的期限和方式支付合同价款。

2.承包人承诺按照法律规定及合同约定组织完成工程施工，确保工程质量和安全，不进行转包及违法分包，并在缺陷责任期及保修期内承担相应的工程维修责任。

3.发包人和承包人通过招投标形式签订合同的，双方理解并承诺不再就同一工程另行签订与合同实质性内容相背离的协议。

八、词语含义

本协议书中词语含义与第二部分通用合同条款中赋予的含义相同。

九、签订时间

本合同于_____年_____月_____日签订。

十、签订地点

本合同在_____签订。

十一、补充协议

本合同未尽事宜，合同当事人另行签订补充协议，补充协议是合同的组成部分。

十二、合同生效

本合同自_____生效。

十三、合同份数

本合同一式____份，均具有同等法律效力，发包人执____份，承包人执_____份。

发包人：　　　　（公章）　　　　　承包人：　　　　（公章）

法定代表人或其委托代理人：_____　　法定代表人或其委托代理人：_____

（签字）　　　　　　　　　　　　（签字）

组织机构代码：_____　　　　组织机构代码：_____

地址：_____　　　　　　　　地址：_____

邮政编码：_____　　　　　　邮政编码：_____

法定代表人：_____　　　　　法定代表人：_____

委托代理人：_____　　　　　委托代理人：_____

电话：_____　　　　　　　　电话：_____

传真：_____　　　　　　　　传真：_____

电子信箱：_____　　　　　　电子信箱：_____

开户银行：_____　　　　　　开户银行：_____

账号：_____　　　　　　　　账号：_____

2）建设工程施工合同（示范文本）的适用范围

《建设工程施工合同（示范文本）》（GF-2017-0201）适用于房屋建筑工程、土木工程、线路管道和设备安装工程、装修工程等建设工程的施工承发包活动，合同当事人可结合建设工程具体情况，根据 2017 版施工合同订立合同，并按照法律法规规定与合同约定承担相应的法律责任及合同权利义务。

3）建设工程施工合同（示范文本）的解释顺序

组成合同的各项文件应互相解释、互为说明。除专用合同条款另有约定外，解释合同文件的优先顺序如下：

①合同协议书；

②中标通知书（如果有）；

③投标函及其附录（如果有）；

④专用合同条款及其附件；

⑤通用合同条款；

⑥技术标准和要求；

⑦图纸；

⑧已标价工程量清单或预算书；

⑨其他合同文件。

上述各项合同文件包括合同当事人就该项合同文件所作出的补充和修改，属于同一类内容的文件，应以最新签署的为准。在合同订立及履行过程中形成的与合同有关的文件均构成合同文件的组成部分，并根据其性质确定优先解释顺序。

5.3.3　建设工程施工合同发包人的合同义务

1)许可或批准

发包人应遵守法律,并办理法律规定由其办理的许可、批准或备案,包括但不限于建设用地规划许可证,建设工程规划许可证,建设工程施工许可证,施工所需临时用水、临时用电、中断道路交通、临时占用土地等许可和批准。发包人应协助承包人办理法律规定的有关施工证件和批件。

因发包人原因未能及时办理完毕前述许可、批准或备案,由发包人承担由此增加的费用和(或)延误的工期,并支付承包人合理的利润。

2)施工现场、施工条件和基础资料的提供

(1)提供施工现场

除专用合同条款另有约定外,发包人应最迟于开工日期7天前向承包人移交施工现场。

特别提示

《建设工程安全生产管理条例》第六条规定:"建设单位应当向施工单位提供施工现场及毗邻区域内供水、排水、供电、供气、供热、通信、广播电视等地下管线资料,气象和水文观测资料,相邻建筑物和构筑物、地下工程的有关资料,并保证资料的真实、准确、完整。"故承包人需自行承担据此资料作出判断、推论和决策的后果。

(2)提供施工条件

除专用合同条款另有约定外,发包人应负责提供施工所需要的条件,包括:

①将施工用水、电力、通信线路等施工必需的条件接至施工现场内;

②保证向承包人提供正常施工所需要的进入施工现场的交通条件;

③协调处理施工现场周围地下管线和邻近建筑物、构筑物、古树名木的保护工作,并承担相关费用;

④按照专用合同条款约定应提供的其他设施和条件。

(3)提供基础资料

发包人应当在移交施工现场前向承包人提供施工现场及工程施工所必需的毗邻区域内供水、排水、供电、供气、供热、通信、广播电视等地下管线资料,气象和水文观测资料,地质勘察资料,相邻建筑物、构筑物和地下工程等有关基础资料,并对所提供资料的真实性、准确性和完整性负责。

按照法律规定确需在开工后方能提供的基础资料,发包人应尽其努力及时地在相应工程施工前的合理期限内提供,合理期限应以不影响承包人的正常施工为限。

(4)逾期提供的责任

因发包人原因未能按合同约定及时向承包人提供施工现场、施工条件、基础资料的,由发包人承担由此增加的费用和(或)延误的工期。

3) 资金来源证明及支付担保

除专用合同条款另有约定外,发包人应在收到承包人要求提供资金来源证明的书面通知后 28 天内,向承包人提供能够按照合同约定支付合同价款的相应资金来源证明。

除专用合同条款另有约定外,发包人要求承包人提供履约担保的,发包人应当向承包人提供支付担保。支付担保可以采用银行保函或担保公司担保等形式,具体由合同当事人在专用合同条款中约定。

4) 支付合同价款

发包人应按合同约定向承包人及时支付合同价款。

5) 组织竣工验收

发包人应按合同约定及时组织竣工验收。

6) 现场统一管理协议

发包人应与承包人、由发包人直接发包的专业工程的承包人签订施工现场统一管理协议,明确各方的权利义务。施工现场统一管理协议作为专用合同条款的附件。

应 用案例

某市一家房地产开发公司(发包人)与一家建筑工程公司(承包人)签订了一份工程施工合同。合同约定,由房地产开发公司完成"三通一平"工作,提供施工水电,并在合同约定的开工日期前 7 天,将施工场地交给承包人。在合同履行过程中,由于拆迁等问题,导致发包人不能按合同约定将施工场地移交给承包人。承包人以发包人没有按合同约定提供施工场地为由,向发包人提出顺延工期、补偿窝工损失的请求。

【案例评析】

按照合同的相关约定,发包人按时向承包人提供施工场地是发包人的合同义务。由于发包人没有恰当履行合同义务,工期应予以顺延,相关损失应予以补偿。

5.3.4　建设工程施工合同承包人的合同义务

1) 承包人的一般义务

承包人在履行合同过程中应遵守法律和工程建设标准规范,并履行以下义务:

①办理法律规定应由承包人办理的许可和批准,并将办理结果书面报送发包人留存;

②按法律规定和合同约定完成工程,并在保修期内承担保修义务;

③按法律规定和合同约定采取施工安全和环境保护措施,办理工伤保险,确保工程及人员、材料、设备和设施的安全;

④按合同约定的工作内容和施工进度要求,编制施工组织设计和施工措施计划,并对所有施工作业和施工方法的完备性和安全可靠性负责;

⑤在进行合同约定的各项工作时,不得侵害发包人与他人使用公用道路、水源、市政管网等公共设施的权利,避免对邻近的公共设施产生干扰。承包人占用或使用他人的施工场地,影

响他人作业或生活的,应承担相应责任;

⑥按照环境保护约定负责施工场地及其周边环境与生态的保护工作;

⑦按照安全文明施工约定采取施工安全措施,确保工程及其人员、材料、设备和设施的安全,防止因工程施工造成的人身伤害和财产损失;

⑧将发包人按合同约定支付的各项价款专用于合同工程,且应及时支付其雇用人员的工资,并及时向分包人支付合同价款;

⑨按照法律规定和合同约定编制竣工资料,完成竣工资料的立卷及归档,并按专用合同条款约定的竣工资料的套数、内容、时间等要求移交发包人;

⑩应履行的其他义务。

2) 项目经理

①项目经理应为合同当事人确认的人选,并在专用合同条款中明确项目经理的姓名、职称、注册执业证书编号、联系方式及授权范围等事项,项目经理经承包人授权后代表承包人负责履行合同。项目经理应是承包人正式聘用的员工,承包人应向发包人提交项目经理与承包人之间的劳动合同,以及承包人为项目经理缴纳社会保险的有效证明。承包人不提交上述文件的,项目经理无权履行职责,发包人有权要求更换项目经理,由此增加的费用和(或)延误的工期由承包人承担。

项目经理应常驻施工现场,且每月在施工现场的时间不得少于专用合同条款约定的天数。项目经理不得同时担任其他项目的项目经理。项目经理确需离开施工现场时,应事先通知监理人,并取得发包人的书面同意。项目经理的通知中应当载明临时代行其职责的人员的注册执业资格、管理经验等资料,该人员应具备履行相应职责的能力。

承包人违反上述约定的,应按照专用合同条款的约定,承担违约责任。

②项目经理按合同约定组织工程实施。在紧急情况下为确保施工安全和人员安全,在无法与发包人代表和总监理工程师及时取得联系时,项目经理有权采取必要的措施保证与工程有关的人身、财产和工程的安全,但应在 48 小时内向发包人代表和总监理工程师提交书面报告。

③承包人需要更换项目经理的,应提前 14 天书面通知发包人和监理人,并征得发包人书面同意。通知中应当载明继任项目经理的注册执业资格、管理经验等资料,继任项目经理继续履行第①项约定的职责。未经发包人书面同意,承包人不得擅自更换项目经理。承包人擅自更换项目经理的,应按照专用合同条款的约定承担违约责任。

④发包人有权书面通知承包人更换其认为不称职的项目经理,通知中应当载明要求更换的理由。承包人应在接到更换通知后 14 天内向发包人提出书面的改进报告。发包人收到改进报告后仍要求更换的,承包人应在接到第二次更换通知的 28 天内进行更换,并将新任命的项目经理的注册执业资格、管理经验等资料书面通知发包人。继任项目经理继续履行第①项约定的职责。承包人无正当理由拒绝更换项目经理的,应按照专用合同条款的约定承担违约责任。

⑤项目经理因特殊情况授权其下属人员履行其某项工作职责的,该下属人员应具备履行相应职责的能力,并应提前 7 天将上述人员的姓名和授权范围书面通知监理人,并征得发包人书面同意。

3) 承包人人员

①除专用合同条款另有约定外,承包人应在接到开工通知后 7 天内,向监理人提交承包人项目管理机构及施工现场人员安排的报告,其内容应包括合同管理、施工、技术、材料、质量、安全、财务等主要施工管理人员名单及其岗位、注册执业资格等,以及各工种技术工人的安排情况,并同时提交主要施工管理人员与承包人之间的劳动关系证明和缴纳社会保险的有效证明。

②承包人派驻到施工现场的主要施工管理人员应相对稳定。施工过程中如有变动,承包人应及时向监理人提交施工现场人员变动情况的报告。承包人更换主要施工管理人员时,应提前 7 天书面通知监理人,并征得发包人书面同意。通知中应当载明继任人员的注册执业资格、管理经验等资料。

特殊工种作业人员均应持有相应的资格证明,监理人可以随时检查。

③发包人对于承包人主要施工管理人员的资格或能力有异议的,承包人应提供资料证明被质疑人员有能力完成其岗位工作或不存在发包人所质疑的情形。发包人要求撤换不能按照合同约定履行职责及义务的主要施工管理人员的,承包人应当撤换。承包人无正当理由拒绝撤换的,应按照专用合同条款的约定承担违约责任。

④除专用合同条款另有约定外,承包人的主要施工管理人员离开施工现场每月累计不超过 5 天的,应报监理人同意;离开施工现场每月累计超过 5 天的,应通知监理人,并征得发包人书面同意。主要施工管理人员离开施工现场前应指定一名有经验的人员临时代行其职责,该人员应具备履行相应职责的资格和能力,且应征得监理人或发包人的同意。

⑤承包人擅自更换主要施工管理人员,或前述人员未经监理人或发包人同意擅自离开施工现场的,应按照专用合同条款约定承担违约责任。

4) 承包人现场查勘

承包人应对基于发包人提交的基础资料所作出的解释和推断负责,但因基础资料存在错误、遗漏导致承包人解释或推断失实的,由发包人承担责任。

承包人应对施工现场和施工条件进行查勘,并充分了解工程所在地的气象条件、交通条件、风俗习惯以及其他与完成合同工作有关的资料。因承包人未能充分查勘、了解前述情况或未能充分估计前述情况可能产生后果的,承包人承担由此增加的费用和(或)延误的工期。

5) 分包

(1)分包的一般约定

承包人不得将其承包的全部工程转包给第三人,或将其承包的全部工程肢解后以分包的名义转包给第三人。承包人不得将工程主体结构、关键性工作及专用合同条款中禁止分包的专业工程分包给第三人,主体结构、关键性工作的范围由合同当事人按照法律规定在专用合同条款中予以明确。

承包人不得以劳务分包的名义转包或违法分包工程。

(2)分包的确定

承包人应按专用合同条款的约定进行分包,确定分包人。已标价工程量清单或预算书中给定暂估价的专业工程,按照暂估价确定分包人。按照合同约定进行分包的,承包人应确保分包人具有相应的资质和能力。工程分包不减轻或免除承包人的责任和义务,承包人和分包人就分包工程向发包人承担连带责任。除合同另有约定外,承包人应在分包合同签订后 7 天内向发包人和监理人提交分包合同副本。

（3）分包管理

承包人应向监理人提交分包人的主要施工管理人员表,并对分包人的施工人员进行实名制管理,包括但不限于进出场管理、登记造册以及各种证照的办理。

（4）分包合同价款

①除第②项约定的情况或专用合同条款另有约定外,分包合同价款由承包人与分包人结算,未经承包人同意,发包人不得向分包人支付分包工程价款;

②生效法律文书要求发包人向分包人支付分包合同价款的,发包人有权从应付承包人工程款中扣除该部分款项。

（5）分包合同权益的转让

分包人在分包合同下的义务持续到缺陷责任期届满以后的,发包人有权在缺陷责任期届满前,要求承包人将其在分包合同下的权益转让给发包人,承包人应当转让。除转让合同另有约定外,转让合同生效后,由分包人向发包人履行义务。

6) 工程照管与成品、半成品保护

①除专用合同条款另有约定外,自发包人向承包人移交施工现场之日起,承包人应负责照管工程及与工程相关的材料、工程设备,直到颁发工程接收证书之日止;

②在承包人负责照管期间,因承包人原因造成工程、材料、工程设备损坏的,由承包人负责修复或更换,并承担由此增加的费用和(或)延误的工期;

③对合同内分期完成的成品和半成品,在工程接收证书颁发前,由承包人承担保护责任。因承包人原因造成成品或半成品损坏的,由承包人负责修复或更换,并承担由此增加的费用和(或)延误的工期。

7) 履约担保

发包人需要承包人提供履约担保的,由合同当事人在专用合同条款中约定履约担保的方式、金额及期限等。履约担保可以采用银行保函或担保公司担保等形式,具体由合同当事人在专用合同条款中约定。

因承包人原因导致工期延长的,继续提供履约担保所增加的费用由承包人承担;非因承包人原因导致工期延长的,继续提供履约担保所增加的费用由发包人承担。

8) 联合体

①联合体各方应共同与发包人签订合同协议书。联合体各方应为履行合同向发包人承担连带责任。

②联合体协议经发包人确认后作为合同附件。在履行合同过程中,未经发包人同意,不得修改联合体协议。

③联合体牵头人负责与发包人和监理人联系,并接受指示,负责组织联合体各成员全面履行合同。

5.3.5　建设工程施工合同关于质量的条款

1）工程质量要求

工程质量标准必须符合现行国家有关工程施工质量验收规范和标准的要求。有关工程质量的特殊标准或要求由合同当事人在专用合同条款中约定。

因发包人原因造成工程质量未达到合同约定标准的，由发包人承担由此增加的费用和（或）延误的工期，并支付承包人合理的利润。

因承包人原因造成工程质量未达到合同约定标准的，发包人有权要求承包人返工直至工程质量达到合同约定的标准为止，并由承包人承担由此增加的费用和（或）延误的工期。

监理人按照法律规定和发包人授权对工程的所有部位及其施工工艺、材料和工程设备进行检查和检验。承包人应为监理人的检查和检验提供方便，包括监理人到施工现场，或制造、加工地点，或合同约定的其他地方进行察看和查阅施工原始记录。监理人为此进行的检查和检验，不免除或减轻承包人按照合同约定应当承担的责任。

2）材料设备供应的质量条款

工程项目所用的材料、构配件和工程设备按照专用合同条款的约定，可由承包人采购，也可由发包人采购供应全部或部分的主要材料、构配件和工程设备。合同双方当事人对自己所供应的材料和设备的质量承担全部责任。

（1）承包人采购的材料和工程设备

承包人采购的材料和工程设备应保证产品质量合格，承包人应在材料和工程设备到货前24小时通知监理人检验。承包人进行永久设备、材料的制造和生产的，应符合相关质量标准，并向监理人提交材料的样本以及有关资料，并应在使用该材料或工程设备之前获得监理人同意。

承包人采购的材料和工程设备不符合设计或有关标准要求时，承包人应在监理人要求的合理期限内将不符合设计或有关标准要求的材料、工程设备运出施工现场，并重新采购符合要求的材料、工程设备，由此增加的费用和（或）延误的工期由承包人承担。

承包人采购的材料和工程设备由承包人妥善保管，保管费用由承包人承担。法律规定材料和工程设备使用前必须进行检验或试验的，承包人应按监理人的要求进行检验或试验，检验或试验的费用由承包人承担，不合格的不得使用。

发包人或监理人发现承包人使用不符合设计或有关标准要求的材料和工程设备时，有权要求承包人进行修复、拆除或重新采购，由此增加的费用和（或）延误的工期由承包人承担。

监理人有权拒绝承包人提供的不合格材料或工程设备，并要求承包人立即进行更换。监理人应在更换后再次进行检查和检验，由此增加的费用和（或）延误的工期由承包人承担。监理人发现承包人使用了不合格的材料和工程设备，承包人应按照监理人的指示立即改正，并禁止在工程中继续使用不合格的材料和工程设备。

（2）发包人供应的材料和工程设备

发包人自行供应材料、工程设备的，应在签订合同时在专用合同条款的附件"发包人供应材料设备一览表"中明确材料、工程设备的品种、规格、型号、数量、单价、质量等级和送达地点。

承包人应提前30天通过监理人以书面形式通知发包人供应材料与工程设备进场。发包人应按"发包人供应材料设备一览表"约定的内容提供材料和工程设备,并向承包人提供产品合格证明及出厂证明,对其质量负责。发包人应提前24小时以书面形式通知承包人、监理人材料和工程设备的到货时间,承包人负责材料和工程设备的清点、检验和接收。

发包人供应的材料和工程设备的规格、数量或质量不符合合同约定的,或因发包人原因导致交货日期延误或交货地点变更等情况的,按照发包人违约约定办理。

发包人供应的材料和工程设备,承包人清点后由承包人妥善保管,保管费用由发包人承担,但已标价工程量清单或预算书已经列支或专用合同条款另有约定的除外。因承包人原因发生丢失毁损的,由承包人负责赔偿;监理人未通知承包人清点的,承包人不负责材料和工程设备的保管,由此导致丢失毁损的由发包人负责。

发包人供应的材料和工程设备使用前,由承包人负责检验,检验费用由发包人承担,不合格的不得使用。

发包人提供的材料或工程设备不符合合同要求的,承包人有权拒绝,并可要求发包人更换,由此增加的费用和(或)延误的工期由发包人承担,并支付承包人合理的利润。

3) 工程验收的质量条款

（1）试验和检验

为了防止材料、构配件和工程设备在现场储存时间或保管不善而导致质量降低,应在用于永久工程施工前进行必要的试验和检验。对于已施工工程,监理人应按合同约定进行检验。经验收合格的工程,才能支付工程款。

①材料、构配件、工程设备和工程质量的试验和检验。承包人应按合同约定进行材料、构配件、工程设备和工程质量的试验和检验,并为监理人对上述材料、构配件、工程设备和工程的质量检查提供必要的试验资料和原始记录。按合同约定应由监理人与承包人共同进行试验和检验的,由承包人负责提供必要的试验资料和原始记录。

试验属于自检性质的,承包人可以单独进行试验。试验属于监理人抽检性质的,监理人可以单独进行试验,也可由承包人与监理人共同进行。承包人对由监理人单独进行的试验结果有异议的,可以申请重新共同进行试验。约定共同进行试验的,监理人未按照约定参加试验的,承包人可自行试验,并将试验结果报送监理人,监理人应承认该试验结果。

监理人对承包人的试验和检验结果有异议的,或为查清承包人试验和检验成果的可靠性,要求承包人重新试验和检验的,可按合同约定由监理人与承包人共同进行。重新试验和检验的结果证明该项材料、构配件、工程设备和工程的质量不符合合同要求的,由此增加的费用和(或)工期延误由承包人承担;重新试验和检验的结果证明该项材料、构配件、工程设备和工程的质量符合合同要求的,由此增加的费用和(或)工期延误由发包人承担。

②现场材料试验。在一些项目中,需要承包人在工地现场自建完备的实验室,提供现场材料试验所需的一切试验条件。试验事项是指承包人按照合同约定设置的试验项目,主要是对工程用的水泥、钢材、土料和石料以及混凝土材料等进行常规性抽检和试验。承包人的实验室自身不能承担重要原材料的试验,如钢绞线等材料的化学分析。较复杂的试验及标准试验可

委托具有相应资质等级并经监理人批准的实验室进行。

监理人在必要时可以使用承包人的实验室、实验设备器材以及其他实验条件,进行以工程质量检查为目的的复核性材料实验,承包人应予以协助。

③现场工艺试验。现场工艺试验是指已在国家或行业的规程、规范中规定的常规工艺试验或为进行某项成熟的工艺所必须进行的试验。承包人应按合同约定或监理人指示进行现场工艺试验。对大型的现场工艺试验,监理人认为必要时,应由承包人根据监理人提出的工艺试验要求,编制工艺试验措施计划,报监理人审批。

现场工艺试验所需的费用通常可计入所属的分部分项工程项目内,不需要在工程量清单中单独列项。对于特殊的、规模较大的新工艺试验,往往需要编制专项试验计划,通常应单独列项,采用总价包干,并应在技术标准和要求中详细说明其试验工作内容,以供承包人准确报价。

（2）隐蔽工程检查

工程隐蔽部位是指工作面经覆盖后将无法直接查看的工程部位。对隐蔽工程的检查关系着整个工程质量控制,也对施工进度有影响。没有监理人的批准,工程的任何部分均不能覆盖或隐蔽,不能进行下一道工序的施工。

①承包人自检。承包人应当对工程隐蔽部位进行自检,并经自检确认是否具备覆盖条件。

②检查程序。除专用合同条款另有约定外,工程隐蔽部位经承包人自检确认具备覆盖条件的,承包人应在共同检查前 48 小时书面通知监理人检查,通知中应载明隐蔽检查的内容、时间和地点,并应附有自检记录和必要的检查资料。

监理人应按时到场并对隐蔽工程及其施工工艺、材料和工程设备进行检查。经监理人检查确认质量符合隐蔽要求,并在验收记录上签字后,承包人才能进行覆盖。经监理人检查质量不合格的,承包人应在监理人指示的时间内完成修复,并由监理人重新检查,由此增加的费用和（或）延误的工期由承包人承担。

除专用合同条款另有约定外,监理人不能按时进行检查的,应在检查前 24 小时向承包人提交书面延期要求,但延期不能超过 48 小时,由此导致工期延误的,工期应予以顺延。监理人未按时进行检查,也未提出延期要求的,视为隐蔽工程检查合格,承包人可自行完成覆盖工作,并作相应记录报送监理人,监理人应签字确认。监理人事后对检查记录有疑问的,可按重新检查的约定重新检查。

③重新检查。承包人覆盖工程隐蔽部位后,发包人或监理人对质量有疑问的,可要求承包人对已覆盖部位进行钻孔探测或揭开重新检查,承包人应遵照执行,并在检查后重新覆盖恢复原状。经检查证明工程质量符合合同要求的,由发包人承担由此增加的费用和（或）延误的工期,并支付承包人合理的利润;经检查证明工程质量不符合合同要求的,由此增加的费用和（或）延误的工期由承包人承担。

④承包人私自覆盖。承包人未通知监理人到场检查,私自将工程隐蔽部位覆盖的,监理人有权指示承包人钻孔探测或揭开检查,无论工程隐蔽部位质量是否合格,由此增加的费用和（或）延误的工期均由承包人承担。

4）竣工验收

竣工验收是指承包人完成合同工程后移交给发包人接收前,由发包人组织进行的验收,在实际工作中也称为"完工验收"和"交工验收"。工程竣工必须经验收合格后才能交付使用,未经验收或验收不合格的,不得交付使用,不得办理产权登记。工程竣工验收是体现工程已经基本完成的一个里程碑,也是控制质量的一个十分关键的手段。

(1)竣工验收申请

当工程具备以下条件时,承包人即可向监理人报送竣工验收申请报告:

①除监理人同意列入缺陷责任期内完成的尾工(甩项)工程和缺陷修补工作外,合同范围内的全部单位工程以及有关工作,包括合同要求的试验、试运行以及检验和验收均已完成,并符合合同要求;

②已按合同约定的内容和份数备齐了符合要求的竣工资料;

③已按监理人的要求编制了在缺陷责任期内完成的尾工(甩项)工程和缺陷修补工作清单以及相应施工计划;

④监理人要求在竣工验收前应完成的其他工作;

⑤监理人要求提交的竣工验收资料清单。

(2)验收

监理人收到承包人按合同约定提交的竣工验收申请报告后,应审查申请报告的各项内容,并按以下不同情况进行处理:

①监理人审查后认为尚不具备竣工验收条件的,应在收到竣工验收申请报告后的约定期限内通知承包人,指出在颁发接收证书前承包人还需进行的工作内容。承包人完成监理人通知的全部工作内容后,应再次提交竣工验收申请报告,直至监理人同意为止。

②监理人审查后认为已具备竣工验收条件的,应在收到竣工验收申请报告后的约定期限内提请发包人进行工程验收。

③发包人经过验收后同意接受工程的,应在监理人收到竣工验收申请报告后的约定期限内,由监理人向承包人出具经发包人签认的工程接收证书。发包人验收后同意接收工程但提出整修和完善要求的,限期修好,并缓发工程接收证书。整修和完善工作完成后,监理人复查达到要求的,经发包人同意后,再向承包人出具工程接收证书。

④发包人验收后不同意接收工程的,监理人应按照发包人的验收意见发出指示,要求承包人对不合格工程认真返工重做或进行补救处理,并承担由此产生的费用。承包人在完成不合格工程的返工重做或补救工作后,应重新提交竣工验收申请报告,按约定程序进行竣工验收。

⑤除专用合同条款另有约定外,经验收合格工程的实际竣工日期,以提交竣工验收申请报告的日期为准,并在工程接收证书中写明。

⑥发包人在收到承包人竣工验收申请报告后的约定期限内未进行验收的,视为验收合格,实际竣工日期以提交竣工验收申请报告的日期为准,但发包人由于不可抗力不能进行验收的除外。

工程项目经过竣工验收后,虽然通过了交工前的各种检验,但仍可能存在质量缺陷,直到使用过程中才能暴露出来。因此,为了保证发包人的权益,一般会在合同中约定工程竣工验收后进入缺陷责任期。缺陷责任期一般为 6 个月、12 个月或 24 个月。在缺陷责任期内,承包人对已交付使用的工程承担缺陷责任。缺陷责任期自实际竣工日期起计算。

5.3.6　建设工程施工合同关于进度的条款

对于发包人而言,工程能否按期竣工关系项目能否按计划时间投入运营,关系预期的经济利益能否实现。而对于承包人来说,按期竣工是承包人的主要合同义务,并且能否达到合同约定的进度要求,关系工程款的支付。

进度控制是施工合同管理的重要组成部分。合同当事人应在合同规定的工期内完成施工任务,发包人应按时做好准备工作,承包人应按照施工进度计划组织施工。

施工合同的进度控制可分为施工准备阶段、施工阶段和竣工验收阶段的进度控制。

1)施工准备阶段的进度控制

（1）合同双方约定合同工期

合同工期是指合同协议书约定的承包人完成工程所需的期限,包括按照合同约定所作的期限变更。

开工日期包括计划开工日期和实际开工日期。计划开工日期是指合同协议书约定的开工日期;实际开工日期是指监理人按照"7.3.2 开工通知"约定发出的符合法律规定的开工通知中载明的开工日期。

竣工日期包括计划竣工日期和实际竣工日期。计划竣工日期是指合同协议书约定的竣工日期;实际竣工日期按照"13.2.3 竞工日期"的约定确定。

知识链接

《建设工程施工合同(示范文本)》(GF-2017-0201)

7.3.2　开工通知

发包人应按照法律规定获得工程施工所需的许可。经发包人同意后,监理人发出的开工通知应符合法律规定。监理人应在计划开工日期 7 天前向承包人发出开工通知,工期自开工通知中载明的开工日期起算。

除专用合同条款另有约定外,因发包人原因造成监理人未能在计划开工日期之日起 90 天内发出开工通知的,承包人有权提出价格调整要求,或者解除合同。发包人应当承担由此增加的费用和(或)延误的工期,并向承包人支付合理利润。

13.2.3　竣工日期

工程经竣工验收合格的,以承包人提交竣工验收申请报告之日为实际竣工日期,并在工程接收证书中载明;因发包人原因,未在监理人收到承包人提交的竣工验收申请报告 42 天内完成竣工验收,或完成竣工验收不予签发工程接收证书的,以提交竣工验收申请报告的日期为实际竣工日期;工程未经竣工验收,发包人擅自使用的,以转移占有工程之日为实际竣工日期。

（2）承包人提交进度计划

承包人应按照约定提交详细的施工进度计划，施工进度计划的编制应符合国家法律规定和一般工程实践惯例，施工进度计划经发包人批准后实施。施工进度计划是控制工程进度的依据，发包人和监理人有权按照施工进度计划检查工程进度情况。

（3）施工进度计划的修订

施工进度计划不符合合同要求或与工程的实际进度不一致的，承包人应向监理人提交修订的施工进度计划，并附具有关措施和相关资料，由监理人报送发包人。除专用合同条款另有约定外，发包人和监理人应在收到修订的施工进度计划后7天内完成审核和批准或提出修改意见。发包人和监理人对承包人提交的施工进度计划的确认，不能减轻或免除承包人根据法律规定和合同约定应承担的任何责任或义务。

知识链接

施工组织设计应包含以下内容：

①施工方案；

②施工现场平面布置图；

③施工进度计划和保证措施；

④劳动力及材料供应计划；

⑤施工机械设备的选用；

⑥质量保证体系及措施；

⑦安全生产、文明施工措施；

⑧环境保护、成本控制措施；

⑨合同当事人约定的其他内容。

（4）其他准备工作

除专用合同条款另有约定外，发包人应在最迟不得晚于开工日期前7天通过监理人向承包人提供测量基准点、基准线和水准点及其书面资料。发包人应对其提供的测量基准点、基准线和水准点及其书面资料的真实性、准确性和完整性负责。

承包人发现发包人提供的测量基准点、基准线和水准点及其书面资料存在错误或疏漏的，应及时通知监理人。监理人应及时报告发包人，并会同发包人和承包人予以核实。发包人应就如何处理和是否继续施工作出决定，并通知监理人和承包人。

（5）延期开工

①因发包人的原因导致工期延误。在合同履行过程中，因下列情况导致工期延误和（或）费用增加的，由发包人承担由此延误的工期和（或）增加的费用，且发包人应支付承包人合理的利润：

a.发包人未能按合同约定提供图纸或所提供图纸不符合合同约定的；

b.发包人未能按合同约定提供施工现场、施工条件、基础资料、许可、批准等开工条件的；

c.发包人提供的测量基准点、基准线和水准点及其书面资料存在错误或疏漏的；

d.发包人未能在计划开工日期之日起 7 天内同意下达开工通知的;

e.发包人未能按合同约定日期支付工程预付款、进度款或竣工结算款的;

f.监理人未能按合同约定发出指示、批准等文件的;

g.专用合同条款中约定的其他情形。

因发包人原因未按计划开工日期开工的,发包人应按实际开工日期顺延竣工日期,确保实际工期不低于合同约定的工期总日历天数。因发包人原因导致工期延误需要修订施工进度计划的,按照"7.2.2 施工进度计划的修订"执行。

知识链接

《建设工程施工合同(示范文本)》(GF-2017-0201)

7.2.2　施工进度计划的修订

施工进度计划不符合合同要求或与工程的实际进度不一致的,承包人应向监理人提交修订的施工进度计划,并附具有关措施和相关资料,由监理人报送发包人。除专用合同条款另有约定外,发包人和监理人应在收到修订的施工进度计划后 7 天内完成审核和批准或提出修改意见。发包人和监理人对承包人提交的施工进度计划的确认,不能减轻或免除承包人根据法律规定和合同约定应承担的任何责任或义务。

②因承包人的原因导致工期延误。因承包人原因造成工期延误的,可在专用合同条款中约定逾期竣工违约金的计算方法和逾期竣工违约金的上限。承包人支付逾期竣工违约金后,不免除承包人继续完成工程及修补缺陷的义务。

2)施工阶段的进度控制

(1)监督进度计划的执行

开工后,承包人必须按照监理人批准的进度计划组织施工,接受监理人对进度的检查、监督。这是监理人进行进度控制的一项日常性工作,检查、监督的依据是已经确认的进度计划。一般情况下,监理人每月检查一次承包人的进度计划执行情况,由承包人提交一份上月进度计划实际执行情况和本月施工计划。同时,监理人还应进行必要的现场实地检查。

工程实际进度与进度计划不符时,承包人应按照监理人的要求提出改进措施,经监理人确认后执行。但是,对于因承包人自身原因造成工程实际进度与经确认的进度计划不符的,所有的后果都应由承包人自行承担,监理人也不对改进措施的效果负责。如果采用改进措施后,经过一段时间工程实际进度赶上了进度计划,则仍可按原计划进行。如果采用改进措施一段时间后,工程实际进度仍明显与进度计划不符,监理人可以要求承包人修改原进度计划,并经监理人确认。但是,这种确认并不是监理人对工程延期的批准,而仅仅是要求承包人在合理的状态下施工。因此,如果修改后的进度计划不能按期完工,承包人仍应承担相应的违约责任。

监理人应随时了解施工进度计划执行过程中存在的问题,并帮助承包人予以解决,特别是承包人无力解决的内外关系协调问题。

(2)暂停施工

①发包人原因引起的暂停施工。因发包人原因引起暂停施工的,监理人经发包人同意后,

应及时下达暂停施工指示。情况紧急且监理人未及时下达暂停施工指示的,按照紧急情况下的暂停施工执行。

因发包人原因引起的暂停施工,发包人应承担由此增加的费用和(或)延误的工期,并支付承包人合理的利润。

②承包人原因引起的暂停施工。因承包人原因引起的暂停施工,承包人应承担由此增加的费用和(或)延误的工期,且承包人在收到监理人复工指示后84天内仍未复工的,视为承包人违约的情形。监理人认为有必要时,并经发包人批准后,可向承包人作出暂停施工的指示,承包人应按监理人指示暂停施工。

③紧急情况下的暂停施工。因紧急情况需暂停施工,且监理人未及时下达暂停施工指示的,承包人可先暂停施工,并及时通知监理人。监理人应在接到通知后24小时内发出指示,逾期未发出指示的,视为同意承包人暂停施工。监理人不同意承包人暂停施工的,应说明理由,若承包人对监理人的答复有异议,应按照争议解决约定处理。

(3)设计变更

①变更权。发包人和监理人均可以提出变更。变更指示均通过监理人发出,监理人发出变更指示前应征得发包人同意。承包人收到经发包人签认的变更指示后,方可实施变更。未经许可,承包人不得擅自对工程的任何部分进行变更。涉及设计变更的,应由设计人提供变更后的图纸和说明。如变更超过原设计标准或批准的建设规模时,发包人应及时办理规划、设计变更等审批手续。

②变更的范围。除专用合同条款另有约定外,合同履行过程中发生以下情形的,应按照本条约定进行变更:

a.增加或减少合同中任何工作,或追加额外的工作;

b.取消合同中任何工作,但转由他人实施的工作除外;

c.改变合同中任何工作的质量标准或其他特性;

d.改变工程的基线、标高、位置和尺寸;

e.改变工程的时间安排或实施顺序。

③变更程序。

a.发包人提出变更的,应通过监理人向承包人发出变更指示,变更指示应说明计划变更的工程范围和变更的内容。

b.监理人提出变更建议的,需要向发包人以书面形式提出变更计划,说明计划变更工程范围和变更的内容、理由,以及实施该变更对合同价格和工期的影响。发包人同意变更的,由监理人向承包人发出变更指示;发包人不同意变更的,监理人无权擅自发出变更指示。

c.变更执行。承包人收到监理人下达的变更指示后,认为不能执行的,应立即提出不能执行该变更指示的理由。承包人认为可以执行变更的,应书面说明实施该变更指示对合同价格和工期的影响,且合同当事人应按照变更估价的约定确定变更估价。

3)竣工验收阶段的进度控制

(1)竣工验收条件

工程具备以下条件的,承包人可申请竣工验收:

①除发包人同意的甩项工作和缺陷修补工作外,合同范围内的全部工程以及有关工作,包

括合同要求的试验、试运行以及检验均已完成,并符合合同要求;

②已按合同约定编制了甩项工作和缺陷修补工作清单以及相应的施工计划;

③已按合同约定的内容和份数备齐竣工资料。

（2）竣工验收程序

除专用合同条款另有约定外,承包人申请竣工验收的,应按以下程序进行:

①承包人向监理人报送竣工验收申请报告,监理人应在收到竣工验收申请报告后 14 天内完成审查并报送发包人。监理人审查后认为尚不具备验收条件的,应通知承包人在竣工验收前承包人还需完成的工作内容,承包人应在完成监理人通知的全部工作内容后,再次提交竣工验收申请报告。

②监理人审查后认为已具备竣工验收条件的,应将竣工验收申请报告提交发包人,发包人应在收到经监理人审核的竣工验收申请报告后 28 天内审批完毕并组织监理人、承包人、设计人等相关单位完成竣工验收。

③竣工验收合格的,发包人应在验收合格后 14 天内向承包人签发工程接收证书。发包人无正当理由逾期不颁发工程接收证书的,自验收合格后第 15 天起视为已颁发工程接收证书。

④竣工验收不合格的,监理人应按照验收意见发出指示,要求承包人对不合格工程返工、修复或采取其他补救措施,由此增加的费用和（或）延误的工期由承包人承担。承包人在完成不合格工程的返工、修复或采取其他补救措施后,应重新提交竣工验收申请报告,并按本项约定的程序重新进行验收。

⑤工程未经过验收或验收不合格,发包人擅自使用的,应在转移占有工程后 7 天内向承包人颁发工程接收证书;发包人无正当理由逾期不颁发工程接收证书的,自转移占有后第 15 天起视为已颁发工程接收证书。

除专用合同条款另有约定外,发包人不按照本项约定组织竣工验收、颁发工程接收证书的,每逾期一天,应以签约合同价为基数,按照中国人民银行发布的同期同类贷款基准利率支付违约金。

（3）拒绝接收全部或部分工程

对于竣工验收不合格的工程,承包人完成整改后,应重新进行竣工验收,经重新组织验收仍不合格且无法采取措施补救的,则发包人可以拒绝接收不合格工程,因不合格工程导致其他工程不能正常使用的,承包人应采取措施确保相关工程的正常使用,由此增加的费用和（或）延误的工期由承包人承担。

（4）移交、接收全部与部分工程

除专用合同条款另有约定外,合同当事人应当在颁发工程接收证书后 7 天内完成工程的移交。

发包人无正当理由不接收工程的,发包人自应当接收工程之日起,承担工程照管、成品保护、保管等与工程有关的各项费用,合同当事人可以在专用合同条款中另行约定发包人逾期接收工程的违约责任。

承包人无正当理由不移交工程的,承包人应承担工程照管、成品保护、保管等与工程有关的各项费用,合同当事人可以在专用合同条款中另行约定承包人无正当理由不移交工程的违约责任。

5.3.7　建设工程施工合同关于经济的条款

承包人按照合同进度计划完成工程,经监理人验收合格,发包人应按照合同约定支付工程款。支付条款是施工合同中的核心条款。工程项目的特点决定工程款的支付方式与一般的民事合同不同,这主要表现在工程完成之前合同价格的不确定性与支付程序的复杂性。合理的支付规定,清晰而完整的支付程序,是合同条件高水平的体现。

同时值得注意的是,发包人支付工程款的前提是承包人按照合同进度计划完成工程,并经监理人验收合格。因此,合同的投资控制条款是与进度控制条款、质量控制条款紧密联系的。

1)费用项目性质

合同类型的约定体现合同双方的风险分担方式和价款支付方式等基本合同特征,但实际工程中很少有纯粹的单价合同或总价合同。在工程实践中,需要监理人在技术标准中对工程所涉及的每一个费用项目的性质进行界定,这有利于承包商按照业主要求合理计价。

按照费用项目性质的不同,可将所有的费用项目划分为两类:一类是单价子目;另一类是总价子目。

单价子目是指可以按合同约定的工程量计算规则确定数量,以单价计价的子目。总价子目是指以总额或项为计量单位,以总价计价的子目。一般来说,单价子目的工程量具备合同约束力,工程进度款结算按承包商实际完成的工程量计量支付。而总价子目的工程量往往是参考性的,总价子目的支付一般按照工程实际完成进度,根据合同约定数额支付或以百分比方式分摊支付。

2)计量

(1)单价子目的计量

①已标价工程量清单中的单价子目工程量为估算工程量。结算工程量是承包人实际完成的,并按合同约定的计量方法进行计量的工程量。

②承包人按照合同约定的计量周期对已完成的工程进行计量,向监理人提交进度付款申请单、已完成工程量报表和有关计量资料。

③监理人对承包人提交的工程量报表进行复核,以确定实际完成的工程量。监理人对数量有异议的,可要求承包人按合同约定进行共同复核和抽样复测。承包人应协助监理人进行复核并按监理人要求提供补充计量资料。承包人未按监理人要求参加复核,监理人复核或修正的工程量视为承包人实际完成的工程量。

④监理人认为有必要时,可通知承包人共同进行联合测量、计量,承包人应遵照执行。

⑤承包人完成工程量清单中每个子目的工程量后,监理人应要求承包人派人员共同对每个子目的历次计量报表进行汇总,以核实最终结算工程量。监理人可要求承包人提供补充计量资料,以确定最后一次进度付款的准确工程量。承包人未按监理人要求派人员参加的,监理人最终核实的工程量视为承包人完成该子目的准确工程量。

⑥监理人应在收到承包人提交的工程量报表后的约定期限内进行复核,监理人未在约定时间内复核的,承包人提交的工程量报表中的工程量视为承包人实际完成的工程量,据此计算

工程价款。

（2）总价子目的计量

①总价子目的计量和支付应以总价为基础，一般不进行调整，总价子目的工程量是承包人用于结算的最终工程量。承包人实际完成的工程量，是进行工程目标管理和控制进度支付的依据。

②承包人在合同约定的每个计量周期内，对已完成的工程进行计量，并向监理人提交进度付款申请单、专用合同条款约定的合同总价支付分解表所表示的阶段性或分项计量的支持性资料，以及所达到的工程形象目标或分阶段需完成的工程量和有关计量资料。

总价子目支付分解表的形成一般有 3 种方式：一是对于工期较短的项目，将各个总价子目的价格按合同约定的计量周期平均；二是对于合同价格不大的项目，可按照总价子目的价格占签约合同价的百分比，以及各个支付周期内完成的单价子目的总价值，以固定百分比的方式均摊支付；三是根据有合同约束力的进度计划、预先确定的里程碑形象进度节点（或支付周期），将总价子目的价格分解到各个形象进度节点（或支付周期中），汇总形成支付分解表。

支付分解表经监理人审核批准后，产生合同约束力。实际支付时，监理人应检查核实总价子目是否达到支付分解表的要求，若达到即可支付经批准的每阶段总价支付金额。

③监理人对承包人提交的上述资料进行复核，以确定分阶段实际完成的工程量和工程形象目标。对其有异议的，可要求承包人按合同约定进行共同复核和抽样复测。

3) 预付款

预付款是施工合同订立后，由发包人按合同约定在正式开工前预先支付给承包人的工程价款，用于一定数量的备料和资金周转。预付款只能专用于本合同工程。

除合同另有约定外，承包人应在收到预付款的同时向发包人提交预付款保函，预付款保函的担保金额应与预付款金额相同。保函的担保金额可根据预付款扣回的金额相应递减。

预付款的总金额、分期拨付次数、拨付金额、付款时间、扣回办法以及预付款担保手续应视工程规模、工期长短、工程类型和工程量清单子目内容等具体情况，由发包人通过编制合同资金流以及参考类似工程经验估算确定，并在合同条款中予以约定。在颁发工程接收证书前，由于不可抗力或其他原因解除合同时，预付款尚未扣清的，尚未扣清的预付款余额应作为承包人的到期应付款。

4) 工程进度付款

工程进度款结算是工程款结算的一项重要内容，做好工程进度款结算工作是做好竣工结算的基础。按照合同约定支付工程款，是发包人应当履行的一项基本合同义务，违反约定应承担相应的违约责任。

有关工程进度付款的合同约定包括 6 个方面：付款周期、进度付款申请单的编制、进度付款申请单的提交、进度款审核和支付、进度付款的修正、支付分解表。

（1）付款周期

除专用合同条款另有约定外，付款周期应按照约定与计量周期保持一致。

（2）进度付款申请单的编制

除专用合同条款另有约定外，进度付款申请单应包括下列内容：

①截至本次付款周期已完成工作对应的金额；

②应增加和扣减的变更金额；

③根据约定应支付的预付款和扣减的返还预付款；

④根据约定应扣减的质量保证金；

⑤根据索赔应增加和扣减的索赔金额；

⑥对已签发的进度款支付证书中出现错误的修正，应在本次进度付款中支付或扣除的金额；

⑦根据合同约定应增加和扣减的其他金额。

（3）进度付款申请单的提交

①单价合同进度付款申请单的提交。单价合同的进度付款申请单，按照单价合同的计量约定的时间按月向监理人提交，并附上已完成工程量报表和有关资料。单价合同中的总价项目按月进行支付分解，并汇总列入当期进度付款申请单。

②总价合同进度付款申请单的提交。总价合同按月计量支付的，承包人按照总价合同的计量约定的时间按月向监理人提交进度付款申请单，并附上已完成工程量报表和有关资料。

总价合同按支付分解表支付的，承包人应按照支付分解表及进度付款申请单编制的约定向监理人提交进度付款申请单。

③其他价格形式合同的进度付款申请单的提交。合同当事人可在专用合同条款中约定其他价格形式合同的进度付款申请单的编制和提交程序。

（4）进度款审核和支付

①除专用合同条款另有约定外，监理人应在收到承包人进度付款申请单以及相关资料后7天内完成审查并报送发包人，发包人应在收到后7天内完成审批并签发进度款支付证书。发包人逾期未完成审批且未提出异议的，视为已签发进度款支付证书。

发包人和监理人对承包人的进度付款申请单有异议的，有权要求承包人修正和提供补充资料，承包人应提交修正后的进度付款申请单。监理人应在收到承包人修正后的进度付款申请单及相关资料后7天内完成审查并报送发包人，发包人应在收到监理人报送的进度付款申请单及相关资料后7天内，向承包人签发无异议部分的临时进度款支付证书。存在争议的部分，按照争议解决的约定处理。

②除专用合同条款另有约定外，发包人应在进度款支付证书或临时进度款支付证书签发后14天内完成支付，发包人逾期支付进度款的，应按照中国人民银行发布的同期同类贷款基准利率支付违约金。

③发包人签发进度款支付证书或临时进度款支付证书，不表明发包人已同意、批准或接受了承包人完成的相应部分的工作。

（5）进度付款的修正

在对已签发的进度款支付证书进行阶段汇总和复核中发现错误、遗漏或重复，发包人和承包人均有权提出修正申请。经发包人和承包人同意的修正，应在下期进度付款中支付或扣除。

（6）支付分解表

①支付分解表的编制要求：

a.支付分解表中所列的每期付款金额，应为进度付款申请单的编制的估算金额；

b.实际进度与施工进度计划不一致的,合同当事人可按照商定或确定修改支付分解表;

c.不采用支付分解表的,承包人应向发包人和监理人提交按季度编制的支付估算分解表,用于支付参考。

②总价合同支付分解表的编制与审批:

a.除专用合同条款另有约定外,承包人应根据施工进度计划约定的施工进度计划、签约合同价和工程量等因素对总价合同按月进行分解,编制支付分解表。承包人应当在收到监理人和发包人批准的施工进度计划后 7 天内,将支付分解表及编制支付分解表的支持性资料报送监理人。

b.监理人应在收到支付分解表后 7 天内完成审核并报送发包人。发包人应在收到经监理人审核的支付分解表后 7 天内完成审批,经发包人批准的支付分解表为有约束力的支付分解表。

c.发包人逾期未完成支付分解表审批的,也未及时要求承包人进行修正和提供补充资料的,则承包人提交的支付分解表视为已经获得发包人批准。

③单价合同的总价项目支付分解表的编制与审批。除专用合同条款另有约定外,单价合同的总价项目,由承包人根据施工进度计划和总价项目的总价构成、费用性质、计划发生时间和相应工程量等因素按月进行分解,形成支付分解表,其编制与审批参照总价合同支付分解表的编制与审批执行。

5)质量保证金

质量保证金用于保证承包人履行属于自身责任的工程缺陷修补。在工程项目竣工前,承包人已经提供履约担保的,发包人不得同时预留工程质量保证金。

(1)承包人提供质量保证金的方式

承包人提供质量保证金有以下 3 种方式:

①质量保证金保函;

②相应比例的工程款;

③双方约定的其他方式。

除专用合同条款另有约定外,质量保证金原则上采用上述第①种方式。

(2)质量保证金的扣留

质量保证金的扣留有以下 3 种方式:

①在支付工程进度款时逐次扣留,在此情形下,质量保证金的计算基数不包括预付款的支付、扣回以及价格调整的金额;

②工程竣工结算时一次性扣留质量保证金;

③双方约定的其他扣留方式。

除专用合同条款另有约定外,质量保证金的扣留原则上采用上述第①种方式。

发包人累计扣留的质量保证金不得超过工程价款结算总额的 3%。如承包人在发包人签发竣工付款证书后 28 天内提交质量保证金保函,发包人应同时退还扣留的作为质量保证金的工程价款;保函金额不得超过工程价款结算总额的 3%。

发包人在退还质量保证金的同时按照中国人民银行发布的同期同类贷款基准利率支付利息。

（3）质量保证金的退还

缺陷责任期内，承包人认真履行合同约定的责任，到期后，承包人可向发包人申请返还保证金。

发包人在接到承包人返还保证金申请后，应于14天内会同承包人按照合同约定的内容进行核实。如无异议，发包人应当按照约定将保证金返还给承包人。对返还期限没有约定或者约定不明确的，发包人应当在核实后14天内将保证金返还承包人，逾期未返还的，依法承担违约责任。发包人在接到承包人返还保证金申请后14天内不予答复，经催告后14天内仍不予答复，视同认可承包人的返还保证金申请。

发包人和承包人对保证金预留、返还以及工程维修质量、费用有争议的，按合同约定的争议和纠纷解决程序处理。

6）竣工结算

（1）竣工结算申请

除专用合同条款另有约定外，承包人应在工程竣工验收合格后28天内向发包人和监理人提交竣工结算申请单，并提交完整的结算资料，有关竣工结算申请单的资料清单和份数等要求由合同当事人在专用合同条款中约定。

除专用合同条款另有约定外，竣工结算申请单应包括以下内容：

①竣工结算合同价格；

②发包人已支付承包人的款项；

③应扣留的质量保证金，已缴纳履约保证金的或提供其他工程质量担保方式的除外；

④发包人应支付承包人的合同价款。

（2）竣工结算审核

①除专用合同条款另有约定外，监理人应在收到竣工结算申请单后14天内完成核查并报送发包人。发包人应在收到监理人提交的经审核的竣工结算申请单后14天内完成审批，并由监理人向承包人签发经发包人签认的竣工付款证书。监理人或发包人对竣工结算申请单有异议的，有权要求承包人进行修正和提供补充资料，承包人应提交修正后的竣工结算申请单。

发包人在收到承包人提交竣工结算申请书后28天内未完成审批且未提出异议的，视为发包人认可承包人提交的竣工结算申请单，并自发包人收到承包人提交的竣工结算申请单后第29天起视为已签发竣工付款证书。

②除专用合同条款另有约定外，发包人应在签发竣工付款证书后的14天内，完成对承包人的竣工付款。发包人逾期支付的，按照中国人民银行发布的同期同类贷款基准利率支付违约金；逾期支付超过56天的，按照中国人民银行发布的同期同类贷款基准利率的2倍支付违约金。

③承包人对发包人签认的竣工付款证书有异议的，对于有异议部分应在收到发包人签认的竣工付款证书后7天内提出异议，并由合同当事人按照专用合同条款约定的方式和程序进行复核，或按照争议解决约定处理。对于无异议部分，发包人应签发临时竣工付款证书，并按本款第②项完成付款。承包人逾期未提出异议的，视为认可发包人的审批结果。

7）最终结清

（1）最终结清申请单

①除专用合同条款另有约定外，承包人应在缺陷责任期终止证书颁发后7天内，按专用合

同条款约定的份数向发包人提交最终结清申请单,并提供相关证明材料。

除专用合同条款另有约定外,最终结清申请单应列明质量保证金、应扣除的质量保证金、缺陷责任期内发生的增减费用。

②发包人对最终结清申请单内容有异议的,有权要求承包人进行修正和提供补充资料,承包人应向发包人提交修正后的最终结清申请单。

(2)最终结清证书和支付

①除专用合同条款另有约定外,发包人应在收到承包人提交的最终结清申请单后 14 天内完成审批并向承包人颁发最终结清证书。发包人逾期未完成审批,又未提出修改意见的,视为发包人同意承包人提交的最终结清申请单,且自发包人收到承包人提交的最终结清申请单后 15 天起视为已颁发最终结清证书。

②除专用合同条款另有约定外,发包人应在颁发最终结清证书后 7 天内完成支付。发包人逾期支付的,按照中国人民银行发布的同期同类贷款基准利率支付违约金;逾期支付超过 56 天的,按照中国人民银行发布的同期同类贷款基准利率的两倍支付违约金。

③承包人对发包人颁发的最终结清证书有异议的,按争议解决的约定办理。

本章小结

本章主要介绍了建设工程合同的概念、特点和订立;《建设工程施工合同(示范文本)》(GF-2017-0201)中有关建设质量、建设进度、建设经济的合同条款,双方的一般权利和义务关系。建设工程施工合同管理是项目管理的核心,是综合性、高层次的管理工作,也是本书的重点内容之一。

习　题

一、单选题

1.按照施工合同示范文本的规定,(　　)是承包人应当完成的工作。

　　A.使施工场地具备施工条件　　　　　　B.提供施工场地的地下管线资料

　　C.做好施工现场地下管线的保护工作　　D.组织设计交底

2.施工合同示范文本中的"工程师代表",是指由(　　)委派在现场负责工作的代表。

　　A.发包方　　　　　　　　　　　　　　B.承包方

　　C.设计单位　　　　　　　　　　　　　D.总监理工程师

3.施工合同示范文本规定,监理人批准了承包人的施工进度计划后,应当由(　　)对该进度计划的缺陷承担责任。

　　A.发包人　　　　　　　　　　　　　　B.监理单位

　　C.监理人　　　　　　　　　　　　　　D.承包人

4.施工合同示范文本规定,承包人要求的延期开工应(　　)。

A.经监理人批准 　　　　　　　　　B.经发包人批准

C.承包人自行决定 　　　　　　　　D.承包人通知发包人

5.施工合同示范文本规定,发包人供应的材料、设备在使用前检验或试验的,(　　　)。

A.由承包人负责,费用由承包人承担 　B.由发包人负责,费用由发包人承担

C.由承包人负责,费用由发包人承担 　D.由发包人负责,费用由承包人承担

6.施工合同示范文本规定,监理人未按规定参加某隐蔽工程的验收,工程隐蔽后,监理人提出重新检验要求,重新检验的结果为合格,重新检验造成的费用损失应当由(　　　)承担。

A.发包人 　　　　　　　　　　　　B.承包人

C.监理人 　　　　　　　　　　　　D.监理单位

7.承包人按照监理人的指示对已隐蔽的工程部位进行剥露后的重新检验,该工程部位隐蔽前曾得到监理人的质量认可,但重新检验后发现质量未达到合同规定的要求,则全部剥露、修改、重新隐蔽的费用和工期损失处理为(　　　)。

A.费用和工期损失全部由发包人承担 　B.费用和工期损失全部由承包人承担

C.费用由承包人承担,工期给予顺延 　D.工期不予顺延,但费用由发包人给予补偿

8.施工合同示范文本规定,承包人有权(　　　)。

A.分包所承包的部分工程

B.分包和转让所承担的工程

C.经发包人同意分包和转包所承担的工程

D.经发包人同意分包所承担的部分工程

9.承包人签订合同后,将合同的一部分分包给第三方承担时,(　　　)。

A.应征得发包人同意 　　　　　　　B.可不经过发包人同意

C.自行决定后通知发包人 　　　　　D.自行决定后通知监理人

10.工程款支付的依据是由(　　　)测量核实实际工作量。

A.发包人 　　　　　　　　　　　　B.监理人

C.承包人 　　　　　　　　　　　　D.监理人委托人

11.当工程变更后价格确定时,工程量表中已有类似工作的价格,但对变更工作而言不合理,此时处理办法应为(　　　)。

A.采用工程量表中类似工作价格 　　B.在原价基础上制定

C.由监理人自行决定 　　　　　　　D.协商决定

12.施工合同示范文本规定,施工中遇到有价值的地下文物后,承包人应立即停止施工并采取有效保护措施,对打乱施工计划的后果责任是(　　　)。

A.承包人承担保护费用,工期不予顺延

B.承包人承担保护费用,工期予以顺延

C.发包人承担保护措施费用,工期不予顺延

D.发包人承担保护措施费用,工期予以顺延

13.实际施工竣工日期为(　　　)。

A.承包人递送竣工验收报告日期 　　B.承包人施工完工日期

C.竣工验收合格日期 　　　　　　　D.办理竣工验收手续日期

14.已竣工工程交付使用之前应由（　　　）负责成品保护工作。

　　A.建设单位　　　　　　　　　　　B.施工单位

　　C.监理单位　　　　　　　　　　　D.协商解决单位

15.进行施工中间验收后,监理人在 24 小时内未在验收记录上签字,也未提出任何不合格的修改意见,则承包人（　　　）。

　　A.可继续施工　　　　　　　　　　B.应等待监理人进一步指示后再施工

　　C.要求监理人再次检验　　　　　　D.向发包人申请继续施工

16.监理人通知承包人进行工程量计量后,承包人在约定时间未派人参加,则（　　　）。

　　A.监理人单独计量有效　　　　　　B.监理人单独计量无效

　　C.监理人应推迟计量时间　　　　　D.监理人单独计量后再请承包人确认

17.施工合同示范文本规定,竣工验收合格后由（　　　）编制竣工决算报告。

　　A.发包人　　　　　　　　　　　　B.承包人

　　C.监理人　　　　　　　　　　　　D.设计单位

18.施工合同示范文本中,“工期”是指（　　　）。

　　A.合同条件依据的“定额工期”　　　B.协议条款约定的“合同工期”

　　C.施工合同履行的“施工工期”　　　D.招标文件中的“计划工期”

19.施工合同示范文本规定,设计单位和承包人进行图纸会审、设计交底的组织工作,应由（　　　）负责。

　　A.发包人　　　　　　　　　　　　B.设计单位

　　C.承包人　　　　　　　　　　　　D.监理单位

20.监理人在施工阶段进行进度控制的依据是（　　　）施工进度计划。

　　A.承包人编制的　　　　　　　　　B.发包人编制的

　　C.监理单位制定并由承包人认可的　　D.承包人提交并经监理人批准的

二、简答题

1.简述建设工程施工合同的概念。

2.试述《建设工程施工合同(示范文本)》(GF-2017-0201)的组成及施工合同文件的组成。

3.承包人的工作有哪些? 发包人的工作有哪些?

4.暂停施工的情况有哪几种?

5.简述变更的程序和范围。

第6章　合同策划与施工合同管理

【教学目标】

通过学习本章内容,了解合同总体策划,掌握建设工程合同体系的协调以及施工合同的管理。

【教学要求】

能力目标	知识要点	权　重
了解合同的整体策划	业主的资金能力、发承包方式、风险分担	30%
掌握建设工程合同体系协调	承包范围的协调、技术上的协调、价格上的协调、时间上的协调	30%
掌握建设工程施工合同的管理	合同文档、实施、变更的管理以及合同争议的解决	40%

6.1　工程合同策划

工程合同策划主要是确定对工程项目实施有重大影响的合同问题,如工程发承包模式的选择、合同风险的分配、相关合同的协调等。对这些问题的决策就是合同策划工作。正确的合同策划能保证工程的各个合同顺利履行,减少合同争议和纠纷,提高效率,保证工程项目目标的实现。

对于建设项目,业主可以选择的工程实施方式有很多,相应的就有不同的合同策略。在进行工程合同策划时,必须考虑、分析影响工程合同策划工作的 3 个最主要方面,即业主的资金能力、工程的发承包方式和风险分担方式。

6.1.1　业主的资金能力

建设项目的资金来源有下列几种方式:业主的自有资金、通过金融机构贷款、通过私人部门或项目的参与单位(如承包商)进行融资。

传统的工程融资方式是业主融资,即业主自行筹措项目所需的资金。这一方式仍然是融资方式的主流。近20年来,有一些大型基础设施项目逐渐开始出现其他的融资模式,如BT,BOT,PPP等模式。当业主筹集资金困难时,可考虑以上模式进行融资。此时,在合同安排上就不同于传统的工程承包合同。

即使在传统的业主融资的情况下,由于业主资金周转等问题,在工程建设过程中,当业主资金不能平衡时,就有可能出现占用承包人资金的情况。因此,业主应根据其融资计划和资金使用计划,对于合同支付条款进行特别的设计,如设置关于工程预付款、进度款的付款时间和数额。

应用案例

某承包商承包某工程的主体结构施工,工期18个月,合同价460万元,按照合同工程款支付过程为:开工47万元,基础完工43万元,8层结构完成135万元,结构封顶135万元,全部完工100万元。按照工程施工进度确定的工程款收入计划以及支付计划,得到工程款收入和资金支付曲线,如图6.1所示。

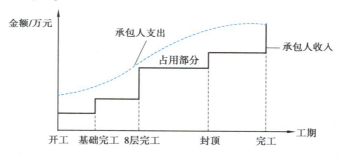

图6.1 工程款收入和资金支付曲线

【案例评析】

在本例中,出现了业主占用承包人资金的情况。业主需根据自身资金的平衡情况,对于工程款支付时间和数额进行特别安排。

BOT(Build-Operate-Transfer):即建设—经营—转让,指政府部门通过特许权协议,授权项目发起人、项目公司(主要指私营机构)进行项目的融资设计、建造、经营和维护,在规定的特许期内向该项目的使用者收取适当费用,由此回收项目的投资、经营维护等成本,并获得合理回报,特许期满后,项目公司将项目免费移交政府。

PPP(Public-Private-Partnership):指公共部门与私人部门合作模式。在这种模式下,政府、营利性企业(和)或非营利性企业基于某个项目形成相互合作关系。PPP代表一个很宽泛的项目融资概念,政府部门和私人部门之间的BT项目、BOT项目都属于PPP模式。

6.1.2 工程的发承包方式

不同的工程建设阶段的聚合程度和不同的融资方式相互组合,得到不同的合同形式与制度安排,由此形成各种不同的工程发承包模式。

根据业主的发包策略,将各种工程活动采用不同的方式进行组合,即形成不同的发承包模式,以及复杂程度不同、组织协调和合同管理要求不一样的工程合同体系。业主可以将整个工程项目分阶段(设计、采购、施工等)、分专业(土建工程、安装工程、装饰工程等)委托,将材料和设备供应分别委托,也可将上述工作以各种形式合并委托。

1)分专业分阶段平行发承包模式

平行发承包,即业主将设计、设备供应、工程施工、项目管理委托给不同的单位。

(1)工程设计的发承包模式

对一个具体的工程,设计的发承包模式也是多样化的。

①业主将整个工程的设计委托给一个设计单位。

②分阶段委托,如方案设计、技术设计和施工图设计可委托给不同的设计单位。目前我国许多标志性建筑都是由外国的设计事务所承担方案设计,我国的设计单位承担技术设计和施工图设计,而他们之间的合同关系又是多样性的。例如,他们分别由业主委托,与业主签订设计合同;他们中的一方与业主签订设计总承包合同,另一方作为他的分包,或由业主指定设计分包,他们之间组成联合体承包设计。

③有些工程可以按照专业设计(如建筑设计、结构设计、空调系统设计等)分别由业主发包。而工程的生产装置、控制系统的设计可以由相应的设备供应商完成。

④在许多大型工业或公共项目中,设计的发承包模式可能更为复杂。常常需要委托一个设计单位负责工程的总体方案设计和协调(被称为"设计总体",他有时也承担部分设计任务),业主再将部分工程(标段或专业工程)的设计委托给其他设计单位。

(2)工程施工的发承包模式

①业主可以将工程的土建、电气安装、机械安装、装饰等工程施工分别委托给不同的承包商。

②对大型工程项目,常常需要划分工程区段(标段)发包,如在地铁工程建设项目中,划分不同的车站和区间段进行土建工程的施工发包。

③在我国的一些工程中,土建施工项目标段划分很细,如可能分为土方、基础、主体结构工程等。

(3)采购供应的发承包模式

按照业主的工程实施策略,材料和设备的供应同样是多样性的。在我国目前的市场环境下,业主为了控制工程质量和材料设备的供应,加大业主供应的范围,包括生产设备、成套装置、高等级材料、大宗材料等,相应的业主的采购合同就有很多。

(4)项目管理工作的发承包模式

在现代工程中,项目管理模式是多样的,与工程发承包模式有着复杂的关系。

①业主将一个建设项目的项目管理工作全部委托给一个项目管理公司,在这种情况下,工程的设计、施工、采购的发包又可分为:

a.业主直接发包,签订合同。项目管理公司仅仅负责项目管理,这属于代理型项目管理。我国所推行的全过程项目管理,或所谓的"代建制"模式实质上就属于这一类,这是最典型的、项目管理服务内容最完备的项目管理模式。

b.由项目管理公司发包,签订合同。这属于非代理型(风险型)的项目管理承包。它在形式上与工程总承包相似,业主和项目管理公司之间有风险分摊协议。项目管理公司的责任是代表业主管理工程项目,而不是建造工程。非代理型的 CM(CM/Non-Agency)承包模式,也属于这一类。

c.在有些建设工程中,可以由业主与项目管理公司共同发包。

②业主将项目管理工作分阶段,甚至分职能委托。即将项目的可行性研究(咨询)、设计监理、招标代理、造价咨询、施工监理等分别委托给不同的单位承担。

③在采用"设计—采购—施工"总承包模式时,通常业主委托一个咨询单位负责工程的咨询工作,如起草招标文件,审查承包商的设计和承包文件,对工程的实施进行监督、质量验收、竣工检查等。他们的管理层次较高,而具体的项目管理工作由承包商承担。

④按照业主对项目经理的授权,又可分为项目经理全权管理和项目经理与业主代表共同管理两种。

a.项目经理全权管理。最典型的是按照 FIDIC 工程施工合同规定授予工程师权利。在这样的项目中,业主主要负责项目的宏观控制和高层决策,一般不与承包商直接接触。

b.项目经理与业主代表共同管理。业主可限定项目经理的权利,把部分管理工作和权利收归自己,或规定项目经理行使某些权利时必须经业主同意。实际上我国大量的工程都采用这种管理模式,一方面许多业主具有一定的项目管理能力和队伍,可以自己承担部分项目管理工作;另一方面又可以保证业主对项目的有效控制,如投资控制的权利、合同管理的权利,经常由业主代表承担或双方共同承担。

(5)其他模式

其他模式如代理型 CM(CM/Agency)模式,如图 6.2 所示。CM 承包商接受业主的委托进行整个工程的施工管理,协调设计单位与施工承包商之间的关系,保证设计和施工过程的搭接。业主直接与工程承包商和供应商签订合同,CM 单位主要从事管理工作,与设计、施工、供应单位没有合同关系。这种形式在性质上属于项目管理工作委托。

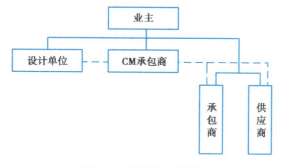

图 6.2　代理型 CM 模式

2)平行发承包方式的问题

这种模式是 20 世纪工程发承包模式的主体。我国的业主、承包商和设计单位都适应这种发承包方式。但是,这种发承包方式存在下述问题:

①各承包商、设计单位、供应商之间没有合同关系,他们分别与业主签订合同,向业主负责,从总体上缺少一个对工程的整体功能目标负责的承包商。业主面对的设计、施工、供应单位有很多,工程责任分散和信息传递失真,而且各专业工程的设计和施工单位都会推卸界面上

的工作责任。这是影响我国工程运行质量和效率的主要原因之一。

②对工程优化的影响。项目各参加单位目标不一致,通常设计按照工程总造价取费,施工承包商按照设计确定的工程量计价,则造价的提高对他们都有好处,他们都缺乏工程优化的积极性,缺乏创造性和创新精神,容易引起工程造价失控。

③在工程中,业主必须负责各承包商、设计单位和供应商之间的协调,对他们之间互相干扰造成的问题承担责任,这需要大量的管理工作,造成费用和时间的损失。而大多数业主很难胜任这些工作,导致项目实施和管理效率的降低和工期的延长。

在大型工程中,采用这种方式的业主将面对很多承包商(包括设计、供应、施工),直接管理承包商的数量太多,管理跨度太大,容易造成工程的混乱和失控,而且业主忙于工程管理的细节问题,会冲淡对战略和工程产品市场的关注。

④工程分标过细,工程招标次数多和投标的单位多,会导致大量的管理工作的浪费和无效投标,造成社会资源的极大浪费,而且容易滋生腐败。

从整体上讲,这种模式会导致总投资的增加和工期的延长,会妨碍项目总目标的实现。

3)设计—采购—施工总承包模式

①"设计—采购—施工"(EPC,交钥匙)总承包,是最完全的总承包模式,由一个承包商承包工程项目的全部工作,包括设计、采购和施工,甚至包括项目前期的可行性研究和工程建设后的运行管理。承包商向业主承担全部工程责任,向业主交付具备使用条件的工程。

②总承包模式能克服上述分阶段、分专业平行承包的缺点,其好处在于:

a.通过总承包,可以减少业主面对的承包商数量,业主事务性管理工作较少,而且管理方便,仅需要一次招标。在工程中,业主责任较小,主要起草招标文件、提出业主要求、做宏观控制、验收竣工的工程,一般不干涉承包商的工程实施过程和项目管理工作。

b.对业主来说,有一个对工程整体功能负责的总承包商,总承包商对工程整体功能和运行的责任加强,项目的责任体系明确且很完备。各专业工程的设计、采购供应和施工的见面协调都由总承包商负责,工程中的责任盲区不再存在,避免了因设计、施工、供应的不协调造成的工期拖延、成本增加、质量事故等,能有效减少合同纠纷和索赔。

c.加大总承包商的风险责任,给总承包商以充分的自主权完成项目。总承包商承担许多在工程实施中不可预见的风险,能最大限度地发挥总承包商在设计、采购、施工和项目管理中的积极性和创造性,有利于项目全过程优化。

d.总承包商能够将整个项目管理看成是一个统一的系统,信息沟通方便、快捷、不失真,能够有效地进行质量、工期、成本等的综合控制;各专业设计、供应、施工和运营的各个环节能够合理地交叉搭接,从而使工期(招标投标和建设期)大大缩短,工程更容易获得圆满成功。

e.通常总承包合同采用固定总价形式,工程的总目标是确定的,这样有利于降低工程造价和方便工程结算,能够促进工程领域的创新和科技进步。

因此,工程总承包对业主和总承包商都有利,而且有利于工程整体效益的提高。

4)总承包合同的基本问题

总承包合同在程序上存在矛盾性,在项目任务书完成后,业主提出要求,承包商以此报价,而且签订总价合同。承包商的报价在很大程度上是依据自己对业主要求的理解,而业主的要求是比较粗略的。工程的详细设计是在报价以后完成,而且设计文件和相应的计划文件都必须经过业主代表的批准。

①按照上述程序,承包商的报价依据不足,由此加大了承包商的报价和工程实施的风险。

②业主风险加大,主要体现在以下方面:

a.由于承包商风险加大,报价中不可预见的风险费用增加。

b.业主对最终设计和工程实施的控制能力降低。

c.对业主来说,仅有一个承包商,业主必须选择资信和素质好、实力和能力强、适应全方位工作的承包商。

③对总承包商的要求。

a.总承包商承担全过程责任。与专业施工承包相比,其必须具备工程全寿命周期的观念。

b.总承包商对工程的全寿命期负责,承担各专业设计、供应、施工和运行的责任,要求具有工程全寿命期集成化管理的能力。

c.总承包商不仅需要具备各专业工程能力,而且需要具有很强的规划、设计能力,项目管理能力,供应能力和运行管理能力,甚至要具备很强的市场策划能力和融资能力。

工程总承包更符合现代工程项目的特殊性,适合业主对工程项目和承包商的要求,这是工程总承包发展的根本动力,目前这种承包方式在国际上受到普遍欢迎。

5)工程发承包模式的多样性

在现代工程中,EPC 和分散平行发承包之间有许多中间形式:

①将工程的整个设计委托给一个设计承包商,施工(包括土建、安装、装饰)委托给另一个施工总承包商,设备的采购委托给一个供应商,这种方式在工程中是极为常见的。

②"设计—施工"(DB)总承包。承包商负责工程项目的设计和施工任务。

③"设计—采购"(EP)总承包。承包商承担工程的设计和采购工作,还可能在施工阶段向业主提供咨询服务或负责施工管理。工程施工由业主委托的其他承包商负责。

④"设计—管理"总承包。由一个单位承包设计和工程项目管理,供应和施工由业主委托的其他承包商承担。

⑤项目管理承包(PMC)。承包商代表业主对工程项目进行全过程、全方位的项目管理,包括进行工程的整体策划、项目定义、工程招标,选择设计、施工、供应承包商,并对设计、采购、施工过程进行全面管理。

⑥其他工程总承包的变形形式,如"采购—施工"(PC)总承包。

综上,工程发承包模式具有很大的灵活性,对一个工程不必追求唯一的模式,应根据工程的特殊性、业主的状况和要求、市场条件、承包商的资信和能力等作出选择。

6.1.3　风险分担

在建设工程中,各方面都存在着不确定性,这种不确定性称为风险,如项目环境的风险、工程技术和实施方法的风险、项目参与方资信和能力的风险、项目实施和管理过程中的风险等。业主将某些工程活动委托给承包商完成,签订工程合同,通过合同将某些工作和相关的风险分配给承包商。至于将哪些工作以及相关风险分配给哪一方,要遵循一定的规则,不能随意确定。风险分担的目的是促进项目按时完工、不超预算、保证质量。只有当合同明确了风险分担的规则时,才有正确合理的报价决策。

在工程项目管理中有一项重要的职能管理——风险管理,即对项目实施全过程进行风险识别、风险评估、风险响应和风险控制,作出风险对策,形成风险管理计划。而风险管理计划的相当一部分成果要最终落实到具体的工程合同条款中。

工程合同的标准文本是基于重新定义和分配合同双方风险的需要而形成和发展起来的,这些风险最初是按照合同的适用法律分配的。

在我国的建设法律、法规体系中,明确规定了业主(建设单位)、施工单位、勘察单位、设计单位、监理单位及其他有关单位在工程建设过程中应履行的法定义务和法定责任,如《建设工程质量管理条例》第九条规定:"建设单位必须向有关的勘察、设计、施工、工程监理等单位提供与建设工程有关的原始资料。原始资料必须真实、准确、齐全。"《建设工程勘察设计管理条例》第二十八条规定,建设单位、施工单位、监理单位不得修改建设工程勘察、设计文件;确需修改建设工程勘察、设计文件的,应当由原建设工程勘察、设计单位修改。在工程合同中,建设工程参与方必须承担的法定义务和责任是不能转移给其合同相对人的。若出现上述情况,该合同条款会因违反法律、行政法规的强制性规定而无效。合同适用的法律是合同默示条款的重要来源。

在不违反法律、法规强制性规定的前提下,合同当事人一方可以将一般由其完成的工作和相应的风险通过合同转移给其相对人完成,例如,在房屋建筑工程中,一般由发包人供应施工水电。在《建设工程施工合同(示范文本)》(GF-2017-0201)的通用合同条款中,发包人工作中也明确规定:发包人将施工用水、电力、通讯线路等施工所需的条件接至施工现场内,保证施工期间的需要。而在实务工作中,发包人可根据自身需要,在招标文件中明确约定由承包人自行解决施工水电,相关的费用包含在合同价格中。在这种情况下,由于承包人不能及时解决施工水电,保证施工的需要,导致工期拖延、窝工损失由其自行承担。

知识链接

在合同类型上,总价合同与单价合同的区分,其核心是工程量风险由谁承担。

特别提示

在《中华人民共和国2007年版标准施工招标文件使用指南》第5章工程量清单中指出:"实践中常见的单价合同和总价合同两种主要合同形式,均可以采用工程量清单计价,区别仅在于工程量清单中所填写的工程量的合同约束力。采用单价合同形式时,工程量清单是合同文件必不可少的组成内容,其中的工程量一般具备合同约束力,工程款结算时按照实际发生的工程量进行调整。对总价合同形式,工程量清单中的工程量不具备合同约束力,工程量以合同图纸的标示内容为准,工程量以外的其他内容一般均赋予合同约束力,以方便合同变更的计量和计价。"

6.2　工程合同体系协调

业主的发包策略不同,所采用的发承包模式也不同。因此,形成了复杂程度不同、组织协调和合同管理要求不一样的工程合同体系。在工程合同体系中,各合同之间存在着十分复杂的关系。要保证项目顺利实施,业主必须负责各合同之间的协调,这也是合同策划的重要内容。在实务工作中,由于合同不协调而造成的工程失误有很多。

6.2.1　承包范围的协调

业主的所有合同确定的工程或承包范围应能涵盖项目的所有委托工作,保证完整性;承包商的各个分包合同与由自己完成的工程(或工作)一起应能涵盖总承包合同的承包范围。在工作内容上不应有遗漏、重复。在实际工作中,这种缺陷会带来设计的变更、新增工程、计划的修改、施工现场停工、效率降低等问题,导致双方发生争执。

在工程合同中,应清晰描述承包范围,确定界面上的工作责任。工程实践证明,许多遗漏和缺陷常常都发生在界面上。例如,一个工程划分为设备基础和设备安装两个标段,业主(工程师)在合同中需要考虑两个问题:一是设备的预埋件的预埋工作划分给哪个标段;二是预埋件位置偏移由谁承担责任。

6.2.2　技术上的协调

各个承包合同之间的技术标准和要求应具有一致性,如土建、装饰、建筑给排水、电气设备安装等应有统一的技术标准和要求。各专业工程的设计、施工、质量验收标准应具有一致性。

分包合同必须按照承包合同的条件订立,全面反映总合同相关内容。为了保证承包合同不折不扣地完成,分包合同一般比总承包合同的条款更为严格、周密和具体,对分包单位的要求更为严格。采购合同的技术要求、设备参数、性能要求必须符合规定的工程承包合同的技术标准和要求。

6.2.3　价格上的协调

对业主而言,在工程项目合同策划时,必须将项目总投资分解到各个合同上,作为合同招标和实施控制的依据。

对承包商而言,一般在总承包合同估价前,就应向各分包商、供应商询价,在分包报价的基础上考虑附加管理费等费用并计入投标报价,因此分包报价水平常常又直接影响总包报价水平和竞争力。对于数额较大的专业工程分包或材料、设备采购,如果时间允许,也应进行招标或竞争性谈判,以降低价格。

作为总承包商,周围最好要有一批长期合作的分包商和供应商,形成战略合作伙伴关系,这样可以保证分包商的可靠性和分包工程质量及价格的稳定性。

在合同类型上,总承包合同与分包合同也应协调一致,若总承包合同为总价合同,那么分包合同也应是总价合同。不能出现总承包合同是总价合同,而分包合同是单价合同的情况。

6.2.4　时间上的协调

业主应按照项目的总进度目标和进度计划确定各个合同的实施时间安排,在相应的招标文件上提出合同工期或期限要求。这样每个合同的实施都能够满足项目进度计划的要求。

按照各个合同的实施计划安排合同的招标或谈判工作。由于招标和谈判工作是一个过程,需要一定的时间,只有这样才能保证签约后合同实施能够符合项目进度计划的要求。

材料、设备采购合同安排应与施工合同的进度计划相衔接。例如,一个施工合同,业主负责材料和设备供应、现场的提供等责任,则必须系统地安排材料、设备采购和相关的工作计划。

工程活动不仅要与项目进度计划的时间要求一致,而且在时间上也要协调,即各种工程活动形成一个有序、有计划的实施过程。例如,设计图纸供应与施工,设备、材料供应与运输,土建和安装施工,支付,工程交付与运行等之间应合理搭接。

应用案例

对比《建设工程施工合同(示范文本)》(GF-2017-0201)通用合同条款第 12.4.4 款和《建设工程施工专业分包合同(示范文本)》第 20.1 款、21.2 款,当总承包商将分包工程已完工程量报告纳入总承包工程已完工程量报告提交监理工程师后,14 天内业主才会向总承包商付款,而按照分包合同规定总承包商的付款时限是"10 天"。

【案例评析】

按照"总承包商先于分包商获得支付"的惯例,事实上形成了总承包商更多垫资的局面,对贯彻落实《建筑法》第十八条"发包单位应当按照合同的约定,及时拨付工程款项"的精神也是不利的。这是总分包合同中计量支付条款不协调的一个典型表现。

知识链接

《标准施工招标文件》(2007 年版)中合同通用条款 5.2.1 约定:"发包人提供的材料和工程设备,应在专用合同条款中写明材料和工程设备的名称、规格、数量、价格、交货方式、交货地点和计划交货日期等。"

第 5.2.2 约定:"承包人应根据合同进度计划的安排,向监理人报送要求发包人交货的日期计划。发包人应按照监理人与合同双方当事人商定的交货日期,向承包人提交材料和工程设备。"

6.3　建设工程施工合同的管理

6.3.1　概述

1）施工合同管理的概念

施工合同管理是指有关的行政管理机关及合同当事人，依据法律、法规，采取法律的、行政的手段，对施工合同关系进行组织、指导、协调及监督，保护施工合同当事人的合法权益，处理施工合同纠纷，防止和制裁违法行为，保证施工合同顺利实施的一系列活动。

施工合同管理，既包括各级工商行政管理机关、建设行政主管机关、金融机构对施工合同的管理，也包括发包单位、监理单位、承包单位对施工合同的管理。可将这些管理划分为以下两个层次：第一层次为国家机关及金融机构对施工合同的管理；第二层次为建设工程施工合同当事人及监理单位对施工合同的管理。

各级工商行政管理机关、建设行政主管机关对施工合同的管理侧重于宏观管理，而发包单位、监理单位、承包单位对施工活动的管理则是具体的管理。发包单位、监理单位、承包单位对施工合同的管理体现在施工合同从订立到履行的全过程中，本节主要介绍合同履行过程中的一些重点和难点。

2）施工合同管理的任务

施工合同签订以后，承包商应及时指派工程项目经理，并由项目经理全面负责工程管理工作，组建包括合同管理人员的项目管理小组，着手进行工程的实施。此时，施工合同管理的工作重点就转移到施工现场，直至工程全部结束。在施工阶段合同管理的基本目标是：保证完成合同条款规定的各项责任与义务，按合同规定的工期、质量、价格（成本）等要求完成工程项目建设。在整个工程施工过程中，合同管理的主要任务如下：

①对各工程小组、分包商等在合同关系上给以协调，并进行工作上的指导。如经常性地解释合同，对来往信件、会谈纪要等进行审查。

②对工程项目实施进行合同控制，保证承包商正确履行合同，保证整个工程按合同、按计划、有步骤、有秩序地施工，防止工程实施中出现失控现象。

③及时预见和防止合同实施中出现的问题，以及由此引起的各种责任，避免和防止合同争执造成的损失。对因干扰事件造成的损失进行索赔，同时又应使承包商免于承担责任，处于不被索赔的地位。

④向业主和各级管理人员提供施工合同实施的情况，以及提供用于决策的资料、建议和意见。

3）施工合同管理的主要工作

施工合同管理人员在施工阶段的主要工作，包括以下 5 个方面：

（1）建立和完善合同管理体系

建立和完善合同管理体系，以保证合同实施过程中的日常事务性工作顺利进行，使工程项目的全部事件处于控制中,保证施工合同目标的实现。

（2）做好合同的监督工作

监督承包商和分包商按合同条款要求组织施工,并做好各分合同的协调和管理工作。承包商应以积极合作的态度完成自己的合同责任,努力做好自身的监督工作。

（3）跟踪合同实施情况

收集合同实施信息和各种工程资料,对合同实施情况进行跟踪,并作出相应的信息处理;诊断合同履行情况,并将合同实施情况与合同资料进行对比分析,找出实施中的偏离问题,向项目经理及时通报合同实施情况及存在的问题,提出合同实施方面的意见与建议,甚至警告或投诉。

（4）进行合同变更管理

合同变更管理主要包括参与合同变更谈判、对合同变更进行事务处理、落实合同变更措施、修改合同变更资料、检查合同变更措施的落实情况等。

（5）索赔和反索赔管理

索赔和反索赔管理主要包括承包商与业主之间的索赔和反索赔、承包商与分包商之间的索赔和反索赔。

6.3.2　施工合同文档的管理

1) 合同文档管理的重要性

在工程招投标和合同实施过程中,许多承包商忽视工程文档系统的建立与管理,其中包括合同文档的收集、保存与管理。由于没有建立文档管理系统,最终是削弱自己的合同地位,损害自身的合同权益,特别是不利于争执和索赔的解决,如合同额外工作未书面确认,合同变更指令不符合规定,错误的现场签证、会议纪要、工程收方量等未及时提出修改,重要合同文档未能保存,业主违约未书面确认等,都将使承包商在合同争执和索赔问题处理中处于不利地位。

人们忽视工程文档的收集、保存与管理,是因为这些文件在记录时看起来价值不大,如果工程实施顺利,双方没有发生争执,许多文件资料确实没有价值,而且这项工作十分繁杂,花费也不少。但是实践证明,任何工程项目都会有这样或那样的风险,都可能会产生争执,甚至会发生重大问题的争执,这时都会用到工程文档所提供的大量证据。若没有建立完善的工程文档系统,缺乏解决问题的有力证据,必定会造成不可挽回的损失。

合同文档管理属于信息管理的内容,它不仅仅是为了解决争执,在整个项目管理中它具有更加重要的作用,是现代项目管理的重要组成部分。

2) 合同文档管理的任务

由于合同文档系统在工程建设中具有十分重要的作用,因此,在工程建设中必须建立这个系统,才能符合现代项目管理的要求。

（1）合同文档的作用

合同管理人员的责任是负责合同文件资料的收集、整理和保存等管理工作。其工作是以这些文件资料为基础,同时又是依据这些资料来开展的。合同文档的具体作用如下:

①合同文档可为合同签订、合同分析、合同监督、合同跟踪、合同变更和施工索赔提供所需要的文档资料；

②合同文档可为合同管理人员编制各种工程报表，向项目经理提供意见与建议，落实工程责任和协调方案制订等提供依据。

（2）合同文档管理的任务

合同文档管理的主要任务如下：

①合同文件的收集。在工程施工合同实施过程中，每天都要产生很多文件与资料，如图纸、技术变更、指令、报告、信件、记工单、领料单等。首要的任务是做好这些文件资料的收集与整理，并将这些原始资料交给合同管理专职人员保存与管理。

②合同文件的加工。上述的原始资料必须经过信息加工处理才能作为决策的依据，才能成为正式的报告文件和工程报表。

③合同文件的储存。凡涉及与施工合同有关的文件资料，必须加以收集与保存，直到合同履行结束。为了查找和使用方便，必须建立和完善合同文档储存制度，并对合同文档进行科学储存，这也是现代项目管理的客观要求。

④合同文件的提供。合同管理人员根据合同文件反映出的问题，应及时向业主、项目经理报告工程合同实施情况，同时也可为各职能部门、分包商、工程验收、索赔与反索赔等提供资料与证据。

6.3.3　施工合同实施的管理

1）施工合同履行的管理

（1）业主和监理单位对合同履行的管理

业主和监理工程师在合同履行中，应严格按照施工合同条款的规定，履行自身应尽的义务。施工合同规定由业主负责的各项工作是履行合同的基础，是为承包商开工及顺利施工创造的先决条件。

业主对施工合同履行的管理主要是通过监理工程师进行的，在合同履行管理中，业主、监理工程师应认真行使自己的权利，履行自己的职责，应对承包商的施工活动进行监督和检查。

（2）承包商对合同履行的管理

在施工合同履行过程中，为确保施工合同各项指标的顺利实现，承包商需要建立一套完整的施工合同管理制度，以对施工合同履行实施有效的管理。其主要制度如下：

①岗位责任制度。岗位责任制度是承包商应建立的基本管理制度。它明确规定承包商负有施工合同管理任务的部门和人员的工作范围，履行合同中应负的责任和拥有的职权。只有建立合同管理岗位责任制度，才能使分工明确、责任落实，才能促进承包商施工合同管理工作的正常开展，保证合同目标的顺利实现。

②检查制度。承包商签约后，应建立施工合同履行的检查、监督制度。通过对承包商履行合同情况进行检查、监督，以便发现存在的问题，督促有关部门和人员改进工作，认真履行合同的职责和义务。

③统计考核制度。利用科学管理的方法对合同履行情况进行有效管理，即利用统计数据，

反馈施工合同履行情况,并通过对统计数据的分析,为承包商经营决策提供重要依据。

④奖惩制度。建立奖惩制度,有利于增强有关部门和人员在履行施工合同中的责任。奖优罚劣是奖惩制度的基本内容与要求,能够促进施工合同的顺利履行。

2) 施工合同实施的控制

（1）合同目标的控制

施工合同目标控制是指对合同订立的三大目标,即建设工程项目的工期、质量、成本三大目标实施的控制。承包商的合同责任是达到这三大目标的要求,保证建设工程项目施工任务的圆满完成。

（2）合同实施的控制

合同实施的控制主要包括以下3个方面:

①承包商除了必须按合同规定的进度计划、质量要求完成施工任务外,还必须对工程项目施工现场的安全、秩序、清洁和工程保护等负责。同时,承包商有权获得合同实施中必需的工作条件,如具备必需的图纸、指令、场地和道路;要求监理工程师公平、正确地解释合同,以及时、如数地获得工程付款;有权选择科学、合理的施工方案;有权对业主和监理工程师的违约要求索赔等,这一切都必须通过合同控制来实现。

②合同控制的特点是具有动态性,其主要表现在以下两个方面:一方面合同实施常常受外界干扰,使其偏离目标,需要不断地进行调整;另一方面合同目标也在不断变化,如不断出现的合同变更,使工期、质量、成本发生变化,从而使合同双方的责任与权益也发生变化。因此,合同实施的控制必须是动态的,合同实施是随着变化的情况不断进行调整的。

③承包商的合同控制不仅针对与业主之间的工程承包合同,而且还包括与总合同相关的其他合同,如分包合同、供应合同、运输合同、租赁合同等,并且还包括总合同与各个分合同、各分合同之间的协调控制。

通过合同实施的控制可以使工程进度控制、质量控制、成本控制协调一致,形成一个有序的项目管理过程。

3) 施工合同实施的监督

施工合同实施的监督主要包括以下方面:

①合同管理人员会同各职能人员落实合同实施计划,为各工程队组、分包商提供必要的施工保证。如督促施工现场人工、材料、机械等计划的落实,协调工序之间搭接关系的安排,以及做好其他一些必要的准备工作。

②在合同条款范围内,协调业主、监理工程师、项目各管理人员、各工程队组与分包商之间的关系,解决合同实施中出现的问题,如合同责任界面不清而发生的争执、工程施工活动在时间和空间上的不协调等。

③合同管理人员要经常性地做好合同解释工作,对工程队组和分包商进行工作指导,使他们有全局观念。对工程实施中发现的问题提出意见、建议和警告,如促使监理工程师放弃不适当、不合理的指令,避免对工程施工的干扰而造成费用增加,弥补监理工程师工作的缺陷与不足,保证工程顺利地进行。

④会同各职能人员检查、监督各工程队组、分包商的合同实施情况,主要是对照合同目标

要求的工程进度、技术标准、工程质量等进行检查,发现问题并及时采取改进措施。对已完成的工程做最后的检查核对,对未完成的工程或有缺陷的工程指令限期采取补救措施,以免影响合同工期目标的完成。

⑤按施工合同要求,会同业主、监理工程师等对工程所用材料、设备进行检查和验收,查看是否符合图纸、技术规范和质量要求。进行隐蔽工程和已完工程的检查验收,负责工程验收文件的起草和工程验收的组织工作。

⑥会同工程造价师(工程预决算人员)对承包商或分包商向业主提交的工程收款账单进行审查和确认。

⑦合同管理人员负责对向业主提交的书面请示、答复,向分包商下达的指令等进行审查并记录在案。参与承包商与业主、或与分包商之间争议问题的协商和解决,并对解决结果按合同条款和法律的规定进行审查、分析及评价,从而保证工程施工活动始终处于严格的合同监督中,也使承包商的各项工作更有预见性。

6.3.4　施工合同变更的管理

1)合同变更的原因和影响

(1)合同变更的原因

合同条款内容频繁发生变更是工程施工合同的特征。合同发生变更的主要原因如下:

①业主提出变更要求。主要包括修改建设项目总计划、扩大(减少)建设规模、提高(降低)建筑标准和增加(减少)建设投资等。

②设计图纸的修改与补充。由于业主的变更要求或设计图纸的错误,需要对施工图纸进行修改与补充,从而引发合同条款内容的变更。

③工程环境的变化。工程施工条件与预计的不一致,需要对施工方案、施工计划进行修改。

④新技术、新工艺的引进。由于科技发展的要求,引进了新技术、新工艺,这样就有必要改变原设计,修改施工方案和施工计划。

⑤政府部门对拟建项目的新要求。主要包括国家计划变化、城市规划变动、环境保护要求等。

⑥合同条款出现的问题。由于合同实施中出现了意外问题,必须调整合同目标或修改合同条款。

⑦合同当事人发生变化。由于企业倒闭或其他原因造成合同当事人发生变化,产生合同转让等变更,不过这种变更通常比较少。

(2)合同变更的影响

合同变更实质上是对原合同条款的修改与补充,是签订双方对合同条款新的要约和承诺。这种修改与补充对合同的实施影响很大,主要表现在以下 3 个方面:

①由于合同变更使得各种文件和资料,如设计图纸、施工方案、工期计划、成本计划等都应作相应修改与变更,而其他相关的各种计划(如材料、设备采购计划,劳动力需用计划,机械使用计划等)也要作相应调整。它不仅会引起该承包合同发生变更,而且还会引起所属的各个

分合同,如材料、设备供应合同,分包合同,租赁合同等的变更。特别是重大的合同变更会打乱整个施工部署,严重影响施工任务的按期完成。

②由于合同变更,引起合同签约双方之间、总包与分包之间、各工程队组之间的合同责任发生变更。如工程量增加,不仅增加了承包商的工程任务量,还将增加工程费用开支和延长工期。

③有些工程变更还会引起已完工程的返工、现场施工的停滞、施工秩序的混乱、已购材料的损失等。

2) 合同变更的范围和程序

(1)合同变更的范围

合同变更的范围很广,一般包括合同签订后的工程范围、工程进度、工程质量要求发生变化,合同条款内容、合同双方责权利关系的变化等。常见的合同变更有以下两种:

①工程变更:包括工程项目的性质、功能、数量、质量、实施方案和施工秩序等的变更。

②合同条款变更:主要包括合同条件和合同协议书所涉及的双方责权利关系的变化,以及一些重大问题的变更等。

(2)合同变更的程序

合同变更应按一定的工作程序进行,即办理包括合同变更的申请、审查、批准、通知(指令)等一套完整的手续。

①重大的合同变更。工程项目重大的合同变更由双方签署变更协议确定。对变更所涉及的问题,如合同变更措施、变更工作安排、变更设计的工期变化和费用索赔的处理等,意见达成一致后,双方签署备忘录或修正案作为变更协议。有些重大问题的变更需要经过多次会议协商,才能达成合同变更协议。双方签署的合同变更协议与合同一样具有法律约束力,而且法律效力优于原合同文本,应认真研究、审查分析和贯彻执行。

②业主或监理工程师的变更指令。在工程项目的施工中,业主或监理工程师发出的工程变更指令在数量上有很多,情况也比较复杂。对此,承包商应予以重视。

工程变更程序(步骤)在合同条款中有明确的规定,有以下两种:

业主或监理工程师发出工程变更的程序(步骤)为:业主或监理工程师发出变更指令→业主或监理工程师批准,与承包商进行谈判→双方签署变更协议→承包商执行变更。

承包商申请工程变更的程序(步骤)为:承包商发出工程变更申请→业主或工程师批准→承包商与业主、监理工程师进行谈判→双方签署变更协议→承包商执行变更。

在国际承包工程中,承包合同通常都赋予业主或工程师直接指令工程变更的权利。承包商在接到变更指令后,必须组织实施;而合同价格和工期的变更调整,由承包商会同业主、监理工程师协商后确定。

(3)工程变更申请表

在工程项目管理中,工程变更需要经过一定的申报审批手续。首先要填报"工程变更申请表",工程变更申请表的格式和内容见表6.1。

表 6.1　工程变更申请表

申请人	申请表编号	合同号
相关的分项工程和该工程的技术资料说明 工程号　　图号 施工段号		
变更根据	变更说明	
变更根据的标准		
变更所涉及的资料		
变更的影响 技术要求　　　　工期　　材料　　劳动力 对其他工程的影响　成本　　机械		
变更类型	变更优先次序	
意见		
计划变更实施日期		
变更申请人(签字)		
变更批准人(签字)		
变更实施决策/变更会议		
备注		

3)合同变更实施(管理)的要求

(1)合同变更决策的要求

在实际工作中,合同变更时间过长或合同变更程序流程太慢等都会造成较大的损失,因此合同变更应尽快作出决策,但在决策过程中常常发生以下两种情况:

①工程停止施工,承包商等待业主或监理工程师的变更指令(含变更会议决议)。此时,等待变更属于业主责任,通常承包商可提出延误工期等索赔。

②合同变更指令不能迅速做出,而现场继续在施工,造成更大的返工损失。因此,要求合同变更决策程序既简单又快捷。

(2)合同变更实施的要求

合同变更指令作出后,承包商应迅速、全面、系统地落实变更指令,并要求做好以下各项变更工作:

①修订相关的各种文件,包括图纸、施工方案、施工计划、物资采购计划等,使这些文件反映和包含最新的变更内容与要求。

②各工程队组和分包商应尽快落实工程变更指令,并要求提出具体的变更措施,对新出现的问题应提出相应的对策,同时做好各方面的组织协调工作。

③在实际工作中,因没有及时落实工程变更指令,造成方案、计划、协调、管理等工作方面

的混乱,导致经济损失。而合同管理人员在这方面将起很大的作用,可以督促变更指令的迅速落实。只有工程变更得到迅速落实和执行,才能保证新的合同目标得以顺利实现。

(3)合同变更与索赔同步的要求

合同变更是索赔机会,应在合同规定的有效期内提出索赔要求,合同变更引起的各种文件的变更可以作为进一步分析的依据和索赔的依据。在实际工作中,要求合同变更与索赔同步进行,甚至先进行索赔谈判,待索赔达成一致后再执行合同变更。

特别提示

合同变更应注意以下问题:

①监理工程师的认可权应合理限制。在承包工程中,业主常常通过监理工程师对材料、设计、施工的认可权,来提高材料、设计、施工的质量标准。如果施工合同条款规定比较含糊,它就变为业主的修改指令,承包商应先取得业主或监理工程师的书面确认,然后再提出费用索赔。

②工程变更不能超过合同规定的工程范围,如果超出了这个范围,承包商有权不执行变更或坚持先商定价格,后进行变更。

③在变更程序中,经常出现变更已成事实后再进行价格谈判,这对承包商很不利。当遇到这种情况时可采取以下对策:

a.控制施工进度,等待变更谈判结果。这样不仅损失较小,而且谈判回旋余地较大。

b.争取以计时工或按承包商的实际费用支出计算费用补偿,也可采用成本加酬金的方法计算,避免价格谈判中的争执。

c.应有完整的变更实施的记录和照片,并由监理工程师签字,为索赔作准备。

④承包商不能擅自做主进行工程变更。对任何工程问题,承包商不能自作主张进行工程变更。如果施工中发现图纸错误或其他问题需进行变更,应首先通知监理工程师,经同意或通过变更程序后再进行变更。否则,不仅得不到应有的补偿,还会带来不必要的麻烦。

⑤承包商在签订变更协议时必须提出补偿问题。在变更执行前就应对补偿范围、补偿办法、索赔值的计算方法、补偿款的支付时间等问题,双方达成一致意见。

6.3.5 施工合同争议的解决

1)施工合同争议产生的原因

(1)合同争议的概念

合同争议也称合同纠纷,是指合同当事人对合同规定的权利和义务产生不同的理解所引起的争议。合同关系的实质是通过设定当事人的权利义务,在合同当事人之间进行资源配置。而在合同的权利义务框架中,权利和义务是互相对称的,一方的权利即另一方的义务,反之亦然。一旦义务怠慢或拒绝履行自己应尽的义务时,其权利人之间的法律争议势必发生。虽然合同当事人都无意违反合同约定,但是由于他们对合同履行过程中的某些事实有着不同的看法和理解,就容易造成合同争议,总之有合同活动就会有合同争议。

建设工程施工合同争议的特点是由工程合同的特点决定的。建设工程施工合同涉及主体众多,经济关系复杂,合同金额巨大,持续时间较长,使得工程合同争议出现的概率比较大,解决也比较复杂。

一般来说,在出现工程合同争议之后,各方是力求友好解决问题的。承包人力求在合格履行合同的同时与发包人保持良好的关系,发包人也不希望因为眼前的争议影响后续的工作,因此,工程合同争议大都采用协商和调解的方式解决,提交仲裁程序解决的很少,提交诉讼程序的更少。

(2)合同争议产生的原因

合同争议产生的原因可能是合同本身存在合同形式不合理、内容不明确等问题,也可能是当事人客观上没有能力履行或主观上没有付出足够努力等。建设工程施工合同争议产生的原因具体包括以下几种:

①合同订立不合法;

②合同条款完整性、严密性不足,存在错误或疏漏;

③双方对合同管理的错误认识;

④缺乏专业的合同管理人员;

⑤现场签证不及时、不规范。

2)施工合同争议的解决方式

(1)合同争议的解决

当事人可以通过4种途径解决合同争议,即和解、调解、提请仲裁机构仲裁和向人民法院提起诉讼。

当事人可通过和解或调解解决合同争议。当事人不愿和解、调解或者和解、调解不成的,可根据仲裁协议向仲裁机构申请仲裁。涉外合同的当事人可根据仲裁协议向中国仲裁机构或者其他仲裁机构申请仲裁,当事人没有签订仲裁协议或者仲裁协议无效的,可以向人民法院起诉。当事人应当履行发生法律效力的判决、仲裁裁决、调解书;拒不履行的,对方可以请求人民法院执行。

解决合同争议的方式取决于当事人自己的意愿,其他任何单位或个人都不得强迫。对于解决的方式,当事人双方可以在签订合同时就选择,并把选择出的方式以合同条款形式写入合同,也可在发生争议后就解决办法达成协议。在解决合同争议的过程中,任何一方当事人都不得采取非法手段,否则将依法追究违法者的法律责任。

(2)停止履行合同

发生争议后,在一般情况下,双方都应继续履行合同,保持持续施工,保护已完工程。当出现下列情形时,当事人可以停止履行施工合同:

①单方面违约导致合同却已无法履行,双方协议停工;

②调解要求停止施工,且为双方接受;

③仲裁机关裁决停止施工。

本章小结

本章主要介绍了工程合同策划(主要分析了影响工程合同策划工作的 3 个主要方面的内容,即业主的资金能力、工程的发承包方式、风险如何分担)、工程合同体系(包括业主的合同关系和承包人的合同关系)和工程合同体系协调(包括承包范围的协调、技术上的协调、价格上的协调、时间上的协调)3 个方面的问题。

施工合同管理的主要工作,包括建立施工合同管理保证体系、做好施工合同的监督工作、跟踪检查施工合同实施情况、进行施工合同变更管理等。

习　题

1.工程合同策划对整个项目的实施和管理有何重大影响?

2.在我国,许多发包人采用平行发包方式。对业主来说,这种模式有什么弊端? 各个合同间应如何协调才能降低业主风险?

3.什么是施工合同管理? 施工合同管理的任务是什么?

4.简述施工合同管理的主要内容。

5.如何解决施工合同争议问题?

第 7 章　建设工程施工索赔

【教学目标】

通过学习本章内容,掌握工程施工索赔的起因、程序与索赔值的计算,熟悉施工索赔的管理,了解索赔的分类和索赔证据。

【教学要求】

能力目标	知识要点	权　重
能发现索赔机会	施工索赔的管理	30%
会处理具体的索赔问题	索赔的起因、程序、证据和计算	50%
理解索赔概念,树立索赔意识	索赔的概念、特征、分类	20%

7.1　建设工程施工索赔概述

7.1.1　索赔的概念及特征

1)索赔的概念

索赔是指在合同履行过程中,由于一方不履行或不完全履行合同义务而使另一方遭受损失时,向对方提出补偿要求的行为。工程实施过程中,承包人可以向发包人提出索赔,发包人也可以向承包人提出索赔,一般把承包人提起的索赔称为施工索赔,而把发包人提起的索赔称为反索赔(也称业主索赔)。

2)索赔的特征

从索赔的基本含义可以看出索赔具有以下基本特征:

①索赔是双向的。只是发包人始终处于主动和有利地位,它可通过直接从应付工程款中扣除或没收履约保函、扣留保证金甚至留置承包商的材料设备作为抵押等手段来轻易实现自

己的索赔要求。本章的索赔问题主要指承包人向发包人的索赔。

②只有实际发生了经济损失或权利损害,一方才能向对方索赔。经济损失是指因对方因素造成合同外的额外支出,如人工费、材料费、机械费、管理费等额外开支;权利损害是指虽然没有经济上的损失,但造成了一方权利上的损害,如由于恶劣气候条件对工程进度的不利影响,承包人有权要求工期延长等。

③索赔是一种未经对方确认的单方行为,它与我们通常所说的签证不同。在施工过程中,签证是承发包双方就额外费用补偿或工期延长等达成一致的书面确认、证明材料或补充协议,它可直接作为工程款结算或最终增减工程造价的依据。而索赔是单方行为,对对方尚未形成约束力,这种索赔要求能否得到最终实现,必须要通过确认。

索赔是一种正当的权利或要求,是合情、合理、合法的行为,它是在正确履行合同的基础上争取合理的补偿,不是无中生有、无理争利,不具有惩罚性质。

知识链接

索赔与违约是两个不同的概念,主要区别如下:

①索赔事件的发生不一定在合同文件中有约定;而工程合同的违约责任一般是合同中所约定的。

②索赔事件的发生可以由一定行为造成,也可以由不可抗力事件引起;而追究违约责任,必须要有合同不能履行或不能完全履行的违约事实的存在,发生不可抗力可以免除或部分免除当事人的违约责任。

③一定要有造成损失的后果才能提出索赔,索赔具有补偿性;而合同的违约不一定要造成损害后果。

④索赔的损失与被索赔人的行为不一定存在法律上的因果关系,如物价上涨造成承包人损失的,承包人可以向发包人索赔等;而违约行为与违约事实之间存在因果关系。

7.1.2　施工索赔的分类

1)按索赔的合同依据分类

(1)合同中明示的索赔

合同中明示的索赔是指承包人提出的索赔要求在该工程项目的合同文件中有文字依据,承包人可据此提出索赔要求,并取得经济补偿。这些在合同文件中有文字规定的合同条款,称为明示条款。

(2)合同中默示的索赔

合同中默示的索赔,即承包人的该项索赔要求,虽然在工程项目的合同条款中没有专门的文字叙述,但可根据该合同的某些条款的含义,推论出承包人有获得索赔的权利。这种索赔要求,有权得到相应的补偿。这种有隐含含义的条款,在合同管理工作中被称为"默示条款"或"隐含条款"。

默示条款是一个广泛的合同概念,它包含合同明示条款中没有写入但符合双方签订合同时设想的愿望和当时环境条件的一切条款。这些默示条款,或者从明示条款所表述的设想愿望中引申出来,或者从合同双方在法律上的合同关系中引申出来,经合同双方协商一致,或被法律和法规所指明,都成为合同文件的有效条款,要求合同双方遵照执行。

2)按索赔目的分类

(1)工期索赔

由于非承包人责任的原因而导致施工进程延误,要求批准顺延合同工期的索赔,称为工期索赔。工期索赔形式上是对权利的要求,以避免在原定合同竣工日不能完工时被发包人追究拖期违约责任。一旦获得合同工期顺延的批准,承包人不仅免除了承担拖期违约赔偿费的严重风险,而且可能因提前工期得到奖励,最终仍反映在经济效益上。

(2)费用索赔

费用索赔的目的是要求经济补偿。当施工的客观条件改变导致承包人增加开支,要求对超出计划成本的附加开支给予补偿,以挽回不应由他承担的经济损失。费用索赔是整个工程合同索赔的重点和最终目标,工期索赔在很大程度上也是为了费用索赔。

3)按索赔的处理方式分类

(1)单项索赔

单项索赔是指当事人针对某一干扰事件的发生而及时地进行索赔,也就是一件索赔事件发生就处理一件。单项索赔原因单一,责任清楚,证据好整理,容易处理,并且涉及金额一般比较小,发包人较易接受。例如,监理工程师指令将某分项工程素混凝土改为钢筋混凝土,对此只需提出与钢筋有关的费用索赔即可(如果该项变更没有其他影响的话)。一般情况下承包人应采用单项索赔的方式。

(2)总索赔(一揽子索赔)

总索赔是指在工程竣工前,承包人将施工过程中已经提出但尚未解决的索赔问题汇总,向发包人提出总索赔。总索赔中索赔事件多,牵涉的因素多,佐证资料要求多,责任不好界定,补充额度计算较困难,而且补偿金额大,索赔谈判和处理比较难,成功率低,一般情况下不宜用此种方法。

特别提示

通常在以下几种情况下采用总索赔:

①有些单项索赔的原因和影响都很复杂,不能立即解决或双方对合同解释有争议,但合同双方都要忙于合同实施,可协商将单项索赔留到工程后期解决。

②业主拖延答复单项索赔,使工程过程中的单项索赔得不到及时解决,最终不得已提出一揽子索赔。在国际工程中,许多业主就以拖的办法对待承包人的索赔要求,常常使索赔和索赔谈判旷日持久,使许多单项索赔集中起来。

③在一些复杂的工程中,当干扰事件多,几个干扰事件一起发生,或有一定的连贯性、互相影响大,难以一一分清,则可以综合在一起提出索赔。

④工期索赔一般都在工程后期一揽子解决。

7.1.3 索赔的起因

施工合同是通过招投标订立的。合同确定的工期和合同价款是依据合同签订时的合同条件、施工条件、施工方案的状态确定的。在施工过程中,由于干扰事件的发生,就必然使在签订合同状态下所确定的合同价款不再适合,打破了原有的平衡状态,合同双方必须根据新的状态调整原合同工期和价款,形成新的平衡。

1) 工程范围变更索赔

工程范围变更索赔是指发包人和监理工程师指令承包人完成某项工作,而承包人认为该工作已超出原合同的承包范围,或超出其投标时估计的施工条件,因而要求补偿其额外开支。工程范围变更索赔是施工过程中最常见的情况,也是承包人进行施工索赔最多的情况。

2) 施工条件变化索赔

施工条件变化的含义是在施工过程中,承包人"遇到了一个有经验的承包人不可能预见的不利的自然条件或人为障碍",导致承包人为履行合同要花费计划外的额外开支。按照工程承包惯例,这些额外开支应得到发包人的补偿。

3) 工程拖期索赔

工程拖期索赔是指承包人为了完成合同规定的工程,花费了较原计划更长的时间和更大的开支,而工程拖期的责任不在承包人。工程拖期索赔的前提是由于发包人或监理工程师的责任,或客观影响,而不是承包人的责任,是属于可原谅的拖期。

4) 加速施工索赔

当工程项目的施工遇到可原谅的拖期时,采用什么措施则属于发包人的决策。一般有两种选择:延长承包人工期,容许整个工程项目竣工日期相应拖后;或者要求承包人采取加速施工的措施,使工程按计划工期建成投产。

当发包人决定采取加速施工时,应向承包人发出加速施工指令,并对承包人拟采取的加速施工措施进行审核批准,并明确加速施工费用的支付问题。承包人为加速施工增加的成本,将提出书面索赔文件,这就是加速施工索赔。

知识链接

> **可推定加速施工**
>
> 在某些情况下,虽然监理工程师没有发布专门的加速指令,但客观条件或监理工程师的行为已经使承包人合理意识到工程施工必须加速,这就是推定加速施工。推定加速与指令加速在合同实施中的意义是一样的,只是在确定是否存在推定指令时,双方比较容易产生分歧,不像直接指令加速那样明确。为了证明推定加速已经发生,承包人必须从以下几个方面来证明自己被迫比原计划更快地进行了施工:

①工程施工遇到了可原谅延误,按合同规定应该获准延长工期;

②承包人已经特别提出了要求延长工期的索赔申请;

③监理工程师拒绝或未能及时批准延长工期;

④监理工程师已以某种方式表明工程必须按合同时间完成;

⑤承包人已经及时通知监理工程师,监理工程师的行为已构成要求加速施工的推定指令;

⑥这种推定加速实际上造成了施工成本的增加。

5)其他施工索赔

如发生不可抗力事件、设计错误、发包人或监理工程师错误的指令或提供错误的资料、数据等引起的索赔。

7.2　施工索赔的原则及处理过程

7.2.1　索赔处理的原则

1)索赔必须以合同为依据

遇到索赔事件时,监理工程师必须以完全独立的身份,站在客观公正的立场上,审查索赔要求的正当性,以合同为依据来公平处理合同双方的利益纠纷。

2)必须注意资料的积累

积累一切可能涉及索赔论证的资料,做到处理索赔时以事实和数据为依据。

3)及时、合理地处理索赔

索赔发生后,必须依据合同准则及时处理索赔,尽量将单项索赔在执行过程中陆续加以解决。

4)加强索赔的前瞻性

在工程实施过程中,应对可能引起的索赔进行预测,及时采取补救措施,避免过多索赔事件的发生。

7.2.2　索赔程序和时限

1)承包人的索赔

(1)承包人索赔的提出

根据合同约定,承包人认为有权得到追加付款和(或)延长工期的,应按以下程序向发包人提出索赔:

①承包人应在知道或应当知道索赔事件发生后 28 天内,向监理人递交索赔意向通知书,并说明发生索赔事件的事由。承包人未在前述 28 天内发出索赔意向通知书的,丧失要求追加付款和(或)延长工期的权利。

②承包人应在发出索赔意向通知书后 28 天内,向监理人正式递交索赔通知书。索赔通知书应详细说明索赔理由以及要求追加的付款金额和(或)延长的工期,并附必要的记录和证明材料。

③索赔事件具有连续影响的,承包人应按合理的时间间隔继续递交延续索赔通知,说明连续影响的实际情况和记录,列出累计的追加付款金额和(或)工期延长天数。

④在索赔事件影响结束后的 28 天内,承包人应向监理人递交最终索赔通知书,说明最终要求索赔的追加付款金额和延长的工期,并附必要的记录和证明材料。

有些索赔事件影响延续时间较长,承包人应按合理时间间隔提交延续索赔通知和延续记录,以便发包人和监理人及时了解情况,有所准备,妥善处理。当索赔事件涉及金额较大时,在索赔事件影响结束后提交最终索赔申请报告外,承包人在索赔事件延续期间应定期提交中期索赔申请报告,有利于分阶段解决索赔。

(2)承包人索赔处理程序

①监理人收到承包人提交的索赔通知书后,应及时审查索赔通知书的内容,查验承包人的记录和证明材料,必要时监理人还可要求承包人提交全部原始记录副本。同时,监理人建立索赔项目档案,收集有关证据。监理人根据承包人提出证据情况并向承包人提出质疑,要求承包人限期答复。

知识链接

索赔证据是当事人用来支持其索赔成立和索赔有关的证明文件和资料。索赔证据作为索赔文件的组成部分,在很大程度上关系到索赔的成功与否。证据不全、不足或没有证据,索赔是很难获得成功的。

在工程项目的实施过程中,会产生大量的工程信息和资料,这些信息和资料是进行索赔的重要依据。在施工过程中应做好资料积累工作,建立完善的资料记录和科学管理制度,认真系统地积累和管理合同文件、质量、进度及财务收支等方面的资料,有利于索赔工作的开展。常见的索赔证据主要有以下几种:

①各种合同文件。包括工程合同及附件、中标通知书、投标书、标准和技术规范、图纸、工程量清单、工程报价单或预算书、有关技术资料和要求等。

②经工程师批准的承包人施工进度计划、施工方案、施工组织设计和具体的现场实施情况记录。

③施工日志及工长工作日志、备忘录等。施工中发生的影响工期或工程资金的所有重大事情均应写入备忘录存档。

④工程有关施工部位的照片及录像等。

⑤工程各项往来信件、电话记录、指令、信函、通知、答复等。

⑥工程各项会议纪要、协议和其他各种签约,以及定期与业主雇员的谈话资料等。

⑦发包人或监理人发布的各种书面指令书和确认书,以及承包人要求、请求和通知书。

⑧气象报告和资料。如有关天气的温度、风力、雨雪资料等。

⑨投标前业主提供的参考资料和现场资料。

⑩施工现场记录。工程各项有关设计交底记录、变更图纸、变更施工指令等。

⑪工程各项经发包人或监理人签认的签证。

⑫工程结算资料和有关财务报告。

⑬各种检查验收报告和技术鉴定报告。

⑭各类财务凭证。

⑮其他。包括分包合同、官方的物价指数、汇率变化表以及国家、省、市有关影响工程造价和工期的文件、规定等。

索赔证据的基本要求:真实性、及时性、全面性和关联性。

②监理人处理索赔事件,应分清合同双方各自的责任,根据承包人提供的索赔资料,认真研究、分析双方记录和证明材料,提出初步处理意见,与发包人、承包人商定或确定追加的付款和(或)延长的工期,并在收到上述索赔通知书或有关索赔的进一步证明材料后的一定期限内,将索赔处理结果答复承包人。

③承包人接受索赔处理结果的,发包人应在作出索赔处理结果答复后的双方合同约定期限内完成赔付;承包人不接受索赔处理结果的,按双方解决争议的约定办理。

(3)承包人提出索赔的时限

承包人按合同约定接受竣工付款证书后,应被认为已无权再提出在合同工程接收证书颁发前所发生的任何索赔。

承包人按合同约定提交的最终结清申请单中,只限于提出工程接收证书颁发后发生的索赔。提出索赔的期限自接受最终结清证书时终止。

施工合同约定的索赔期限并不影响通过法律诉讼程序提出争议和索赔权利。

2)发包人的索赔

发生索赔事件后,监理人应及时书面通知承包人,详细说明发包人有权得到的索赔金额和(或)延长缺陷责任期的细节和依据。根据合同的对等原则,发包人提出索赔的期限和要求应与合同中约定的承包人索赔的程序、时限相同。发包人提出延长缺陷责任期的通知应在缺陷责任期届满前发出。

监理人按照发包人与承包人商定或确定的发包人应从承包人处得到赔付的金额和(或)缺陷责任期的延长期来处理索赔。承包人应付给发包人的金额可从拟支付给承包人的合同价款中扣除,或由承包人以其他方式支付给发包人。

特别提示

> 一般在施工合同中,通常不约定发包人的索赔,因为发包人具有支付工程款的主动权,其遭受的损失可从支付给承包人的工程款中扣除,但发包人的扣款行为可能未经双方协商一致,是无效的法律行为。为公平地处理合同双方之间的争议,约定发包人与承包人拥有平等的索赔权利,有利于合同争议的解决和工程的顺利实施。

7.3 施工索赔值的计算

7.3.1 索赔值计算原则

1) 实际损失原则

索赔是以补偿实际损失为原则,承包人不能通过索赔事件来获得额外的收益。在施工过程中,出现干扰事件时,承包人的实际损失包括直接和间接损失两个方面。

①直接损失。该损失主要表现为承包人财产的减少,通常为工程的直接成本增加或者实际费用的超支。

②间接损失。即可能获得的利益减少,如在发包人拖欠工程款的情况下,使承包人失去这笔款项的存款利息收入等。当然所有这些损失都必须有具体可信的证明,一般这些证据通常有:各种费用支出的账单,工资表,现场用工、用料、用机的证明,财务报表,工程成本核算资料,甚至包括承包人同期企业经营和成本核算资料等。

2) 合同原则

发承包合同是双方对自己行为的承诺,在合同履行过程中,双方都必须遵守合同约定。上述的赔偿实际损失原则,并不能理解为赔偿承包人的全部实际费用超支和成本增加,而是根据合同约定以及合同文件,由于干扰事件的干扰导致的承包人的成本增加和费用超支,承包人投标时所应包含的风险导致的费用超支和成本增加是不能获得补偿的。而在实际工程中,许多承包人往往以自己的实际生产值、实际施工效率、工资水平和费用开支来计算索赔款额,这种做法是对以实际损失为原则的误解。在索赔款额的计算时,必须考虑以下几个因素的影响:

①应考虑由于管理不善、组织失误等承包人自身责任造成的损失,对于该部分损失,承包人应自己承担。

②应考虑合同中约定的由承包人自己承担的风险,属于承包人风险范围内的,承包人必须自己承担。

③合同是索赔的依据,也就是说索赔款额的计算必须依据合同文件确定,如果合同约定了索赔款额的计算方法、计算公式等,都必须按照合同约定执行。

3) 合理性原则

该原则包括两个方面:一是指索赔值的计算应符合工程惯例,能够为发包人、监理人、调解人、仲裁人认可;二是指符合规定的会计核算原则。索赔款额的计算是在计划成本和成本核算的基础上,通过计划成本与实际成本对比进行的。实际成本的核算必须与计划成本的核算有一致性,而且符合通用的会计核算原则。

7.3.2　工期索赔的计算

1)工期索赔分析

工期索赔的分析流程包括工期延误原因分析、网络计划分析、业主责任分析和索赔结果分析等步骤。

①工期延误原因分析。分析引起工期延误是哪一方的原因,如果某一干扰事件是由于承包人自身原因造成的或是承包人应承担的风险,则不能索赔,反之则可索赔。

②网络计划分析。运用网络计划方法分析延误事件是否发生在关键线路上,以决定延误是否可索赔。在施工索赔中,一般考虑关键线路上的延误,或者一条非关键线路因延误而变成关键线路。

③业主责任分析。结合网络计划分析结果进行业主责任分析。若发生在关键线路上的延误是由于业主原因造成的,则这种延误不仅可索赔工期,而且还可索赔因延误而发生的费用。若由于业主原因造成的延误发生在非关键线路上,且非关键线路未转变为关键线路,则只能索赔费用。

④索赔结果分析。在承包人索赔已经成立的情况下,根据业主是否对工期有特殊要求,分析工期索赔的可能结果。如果由于某种特殊原因,工程竣工日期客观上不能改变,即对索赔工期的延误,业主也可不给予工期延长。这时,业主的行为已实质上构成隐含指令加速施工。因此,业主应当支付承包人采取加速施工措施而额外增加的费用,即加速费用补偿。此处的费用补偿是指因业主原因引起的延误时间因素造成承包人负担了额外的费用而得到的合理补偿。

特别提示

> 关键线路并不是固定的,随着工程进展,关键线路也在变化,而且是动态变化的。关键线路的确定,必须是依据最新批准的合同进度计划。

2)工期索赔计算方法

（1）网络分析法

承包人提出工期索赔,必须确定干扰事件对工期的影响值,即工期索赔值。工期索赔分析的一般思路:假设工程一直按原网络计划确定的施工顺序和时间施工,当一个或一些业主原因导致的或应有业主承担风险的干扰事件发生后,使网络中的某个或某些活动受到干扰而延长施工持续时间,将这些活动受干扰后的新的持续时间代入网络中,重新进行网络分析和计算,即得到一个新工期。新工期与原工期之差即为干扰事件对总工期的影响,即为承包人的工期索赔值。

应用案例

已知某工程网络计划如图 7.1 所示。总工期 16 天，关键工作为 A，B，E，F。

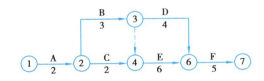

图 7.1　某工程网络图

若由于业主原因造成工作 B 延误 2 天，由于 B 为关键工作，对总工期将造成延误 2 天，故向业主索赔 2 天。

若由于业主原因造成工作 C 延误 1 天，承包商是否可以向业主提出 1 天的工期补偿？

若由于业主原因造成工作 C 延误 3 天，承包商是否可以向业主提出 3 天的工期补偿？

【案例评析】

工作 C 总时差为 1 天，有 1 天的机动时间，业主原因造成的 1 天延误对总工期不会有影响。实际上，将 1 天的延误代入原网络图，即 C 工作变为 3 天，计算发现工期仍为 16 天。

若由于业主原因造成工作 C 延误 3 天，由于 C 本身有 1 天的机动时间，对总工期造成延误为 $3-1=2$（天），故向业主索赔 2 天。或将工作 C 延误的 3 天代入网络图中，即 C 为 $2+3=5$（天），计算可以发现网络图关键线路发生了变化，工作 C 由非关键工作变成了关键工作，总工期为 18 天，则向业主索赔 $18-16=2$（天）。

特别提示

一般情况下，根据网络进度计划计算工期延误时，在工程完成后一次性解决工期延长问题，通常的做法是：在原进度计划的工作持续时间的基础上，加上由于非承包商原因造成的工作延误时间，代入网络图，计算得出延误后的总工期，减去原计划的工期，进而得到可批准的索赔工期。

（2）比例分析法

①按工程量进行比例计算。当计算出某一分部分项工程的工期延长后，还要把局部工期转变为整体工期，这时可以用局部工程的工作量占整个工程工作量的比例来折算。

应用案例

某工程基础施工中出现了不利的地质障碍，业主指令承包商进行处理，土方工程量由原来的 2 760 m³ 增至 3 280 m³，原定工期为 45 天。承包商可以提出工期索赔吗？若索赔，则索赔的工期应为多少天？

【案例评析】

由于出现了不利的地质障碍，业主指令承包商进行处理，因此承包商可提出工期索赔，其索赔值为：

$$工期索赔值 = 原工期 \times \frac{额外或新增工程量}{原工程量}$$

$$= 45 \times \frac{3\ 280 - 2\ 760}{2\ 760} = 8.48 \approx 8.5\ (天)$$

②按造价进行比例计算。若施工中出现了很多大小不等的工期索赔事由,较难准确地单独计算且又麻烦时,可经双方协商,按造价进行比例计算,确定工期补偿天数。

应用案例

某工程合同总价为 1 000 万元,总工期为 24 个月,现业主指令增加额外工程 90 万元,则承包商可以提出工期索赔吗? 若索赔,则索赔的工期应为多少?

【案例评析】

由于业主指令增加额外工程,属于业主的责任,所以,承包商可以提出索赔。承包商提出工期索赔值为:

$$工期索赔值 = 原合同工期 \times \frac{附加或新增工程量价格}{原合同总价}$$

$$= 24 \times \frac{90}{1\ 000} = 2.16\ (月)$$

7.3.3　费用索赔的计算

1)索赔费用的构成

按照我国现行规定,建筑安装工程合同价一般包括直接费、间接费、利润和税金。索赔费用的主要组成部分同建设工程施工合同价的组成部分相似。从原则上讲,承包人有索赔权利的工程成本增加,都是可索赔的费用。但是,对于不同原因引起的索赔,承包人可索赔的具体费用是不一样的,应根据具体情况进行具体分析。

施工索赔中,索赔费用主要包括以下内容:

(1)人工费

人工费主要包括生产工人的工资、津贴、加班费、奖金等。对于索赔费用中的人工费部分,主要是指完成合同之外的额外工作所花费的人工费用,由于非承包人责任的工效降低所增加的人工费用,超过法定工作时间的加班费用,法定的人工费增长以及非承包人责任造成的工程延误导致的人员窝工费,相应增加的人身保险和各种社会保险支出等。

特别提示

一般来说,新增工程的人工费,应根据增加工作的性质,按投标书中的人工费单价或按计日工单价,根据实际完成增加工作的工日数计算。而停工损失费和工作效率降低的损失费可按窝工费用计算。窝工与降效是性质不同的情况,但一般认为可以采用同样的补偿标准。

（2）材料费

材料费在直接费中占有很大比重，是费用索赔的一项重要内容。在工程施工中，材料费索赔一般包括由于索赔事项导致材料的实际用量大大超过计划用量，由于客观原因材料价格大幅度上涨，由于非承包人责任工程延误导致的材料价格和材料超期存储的费用等。

特别提示

　　材料费的索赔包括材料原价、材料运杂费、运输损耗费、采购保管费、试验检验费等。在我国，材料可划分为甲供材和乙供材，其中甲供材在索赔中涉及材料保管费用的计算，应予以注意。

（3）机械设备使用费

可索赔的机械设备使用费主要包括完成额外工作增加的机械设备使用费，非承包人责任导致的工效降低而增加的机械设备闲置、折旧和修理费分摊、租赁费用，由于业主或工程师的原因造成的机械设备停工的窝工费，由于非承包人原因增加的设备保险费、运费及进口关税等。

特别提示

　　机械设备台班窝工费的计算应区分施工机械的来源，若是租赁设备，一般按实际台班租金加上机械设备的进出场费计算；如系承包人自有设备，一般按台班折旧费计算。

（4）管理费

管理费应按现场管理费和企业管理费分别计算索赔费用。现场管理费的索赔包括承包人完成额外工程、索赔事项工作以及工期拖延造成的管理人员工资、办公费、交通费等的费用增加。企业管理费的索赔主要是指在工程延误期间为整个企业的经营运作提供支持和服务所增加的管理费用，一般包括企业管理人员费用、企业经营活动费用、差旅交通费、办公费、通信费、固定资产折旧、修理费、职工教育培训费用、保险费、税金等。

（5）利润

一般来说，由于工程承包范围的变化、技术文件的缺陷、发包人未能及时提供现场等引起的索赔，承包人可以列入利润。但对于工程暂停的索赔，由于项目利润未受到影响，因此一般监理人不会同意在工程暂停时的费用索赔中加入利润损失。

特别提示

　　利润的索赔款额计算通常应与原投标报价中的利润率相一致，即在成本的基础上，增加原投标报价中的利润率，作为该项索赔款的利润。

（6）利息

只要因业主违约（如业主拖延或拒绝支付各种工程款、预付款或拖延退还扣留的保证金）或其他合法索赔事项直接引起了额外贷款，承包人有权向业主就相关的利息支出提出索赔。利息的索赔通常发生在下述情况，如拖期付款利息、索赔款的利息、错误扣款的利息等。

2）费用索赔的计算方法

对于索赔事件的费用计算，一般是先计算与索赔事件有关的直接费，如人工费、材料费、机械费、分包费等，然后计算应分摊在此事件上的管理费、利润等间接费。每一项费用的具体计算方法应与工程项目计价方法相似。从总体思路上讲，综合费用索赔主要有以下几种计算方法：

（1）总费用法

总费用法的基本思路是将固定总价合同转化为成本加酬金合同，或索赔值按成本加酬金的方法来计算，它是以承包人的额外增加成本为基础，再加上管理费、利息甚至利润的计算方法。

特别提示

采用总费用法，往往是由于施工过程受到严重干扰，造成多个索赔事件混杂在一起，导致难以准确地进行分项记录和收集资料、证据，也难以分项计算出具体的损失费用，只得采用总费用法进行索赔。

（2）修正的总费用法

修正的总费用法是对总费用法的改进，即在总费用计算的原则上，去掉一些不合理的因素，使其更合理。按修正后的总费用计算索赔金额的公式为：

索赔金额 = 某项工作调整后的实际总费用 − 该项工作的报价费用（含变更款）

修正的总费用法与总费用法相比，有了实质性的改进，已相当准确地反映出实际增加的费用。

（3）分项法

分项法是在明确责任的前提下，对每个引起损失的干扰事件和各费用项目单独分析计算索赔值，并提供相应的工程记录、收据、发票等证据资料，最终求和。这样可以在较短的时间内进行分析、核实，确定索赔费用，顺利解决索赔事宜。该方法虽比总费用法复杂、困难，但比较合理、清晰，能反映实际情况，且可为索赔文件的分析、评价及其最终索赔谈判和解决提供方便，是承包人广泛采用的方法。

应用案例

某施工单位与某建设单位签订施工合同，合同工期38天。合同中约定，工期每提前（或拖后）1天奖（罚）5 000元，乙方得到监理工程师同意的施工网络计划如图7.2所示。

实际施工中发生了如下事件：

事件1：房屋基槽开挖后发现局部有软弱下卧层，按甲方代表指示，乙方配合地质复查，配

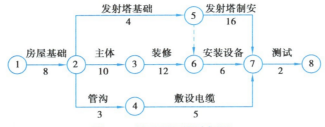

图7.2　某工程网络计划图

合用工 10 工日。地质复查后,根据经甲方代表批准的地基处理方案增加工程费用 4 万元,因地基复查和处理使房屋基础施工延长 3 天,人工窝工 15 工日。

事件 2:在发射塔基础施工时,因发射塔坐落位置的设计尺寸不当,甲方代表要求修改设计,拆除已施工的基础,重新定位施工。由此造成工程费用增加 1.5 万元,发射塔基础施工延长 2 天。

事件 3:在房屋主体施工中,因施工机械故障,造成工人窝工 8 工日,房屋主体施工延长 2 天。

事件 4:在敷设电缆时,因乙方购买的电缆质量不合格,甲方代表令乙方重新购买合格电缆,由此造成敷设电缆施工延长 4 天,材料损失费 1.2 万元。

事件 5:鉴于该工程工期较紧,乙方在房屋装修过程中采取了加快施工技术措施,使房屋装修施工缩短 3 天,该项技术措施费为 0.9 万元。

其余各项工作持续时间和费用与原计划相符。假设工程所在地人工费标准为 50 元/工日,应由甲方给予补偿的窝工人工补偿标准为 28 元/工日,间接费、利润等均不予补偿。

问题:

(1)在上述事件中,乙方可以就哪些事件向甲方提出工期补偿和费用补偿?

(2)该工程实际工期为多少天? 乙方可否得到工期提前奖励?

(3)在该工程中,乙方可得到的合理费用补偿为多少?

【案例评析】

(1)各事件处理如下:

事件 1:可提出工期和费用补偿。因为地质条件的变化属于有经验的承包商无法合理预见的,该工作位于关键线路上。

事件 2:可提出费用补偿,不能提出工期补偿。因为设计变更属于甲方应承担的责任,甲方应给予经济补偿,但该工序为非关键工序且延误时间 2 天未超过总时差 8 天,故不能提出工期补偿。

事件 3:不能提出工期和费用补偿。施工机械故障属于施工方自身应承担的责任。

事件 4:不能提出费用和工期补偿。乙方购买的电缆质量问题是乙方自己的责任。

事件 5:不能提出费用和工期补偿。因为双方在合同中约定采用奖励方法解决乙方加速施工的费用补偿,故赶工措施费由乙方自行承担。

(2)从网络图中可以看出原网络进度计划的关键线路为①→②→③→⑥→⑦→⑧,则按原网络计划计算的合同工期为关键线路上各关键工作的持续时间之和,即 8+10+12+6+2=38(天)。

实际施工中,关键线路上的工作时间发生了以下变化:

事件1:因地质复查和处理使房屋基础施工延长3天。

事件3:因施工机械故障,造成房屋主体施工延长2天。

事件5:乙方在房屋装修过程中采取了加快施工技术措施,使房屋装修施工缩短3天。

由于以上3个事件都发生在关键线路上,对总工期均有影响,因此实际工期为38+3+2-3＝40(天)。

由于业主原因导致处于关键线路上的房屋基础工作延误3天,应在原合同工期38天的基础上补偿3天,即实际合同工期为38+3＝41(天)。而实际工期为40天,与合同工期相比提前了1天,按照合同约定,乙方可得到工期提前1天的奖励5 000元。

(3)在该工程中,乙方可得到的合理补偿费用如下:

事件1:

增加人工费:10×50＝500(元)

窝工费:15×28＝420(元)

增加工程费:40 000(元)

事件2:

增加人工费:15 000(元)

合计补偿:500+420+40 000+15 000+5 000＝60 920(元)

知识链接

在工程实践中,费用索赔计算方法应与计价方法相关联,合理的计价方法有利于费用索赔的计算。

例如,措施费中的垂直运输费用主要包括垂直运输机械使用费和垂直运输机械基础与建筑物连接件费用两部分。在我国各地方消耗量定额中,对于垂直运输机械使用费主要有两种算法:一种是区分不同建筑物的结构类型及檐口高度按建筑面积以 m^2 计算(如重庆市);一种是区分不同建筑物的结构类型及檐口高度按国家工期(合同工期)以日历天计算(如江苏省)。

相比较而言,第一种计算方法忽略了由于发包人原因导致工期延误时,建筑物的建筑面积和高度都不改变,垂直运输机械费用无补偿的情况。而第二种计算方法使垂直运输机械使用费的计价与施工工期相关,承包人根据招标文件中合同工期要求计算垂直运输机械使用费无疑可避免上述情况,有利于垂直运输机械费用的索赔。垂直运输机械的费用索赔计算公式为:

垂直运输机械费用索赔额＝增加工期天数×台班单价

其中:台班单价可以是自有机械的正常机械台班单价或者是机械的租赁台班单价。

7.4 承包商施工索赔的管理

7.4.1 承包商索赔管理的任务

①预测、分析索赔事件发生的可能性。承包商从投标之日起就应对合同进行分析,预测索赔事件发生的可能性,根据索赔事件的原因及早采取对策,避免因自己的过失而不能获得索赔。

②认真分析合同,以便使用保护自己正当权利的条款。承包商必须熟悉合同,以便发生索赔事件后能够及时找到保护自己的合同条款,避免因合同不熟悉而失去索赔机会或索赔失败。

③寻找索赔机会。承包商的合同管理人员应每天把实施合同的情况与合同约定进行对照,查找监理工程师或业主的疏漏形成的干扰事件及其给承包商带来的损失,发现索赔机会。

④做好索赔工作:

a.由合同管理人员及时处理日常的单项索赔;

b.对于业主坚持的一揽子索赔,合同管理人员必须积累日常的工程资料,准备好索赔的证据;

c.承包商的工程技术、施工管理、物资供应和财务等部门之间应建立密切的联系制度,定期共同研究索赔和额外费用补偿问题;

d.对于分包商,除了要求他们提交相应保函、保单外,还应在分包合同中写明主承包合同对分包商的约束力,写明违约责任等各种责任条款。

7.4.2 确定正确的索赔策略

承包商切忌孤立地处理索赔问题,应从整个企业的经营出发,确定正确的索赔策略,用来指导具体的索赔工作。

1)确定索赔目标

确定索赔目标是指承包商确定索赔的基本要求。方法如下:

①对要达到的目标进行分解,按难易程度排队,确定最低、最高目标;

②分析实现目标的风险,要抓住索赔机会;

③按期完成合同约定的工程内容,保证工程质量,按期交付工程,全面履行合同义务,以防业主的反索赔。

2)根据企业的经营状况确定承包商的索赔策略

承包商应根据以下经营方面的因素,决定索赔的要求和解决的办法:

①承包商有无可能与业主进行新的合作;

②承包商是否在当地继续扩展业务;

③承包商与业主之间的关系对在当地开展业务的影响。

3）对被索赔方进行分析，确定每次索赔的对策

①分析被索赔方的兴趣和利益所在。

②对于理由充分的重要索赔要争取尽早解决，尽可能避免采用一揽子索赔。

③适当让步。为了取得索赔成功，承包商可在不过多损害自己利益的情况下，根据对方的利益所在作出适当让步。

4）相关关系分析

承包商应主动与监理工程师、设计单位、业主的上级主管部门等对业主有影响力的单位和个人建立良好的合作关系，必要时可以请他们进行调解，争取索赔成功。

7.4.3　承包商的索赔策略

1）建立和健全合同管理机构，专人负责索赔工作

①企业设立强有力的、稳健的合同管理部门，每项工程设立专职的合同管理人员。

②任用高素质的索赔人员。索赔工作涉及面广，要求索赔人员通晓法律法规、合同、商务、施工技术等知识和具有工程承包的实际经验。索赔人员的个性、品格、才能等对索赔的成败影响极大。索赔人员应当是头脑冷静、思维敏捷、处事公正、性格刚毅且有耐心、坚持以理服人的人。

2）签订好合同

合同是索赔和反索赔的第一依据，按照合同规定提出的索赔容易获得成功。

①承包商在投标报价时就应考虑索赔问题。例如，在单价分析中列入生产效率、工程成本与投入资源的效率的关系等，作为生产效率降低等索赔的合同依据。

②应对明显地把重大风险转移给承包商的条款提出修改要求，将达成的修改协议以"谈判纪要"的书面形式作为合同文件的组成部分。

③对于开脱业主责任的合同内容，要通过谈判予以纠正。如果在谈判时不予纠正，将来就很难进行索赔。开脱业主责任的合同内容主要有：

a.合同中没有索赔条款；

b.工程款支付或拖期付款无时限、无利息；

c.没有调价条款；

d.业主认为某部分工程不满意，就有权决定扣减工程款；

e.业主对不可预见的工程施工条件不承担责任等。

3）及早发现索赔机会，把握好索赔时机

①指派专人收集和整理由各职能部门提供的有关合同履行的信息资料。

②做好施工记录，作为生产效率降低的证据，如每天使用的设备台时、材料和人工数量、完成的工程量和施工中遇到的问题等。

③在索赔时效期限内择时提出索赔。提出索赔过早，对方有充足的时间寻找理由反驳；提出索赔过迟，容易导致超过有效期而遭到拒绝。

④及时办理口头变更指令的确认手续。监理工程师的指令常常是口头的，很难作为索赔

的证据,但承包商又必须执行,最好的对策是承包商的有关人员及时记录监理工程师的口头变更指令,提请监理工程师当场签字确认。

⑤索赔计算方法和款额要适当。索赔的基本原则是权利人向责任人追回已经发生但不应由自己承担的损失,施工索赔时采用附加成本法,只计算索赔事件引起的合同外的附加支出和额外损失,容易被业主接受。另外,索赔计价项目要具体合理,索赔计价不能过高。

⑥力争采用单项索赔方式解决索赔问题。单项索赔解决问题及时,事件和责任容易分析清楚,索赔事件如能得到及时解决,可以减少或避免对后续工程的影响。

⑦索赔处理中要防止发生对立局面。承发包双方关系融洽,友好合作,有利于合同的顺利履行,合情合理的索赔一般都很容易得到解决。反之,一旦产生对立情绪,将使一些本来可以解决的问题也悬而不决,索赔难以获得成功。

⑧同监理工程师建立融洽信任的工作关系。在施工合同履行过程中,承包商应积极配合监理工程师的监理工作,建立起融洽信任的工作关系,争取监理工程师对索赔作出公正裁决,避免通过仲裁或诉讼解决。

本章小结

索赔是一种合法的、正当的权利要求,是权利人依据合同和法律的规定,向责任人索回不应该由自己承担的损失的合法行为。施工索赔部分主要介绍了索赔的概念、特征、分类、起因、证据、程序及计算,对承包商的索赔管理任务、索赔策略进行了阐述,对于承包商来说,施工索赔是承包商改善合同地位、维护合同权益的重要手段,必须引起重视。

习 题

一、多选题

1.在下列情况下,承包人工期不予顺延的是( )。

　A.发包人未按时提供施工条件

　B.设计变更造成工期延长,但有时差可利用

　C.不可抗力事件

　D.一周内非承包人原因停水、停电、停气造成停工累计超过8小时

　E.现场工人操作不当引起安全事故,造成工期延误2天

2.下列( )事件承包人不可以向发包人提出索赔。

　A.施工中遇到地下文物被迫停工

　B.施工机械大修,误工5天

　C.发包人要求提前竣工,导致工程成本增加

　D.设计图纸错误造成返工

　E.施工方案调整造成工期延误

3.关于建设工程索赔的说法,正确的是(　　　　)。

A.承包人可以向发包人索赔,发包人不可以向承包人索赔

B.索赔意向通知书发出后14天内,承包人应向监理人正式提交索赔通知书

C.索赔是双向的,承包人可以向发包人索赔,发包人也可以向承包人索赔

D.发包人向承包人索赔

E.索赔事件具有连续影响的,承包人应按合理时间间隔继续提交延续索赔通知

4.下列索赔的表述中正确的是(　　　　)。

A.索赔要求的提出不需经对方同意

B.索赔具有惩罚性质

C.在索赔事件发生后的28天内提交索赔报告

D.工程师的索赔处理决定超过权限时应报发包人批准

E.承包人必须执行监理人的索赔处理决定

5.在承包工程中,最常见、最有代表性、处理起来比较困难的是(　　　)向(　　　)的索赔,因此人们通常将它作为索赔管理的重点和主要对象。

A.业主　　　　B.设计单位　　　　C.监理单位　　　　D.承包商　　　　E.供应商

二、简答题

1.简述索赔的概念及程序。

2.简述索赔的特征。

3.简述施工索赔的分类。

4.影响施工索赔的因素有哪些?

5.工期索赔的必要条件有哪些? 如何计算?

6.承包商如何做好索赔管理?

三、案例分析

1.在某房地产开发项目中,建设单位提供了地质勘察报告,证明地下土质很好。施工单位用挖方的余土作通往住宅区道路基础的填方。由于基础开挖施工时正值雨季,开挖后土方潮湿且易碎,不符合道路填筑要求。施工单位不得不将余土外运,另外取土作道路填方材料,对此施工单位提出索赔要求。监理工程师该如何处理?

2.在某国际工程中,监理工程师提供给施工单位一份图纸,图纸上有监理工程师的批准及签字。但这份图纸的部分内容违反本工程的专用规范(即工程说明),待实施到一半后监理工程师发现这个问题,要求施工单位返工并按规范施工。施工单位就返工问题向监理工程师提出索赔要求,但被监理工程师否定。施工单位提出了问题:监理工程师批准的图纸,如果与合同专用规范内容不同,它能否作为监理工程师已批准的有约束力的工程变更?

3.某建筑公司(乙方)于某年4月20日与某厂(甲方)签订了修建建筑面积为3 000 m² 工业厂房(带地下室)的施工合同。乙方编制的施工方案和进度计划已获监理工程师批准。该工程的基坑开挖土方为4 500 m³,假设直接费单价为4.2 元/m³,综合费率为直接费的20%。该基坑施工方案规定:土方工程采用租赁一台斗容量为1 m³ 的反铲挖掘机施工(租赁费450元/台班)。甲、乙双方合同约定5月11日开工,5月20日完工。在实际施工中发生了如下几项事件:

（1）因租赁的挖掘机大修,晚开工 2 天,造成人员窝工 10 个工日。

（2）施工过程中,因遇软土层,接到监理工程师 5 月 15 日停工指令,进行地质复查,配合用工 15 个工日。

（3）5 月 19 日,接到监理工程师于 5 月 20 日复工令,同时提出基坑开挖深度加深 2 m 的设计变更通知单,由此增加土方开挖量 900 m³。

（4）5 月 20 日—5 月 22 日,因下大雨迫使基坑开挖暂停,造成人员窝工 10 个工日。

（5）5 月 23 日用 30 个工日修复冲坏的永久道路,5 月 24 日恢复挖掘工作,最终基坑于 5 月30 日挖坑完毕。

问题:

（1）乙方对上述哪些事件可以向甲方要求索赔? 哪些事件不可以要求索赔? 并说明原因。

（2）每项事件工期索赔各是多少天? 总计工期索赔是多少天?

（3）假设人工费单价为 23 元/工日,因增加用工所需的管理费为增加人工费的 30%,则合理的费用索赔总额是多少?

（4）乙方应向甲方提供的索赔文件有哪些?

4.某发包人与承包人签订了施工合同。合同中约定:建筑材料由发包人提供;由于非施工单位原因造成的停工,机械补偿费为 200 元/台班,人工补偿费为 50 元/工日;总工期为 120天;竣工时间提前奖励为 3 000 元/天,误期损失赔偿费为 5 000 元/天。

经监理人批准的合同进度计划如图 7.3 所示。

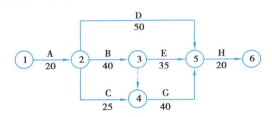

图 7.3　合同进度计划（单位:天）

该工程的实际工期为 122 天。施工过程中发生如下事件:

（1）由于发包人要求对 B 工作的施工图纸进行修改,致使 B 工作停工 3 天（每停 1 天影响30 工日、10 台班）。

（2）由于机械租赁单位调度的原因,施工机械未能按时进场,使 C 工作的施工暂停 5 天（每停 1 天影响 40 工日、10 台班）。

（3）由于发包人负责供应的材料未能按计划到场,E 工作停工 6 天（每停 1 天影响 20 工日、5 台班）。

承包人就上述 3 种情况按正常的程序向监理人提出了延长工期和补偿停工损失的要求。

问题:

（1）逐项说明监理人是否应批准承包人提出的索赔,说明理由并给出审批结果（写出计算过程）。

（2）分析承包人应该获得工期提前奖励,还是应该支付误期损失赔偿费,金额是多少?

第8章 模拟实训

【教学目标】

通过本章的学习,配合学院实训基地,将工程招标、投标、开标、评标和定标,以及签订合同的理论知识转化为实际操作技能。

【教学要求】

能力目标	知识要点	权重
熟练掌握招标文件的编制	根据《建设工程施工合同(示范文本)》编写招标文件	30%
熟练掌握投标文件的编制	根据《建设工程施工合同(示范文本)》编写投标文件	30%
熟练掌握决标、定标的内容及程序	模拟决标、定标的内容及流程	20%
熟练掌握合同签订的内容及程序	模拟合同签订的内容及流程	20%

8.1 模拟工程项目编制招标文件

【实训目标】

招标文件在招标过程中是最重要的技术文件,对于投标人来说,能否理解招标文件的内容是至关重要的,并且国家对于施工招标文件的格式均有严格要求。通过本次实训,进一步提高学生对于招标文件内容及格式的基本认识,提高学生编制招标文件的动手能力。

【实训要求】

(1)选择或者虚拟一个施工项目,假定该项目为公开招标。

(2)将学生按照5~7人的标准进行分组,各小组分工完成实训任务。

(3)各小组独立完成招标文件的编制。

8.2　模拟工程项目编制投标文件

【实训目标】

结合 8.1 节和第 2 章学习的内容,编制对应的投标文件。让学生对投标文件有一个完整的概念,同时培养学生之间的组织协调能力以及施工组织设计和预算的编制能力。

【实训要求】

(1)给学生提供一套完整的招标文件和投标文件进行参考。

(2)将学生按照要求进行分组,对应第 2 章编制的招标文件完成相应投标文件的编制。

8.3　模拟工程项目开标、评标和定标

【实训目标】

结合本书的内容,模拟一个完整的开标、评标、定标过程,让学生对整个过程有一个初步的认识,同时培养学生之间的组织协调能力以及语言表达能力。

【实训要求】

(1)给学生提供一套完整的招标文件和投标文件。

(2)将学生按照要求进行分组,一共分为三大类,即招标人、投标人、评标专家。

(3)要求各小组按照各自的实训任务进行组织。

招标人根据招标文件负责开标会、评标会的流程安排;投标人根据投标文件进行投标过程的组织;评标专家按照我国相关法律规定进行评标。

8.4　模拟施工合同的签订

【实训目标】

结合施工合同的示范文本,模拟进行工程的谈判和签订,让学生对整个合同的谈判和签订有一个初步认识,同时培养学生之间的组织协调能力以及语言表达能力。

【实训要求】

(1)结合学生前面练习的招标文件和投标文件。

(2)将学生按照要求进行分组,一共分为两类,即发包人和承包人。

(3)要求各小组按照各自的实训任务进行谈判,最后上交撰写好的施工合同。

附录　中华人民共和国招标投标法

第一章　总　则

第一条　为了规范招标投标活动,保护国家利益、社会公共利益和招标投标活动当事人的合法权益,提高经济效益,保证项目质量,制定本法。

第二条　在中华人民共和国境内进行招标投资活动,适用本法。

第三条　在中华人民共和国境内进行下列工程建设项目包括项目的勘察、设计、施工、监理以及与工程建设有关的重要设备、材料等的采购,必须进行招标:

(一)大型基础建设、公用事业等关系社会公共利益、公共安全的项目;

(二)全部或者部分使用国有资金投资或者国家融资的项目;

(三)使用国际组织或者外国政府贷款、援助资金的项目。

前款所列项目的具体范围和规模标准,由国务院发展计划部门会同国务院有关部门制订,报国务院批准。

法律或者国务院对必须进行招标的其他项目的范围有规定的,依照其规定。

第四条　任何单位和个人不得将依法必须进行招标的项目化整为零或者以其他任何方式规避招标。

第五条　招标投标活动应当遵循公开、公平、公正和诚实信用的原则。

第六条　依法必须进行招标的项目,其招标投标活动不受地区或者部门的限制。任何单位和个人不得违法限制或者排斥本地区、本系统以外的法人或者其他组织参加投标,不得以任何方式非法干涉招标投标活动。

第七条　招标投标活动及其当事人应当接受依法实施的监督。

有关行政监督部门依法对招标投标活动实施监督,依法查处招标投标活动中的违法行为。

对招标投标活动的行政监督及有关部门的具体职权划分,由国务院规定。

第二章 招 标

第八条 招标人是依照本法规定提出招标项目、进行招标的法人或者其他组织。

第九条 招标项目按照国家有关规定需要履行项目审批手续的,应当先履行审批手续,取得批准。

招标人应当有进行招标项目的相应资金或者资金来源已经落实,并应当在招标文件中如实载明。

第十条 招标分为公开招标和邀请招标。

公开招标,是指招标人以招标公告的方式邀请不特定的法人或者其他组织投标。

邀请招标,是指招标人以投标邀请书的方式邀请特定的法人或者其他组织投标。

第十一条 国务院发展计划部门确定的国家重点项目和省、自治区、直辖市人民政府确定的地方重点项目不适宜公开招标的,经国务院发展计划部门或者省、自治区、直辖市人民政府批准,可以进行邀请招标。

第十二条 招标人有权自行选择招标代理机构,委托其办理招标事宜。任何单位和个人不得以任何方式为招标人指定招标代理机构。

招标人具有编制招标文件和组织评标能力的,可以自行办理招标事宜。任何单位和个人不得强制其委托招标代理机构办理招标事宜。

依法必须进行招标的项目,招标人自行办理招标事宜的,应当向有关行政监督部门备案。

第十三条 招标代理机构是依法设立、从事招标代理业务并提供相关服务的社会中介组织。

招标代理机构应当具备下列条件:

(一)有从事招标代理业务的营业场所和相应资金;

(二)有能够编制招标文件和组织评标的相应专业力量;

第十四条 招标代理机构与行政机关和其他国家机关不得存在隶属关系或者其他利益关系。

第十五条 招标代理机构应当在招标人委托的范围内办理招标事宜,并遵守本法关于招标人的规定。

第十六条 招标人采用公开招标方式的,应当发布招标公告。依法必须进行招标的项目的招标公告,应当通过国家指定的报刊、信息网络或者其他媒介发布。

招标公告应当载明招标人的名称和地址、招标项目的性质、数量、实施地点和时间以及获取招标文件的办法等事项。

第十七条 招标人采用邀请招标方式的,应当向三个以上具备承担招标项目的能力、资信良好的特定的法人或者其他组织发出投标邀请书。

投标邀请书应当载明本法第十六条第二款规定的事项。

第十八条 招标人可以根据招标项目本身的要求,在招标公告或者投标邀请书中,要求潜在投标人提供有关资质证明文件和业绩情况,并对潜在投标人进行资格审查;国家对投标人的资格条件有规定的,依照其规定。

招标人不得以不合理的条件限制或者排斥潜在投标人,不得对潜在投标人实行歧视待遇。

第十九条　招标人应当根据招标项目的特点和需要编制招标文件。招标文件应当包括招标项目的技术要求、对投标人资格审查的标准、投标报价要求和评标标准等所有实质性要求和条件以及拟签订合同的主要条款。

国家对招标项目的技术、标准有规定的,招标人应当按照其规定在招标文件中提出相应要求。

招标项目需要划分标段、确定工期的,招标人应当合理划分标段、确定工期,并在招标文件中载明。

第二十条　招标文件不得要求或者标明特定的生产供应者以及含有倾向或者排斥潜在投标人的其他内容。

第二十一条　招标人根据招标项目的具体情况,可以组织潜在投标人踏勘项目现场。

第二十二条　招标人不得向他人透露已获取招标文件的潜在投标人的名称、数量以及可能影响公平竞争的有关招标投标的其他情况。

招标人设有标底的,标底必须保密。

第二十三条　招标人对已发出的招标文件进行必要的澄清或者修改的,应当在招标文件要求提交投标文件截止时间至少十五日前,以书面形式通知所有招标文件收受人。该澄清或者修改的内容为招标文件的组织部分。

第二十四条　招标人应当确定投标人编制投标文件所需要的合理时间;但是,依法必须进行招标的项目,自招标文件开始发出之日起至投标人提交投标文件截止之日止,最短不得少于二十日。

第三章　投　　标

第二十五条　投标人是响应招标、参见投标竞争的法人或者其他组织。

依法招标的科研项目允许个人参加投标的,投标的个人适用本法有关投标人的规定。

第二十六条　投标人应当具备承担招标项目的能力;国家有关规定对投标人资格条件或者招标文件对投标人资格条件有关规定的,投标人应当具备规定的资格条件。

第二十七条　投标人应当按照招标文件的要求编制投标文件。投标文件应当对招标文件提出的实质性要求和条件作出响应。

招标项目属于建设施工的,投标文件的内容应当包括拟派出的项目负责人与主要技术人员的简历、业绩和拟用于完成招标项目的机械设备等。

第二十八条　投标人应当在招标文件要求提交投标文件的截止时间前,将投标文件送达投标地点。招标人收到投标文件后,应当签收保存,不得开启。投标人少于三个的,招标人应当依照本法重新招标。

在招标文件要求提交投标文件的截止时间后送达的投标文件,招标人应当拒收。

第二十九条　投标人在招标文件要求提交投标文件的截止时间前,可以补充、修改或者撤回已提交的投标文件,并书面通知招标人。补充、修改的内容为投标文件组成的部分。

第三十条 投标人根据招标文件载明的项目实际情况,拟在中标后将中标项目的部分非主体、非关键性工作进行分包的,应当在投标文件中载明。

第三十一条 两个以上法人或者其他组织可以组成一个联合体,以一个投标人的身份共同投标。

联合体各方均应当具备承担招标项目的相应能力;国家有关规定或者招标文件对投标人资格条件有关规定的,联合体各方均应当具备规定的相应资格条件。由同一专业的单位组成的联合体,按照资质等级较低的单位确定资质等级。

联合体各方应当签订共同投标协议,明确约定各方拟承担的工作和责任,并将共同投标协议连同投标文件一并提交招标人。联合体中标的,联合体各方应当共同与招标人签订合同,就中标项目向招标人承担连带责任。

招标人不得强制投标人组成联合体共同投标,不得限制投标人之间的竞争。

第三十二条 投标人不得相互串通投标报价,不得排挤其他投标人的公平竞争,损害招标人或者他投标人的合法权益。

投标人不得与招标人串通投标,损害国家利益、社会公共利益或者他人的合法权益。

禁止投标人以向招标人或者评标委员会成员行贿的手段谋取中标。

第三十三条 投标人不得以低于成本的报价竞标,也不得以他人名义投标或者以其他方式弄虚作假,骗取中标。

第四章 开标、评标和中标

第三十四条 开标应当在招标文件确定的提交投标文件截止时间的同一时间公开进行;开标地点应当为招标文件中预先确定的地点。

第三十五条 开标由招标人主持,邀请所有投标人参加。

第三十六条 开标时,由投标人或者其推选的代表检查投标文件的密封情况,也可以由招标人委托的公证机构检查并公证;经确认无误后,由工作人员当众拆封,宣读投标人名称、投标价格和投标文件的其他主要内容。

招标人在招标文件要求提交投标文件的截止时间前收到的所有投标文件,开标时都应当当众予以拆封、宣读。

开标过程应当记录,并存档备查。

第三十七条 评标由招标人依法组建的评标委员会负责。

依法必须进行招标的项目,其评标委员会由招标人的代表和有关技术、经济等方面的专家组成,成员人数为五人以上单数,其中技术、经济等方面的专家不得少于成员总数的三分之二。

前款专家应当从事相关领域工作满八年并具有高级职称或者具有同等专业水平,由招标人从国务院有关部门或者省、自治区、直辖市人民政府有关部门提供的专家名册或者招标代理机构的专家库内的相关专业的专家名单中确定;一般招标项目可以采取随机抽取方式,特殊招标项目可以由招标人直接确定。

与投标人有利害关系的人不得进入相关项目的评标委员会;已经进入的应当更换。

评标委员会成员的名单在中标结果确定前应当保密。

第三十八条　招标人应当采取必要的措施,保证评标在严格保密的情况下进行。

任何单位和个人不得非法干预、影响评标的过程和结果。

第三十九条　评标委员会可以要求投标人对投标文件中含义不明确的内容作必要的澄清或者说明,但是澄清或者说明不得超出投标文件的范围或者改变投标文件的实质性内容。

第四十条　评标委员会应当按照招标文件确定的评标标准和方法,对投标文件进行评审和比较;设有标底的,应当参考标底。评标委员会完成评标后,应当向招标人提出书面评标报告,并推荐合格的中标候选人。

招标人根据评标委员会提出的书面评标报告和推荐的中标候选人确定中标人。招标人也可以授权评标委员会直接确定中标人。

国务院对特定招标项目的评标有特别规定的,从其规定。

第四十一条　中标人的投标应当符合下列条件之一:

(一)能够最大限度地满足招标文件中规定的各项综合评价标准;

(二)能够满足招标文件的实质性要求,并且经评审的投标价格最低;但是投标价格低于成本的除外。

第四十二条　评标委员会经评审,认为所有投标都不符合招标文件要求的,可以否决所有投标。

依法必须进行招标的项目的所有投标被否决的,招标人应当依照本法重新招标。

第四十三条　在确定中标人前,招标人不得与投标人就投标价格、投标方案等实质性内容进行谈判。

第四十四条　评标委员会成员应当客观、公正地履行职务,遵守职业道德,对所提出的评审意见承担个人责任。

评标委员会成员不得私下接触投标人,不得收受投标人的财物或者其他好处。

评标委员会成员和参与评标的有关工作人员不得透露对投标文件的评审和比较、中标候选人的推荐情况以及与评标有关的其他情况。

第四十五条　中标人确定后,招标人应当向中标人发出中标通知书,并同时将中标结果通知所有未中标的投标人。

中标通知书对招标人和中标人具有法律效力。中标通知书发出后,招标人改变中标结果的,或者中标人放弃中标项目的,应当依法承担法律责任。

第四十六条　招标人和中标人应当自中标通知书发出之日起三十日内,按照招标文件和中标人的投标文件订立书面合同。招标人和中标人不得再行订立背离合同实质性内容的其他协议。

招标文件要求中标人提交履约保证金的,中标人应当提交。

第四十七条　依法必须进招标的项目,招标人应当自确定中标人之日起十五日内,向有关行政监督部门提交招标投标情况的书面报告。

第四十八条　中标人应当按照合同约定履行义务,完成中标项目。中标人不得向他人转让中标项目,也不得将中标项目肢解后分别向他人转让。

中标人按照合同约定或者经招标人同意,可以将中标项目的部分非主体、非关键性工作分包给他人完成。接受分包的人应当具备相应的资格条件,并不得再次分包。

中标人应当就分包项目向招标人负责,接受分包的人就分包项目承担连带责任。

第五章　法律责任

第四十九条　违反本法规定,必须进行招标的项目而不招标的,将必须进行招标的项目化整为零或者以其他任何方式规避招标的,责令限期改正,可以处项目合同金额千分之五以上千分之十以下的罚款;对全部或者部分使用国有资金的项目,可以暂停项目执行或者暂停资金拨付;对单位直接负责的主管人员和其他直接责任人员依法给予处分。

第五十条　招标代理机构违反本法规定,泄露应当保密的与招标投标活动有关的情况和资料的,或者与招标人、投标人串通损害国家利益、社会公共利益或者他人合法权益的,处五万元以上二十五万元以下的罚款,对单位直接负责的主管人员和其他直接责任人员处单位罚款数额百分之五以上百分之十以下的罚款;有违法所得的,并处没收违法所得;情节严重的,禁止其一年至二年内代理依法必须进行招标的项目并予以公告,直至由工商行政管理机关吊销营业执照;构成犯罪的,依法追究刑事责任。给他人造成损失的,依法承担赔偿责任。

前款所列行为影响中标结果的,中标无效。

第五十一条　招标人以不合理的条件限制或者排斥潜在投标人的,对潜在投标人实行歧视待遇的,强制要求投标人组成联合体共同投标的,或者限制投标人之间竞争的,责令改正,可以处一万元以上五万元以下的罚款。

第五十二条　依法必须进行招标的项目的招标人向他人透露已获取招标文件的潜在投标人的名称、数量或者可能影响公平竞争的有关招标投标的其他情况的,或者泄露标底的,给予警告,可以并处一万元以上十万元以下的罚款;对单位直接负责的主管人员和其他直接责任人员依法给予处分;构成犯罪的,依法追究刑事责任。

前款所列行为影响中标结果的,中标无效。

第五十三条　投标人相互串通投标或者与招标人串通投标的,投标人以向招标人或者评标委员会成员行贿的手段谋取中标的,中标无效,处中标项目金额千分之五以上千分之十以下的罚款,对单位直接负责的主管人员和其他直接责任人员处单位罚款数额百分之五以上百分之十以下的罚款;有违法所得的,并处没收违法所得;情节严重的,取消其一年至二年内参加依法必须进行招标的项目的投标资格并予以公告,直至由工商行政管理机关吊销营业执照;构成犯罪的,依法追究刑事责任。给他人造成损失的,依法承担赔偿责任。

第五十四条　投标人以他人名义投标或者以其他方式弄虚作假,骗取中标的,中标无效,给招标人造成损失的,依法承担赔偿责任;构成犯罪的,依法追究刑事责任。

依法必须进行招标的项目的投标人有前款所列行为尚未构成犯罪的,处中标项目金额千分之五以上千分之十以下的罚款,对单位直接负责的主管人员和其他直接责任人员处单位罚款数额百分之五以上百分之十以下的罚款;有违法所得的,并处没收违法所得;情节严重的,取消其一年至三年内参加依法必须进行招标的项目的投标资格并予以公告,直至由工商行政管